MÉLANGES
D'HISTOIRE LITTÉRAIRE

ET
DE LITTÉRATURE

PAR

J.-J. AMPÈRE

DE L'ACADÉMIE FRANÇAISE, DE L'ACADÉMIE DES INSCRIPTIONS
DE L'ACADÉMIE D'ARCHÉOLOGIE DE ROME
DE LA CRUSCA, ETC., ETC.

TOME ~~DEUXIÈME~~ *premier*

PARIS

MICHEL LÉVY FRÈRES, LIBRAIRES ÉDITEURS

RUE VIVIENNE, 2 BIS, ET BOULEVARD DES ITALIENS, 15

A LA LIBRAIRIE NOUVELLE

1867

MÉLANGES

D'HISTOIRE LITTÉRAIRE

ET

DE LITTÉRATURE

MÉLANGES
D'HISTOIRE LITTÉRAIRE

ET

DE LITTÉRATURE

PAR

J. J. AMPÈRE

DE L'ACADÉMIE FRANÇAISE, DE L'ACADÉMIE DES INSCRIPTIONS
DE L'ACADÉMIE D'ARCHÉOLOGIE DE ROME
DE LA CRUSCA, ETC., ETC.

TOME PREMIER

PARIS

MICHEL LÉVY FRÈRES, LIBRAIRES ÉDITEURS
2 BIS, RUE VIVIENNE, ET BOULEVARD DES ITALIENS, 15
A LA LIBRAIRIE NOUVELLE

1867

PRÉFACE

Tous ceux qui connaissaient personnellement
M. J. J. Ampère, savent quelle douceur a été
répandue sur les dernières années de sa vie par
l'amitié si dévouée et si rare qu'il avait inspirée
à M. et à madame Cheuvreux. C'est à ces deux
amis au foyer desquels il avait retrouvé en quelque sorte toutes les affections de la famille, que
M. Ampère a confié le soin de surveiller et de
diriger la publication de ceux de ses écrits inédits qu'il désirait qu'on mît au jour après sa
mort, ou la réimpression de ses ouvrages déjà
publiés. Pour les aider dans l'accomplissement
de ce pieux devoir, l'éminent écrivain a désigné
deux autres amis, M. le docteur Daremberg et

celui qui trace ces lignes, son ancien suppléant, aujourd'hui son successeur au Collége de France. — Mais comme les productions assez nombreuses de cet esprit si étonnant par la variété des aptitudes embrassent les genres les plus différents, M. Cheuvreux a bien voulu nous adjoindre des collaborateurs dont le précieux concours nous permettra de donner au public une bonne édition générale des œuvres de notre ami. C'est ainsi qu'un savant membre de l'Académie des sciences morales et politiques, M. Barthélemy Saint-Hilaire, après avoir enrichi d'une préface un volume de M. Ampère publié l'an dernier par les soins de M. Daremberg, vient tout récemment de publier lui-même un travail philosophique inédit laissé par M. Ampère[1].

[1] L'ouvrage publié par M. Daremberg sous ce titre, choisi par l'auteur : *la Science et les Lettres en Orient*, se compose d'une série de travaux sur *la Chine et sur l'Inde*. Le volume que M. Barthélemy Saint-Hilaire a très-heureusement intitulé : *Philosophie des deux Ampère*, renferme une exposition méthodique et animée, faite par le fils, des doctrines philosophiques de l'illustre physicien son père. Cette exposition, appuyée de nombreux fragments dus à la plume de l'inventeur de la théorie électro-dynamique, assigne à celui-ci une part incontestable dans la réaction spiritualiste qui s'est manifestée dès le commencement de ce siècle contre la philosophie du siècle précédent.

Je viens à mon tour présenter au public deux volumes de M. Ampère, sur les sujets qui sont le plus en rapport avec mes études, c'est-à-dire sur des sujets presque tous littéraires et qui presque tous appartiennent à la littérature française.

La plupart des morceaux qui figurent dans ces deux volumes ont paru disséminés dans divers recueils, et ont été désignés par M. Ampère lui-même pour être publiés ensemble. Il tenait surtout, et cela peint son cœur, à ce qu'on réunît toutes les notices écrites par lui sur les amis qu'il avait successivement perdus ; il espérait même qu'on pourrait faire de ces divers articles nécrologiques un volume à part portant ce titre : *Hommages funèbres*.

La disposition typographique des deux présents volumes a rendu difficile le strict accomplissement de son désir. Je m'y suis conformé, autant que possible, en réunissant dans le second volume les écrits qui lui ont été inspirés par la mort de ses amis, et si je n'ai pu donner au volume entier le titre touchant qu'il avait indiqué lui-même, je satisfais du moins ma conscience en communiquant son intention au lecteur.

Quant à la distribution des écrits contenus dans ces deux volumes, j'ai cherché à les disposer tout à la fois d'après leur analogie et d'après la date de leur rédaction ; cet ordre a été cependant interverti quelquefois parce que tel travail de M. Ampère n'a été retrouvé que tardivement et quand l'impression des volumes était déjà fort avancée ; c'est ce qui est arrivé notamment pour deux articles de critique littéraire que j'ai dû placer, l'un à la fin du premier volume et l'autre à la fin du second.

Quoique ces mélanges contiennent des études qui, publiées depuis longtemps et n'ayant jamais été réimprimées, offrent en quelque sorte l'intérêt de la nouveauté, je dois dire qu'il y a peu de pages absolument inédites.

Les manuscrits inédits en vers ou en prose qui nous restent de M. Ampère ne pouvaient pas figurer dans des *Mélanges*, soit parce qu'ils forment un tout complet et assez volumineux pour être publié à part, soit parce qu'ils sont une continuation de son *Histoire romaine à Rome*[1].

---

[1] Cette continuation que l'auteur n'a pas eu le temps de conduire jusqu'à la fin de l'Empire romain va paraître. La révision

Cependant il existe une série de manuscrits laissés par l'éminent écrivain sur lesquels on doit des explications au public, car ces manuscrits composent la partie de son héritage littéraire qui est de beaucoup la plus considérable, au moins par l'étendue, et néanmoins on ne peut guère les publier ni immédiatement ni intégralement. M. Ampère laisse un très-grand nombre de sténographies, formant douze à quinze volumes qui reproduisent toutes les savantes leçons qu'il a faites au Collége de France sur l'histoire littéraire de notre pays depuis le douzième siècle jusqu'au dix-huitième inclusivement. Une autre série de sténographies contient un cours d'esthétique sur les rapports de la *sociabilité,* de la littérature et des arts, et de nouvelles études sur la Renaissance, qui ont rempli les deux dernières années de son enseignement.

Tous ces documents, qui représentent une période très-importante de sa carrière litteraire, sa vie de professeur et d'historien de la littéra-

du manuscrit, qui présentait de nombreuses difficultés de détail, a été confiée par M. Cheuvreux aux soins d'un jeune et consciencieux érudit, M. Servois.

ture, M. Ampère les avait réunis pour servir à la
continuation du grand ouvrage commencé par
lui presque dès sa jeunesse et qui malheureusement restera inachevé. On sait en effet qu'il
avait publié en 1839, sous le titre d'*Histoire
littéraire de la France* jusqu'au douzième siècle,
trois volumes qui résument les premières années de son enseignement du Collége de France.
Ces trois volumes, dont une nouvelle édition
paraîtra bientôt, s'arrêtent au moment où commence la littérature française proprement dite ;
l'auteur les avait fait suivre d'un quatrième
volume publié en 1841, où il étudiait la formation de la langue française, mais qui n'était
encore qu'une introduction à l'histoire de notre
littérature. Pendant ce temps, il exposait en
détail et à fond cette histoire de la littérature
française dans sa chaire, faisant recueillir par
la sténographie toutes ses leçons si substantielles
avec l'intention, quand l'heure du repos aurait
sonné pour le professeur, de reprendre son enseignement avec la plume et de lui donner sa
forme définitive.

« Ce cours, écrivait-il en 1846, doit être un

livre. » A cette époque, quoiqu'il eût déjà montré la rare flexibilité de son intelligence en l'appliquant à des études très-diverses, il était, avant tout, considéré comme un critique et un historien littéraire. « M. Ampère, écrivait alors M. Sainte-Beuve, nous est revenu un historien littéraire de plus en plus consommé et enrichi. Dans ce genre élevé et combiné tel qu'il l'embrasse, il nous a rendu et nous rend incessamment ce que lui seul pouvait faire... » et après avoir parlé de ses voyages, M. Sainte-Beuve ajoutait : « Nous comptons bien... qu'il reviendra à son beau livre commencé (*l'Histoire littéraire de la France*). Il nous doit surtout le moyen âge et la renaissance, deux parties si neuves encore[1]. »

Ce vœu ne devait pas être accompli : dès qu'il eut quitté définitivement sa chaire, M. Ampère, de plus en plus entraîné par la passion de tout connaître qui a été le signe distinctif de son esprit, se livra à des travaux d'un ordre différent qui le détournèrent de l'entreprise commencée.

Il a certainement conquis dans cette dernière

[1] Voir *Portraits contemporains*, édition de 1846, t. II, p. 129 et 505.

partie de sa carrière une renommée qui n'a rien à envier à celle que lui avaient value ses premiers travaux. Le *Voyage en Egypte et en Nubie*, la *Promenade en Amérique* et surtout l'*Histoire romaine à Rome* sont des ouvrages qui resteront. Mais comment ne pas regretter qu'un monument qui manque à notre pays, à notre siècle, et dont la préparation avait occupé vingt ans de la vie de M. Ampère n'ait pas pu être édifié par lui ! Comment ne pas regretter que ce travail que les maîtres de la critique moderne en France, les Villemain, les Fauriel, les Saint-Marc Girardin, les Sainte-Beuve, ont fait pour certaines périodes, certaines parties, ou certains côtés de notre histoire littéraire n'ait pu être repris d'ensemble par M. Ampère, embrassé par lui dans dans toute la vaste étendue du sujet et conduit de siècle en siècle, depuis ces lointaines origines antérieures à la langue française elle-même, et qu'il avait le premier[1] cherché à débrouiller jusqu'à la fin du dix-huitième siècle !

[1] Quand je dis le *premier*, je n'entends pas refuser aux bénédictins le bénéfice de la priorité, mais seulement constater, comme le fait très-justement M. Sainte-Beuve, que les trois volumes de

Qu'on suppose M. Ampère vivant seulement dix ans de plus, et après avoir achevé son ouvrage sur l'histoire romaine, revenant, comme il me l'avait fait espérer (car il me permettait de lui exprimer souvent et même publiquement le regret que j'exprime ici après sa mort), revenant, dis-je, aux études qui avaient tenu une si grande place dans la plus grande moitié de sa vie, retouchant ses trois volumes d'histoire littéraire de la France, et son important travail sur la formation de la langue française d'après les données qui depuis ont complété ou rectifié les siennes; partant ensuite du douzième siècle pour rédiger définitivement cette histoire de notre littérature déjà exposée par lui au complet dans sa chaire et conservée par la sténographie, utilisant toutes les recherches postérieures à son enseignement et appliquant à cette grande entreprise toutes les qualités si rarement unies qui le distinguaient, toutes les ressources d'une érudition aussi étendue que

M. Ampère forment un ouvrage original puisé aux sources, qui diffère essentiellement de la docte compilation de ses prédécesseurs et pour les idées et pour la méthode et pour le style.

solide, d'un goût juste et pur, d'une imagination
hardie et sensible à tous les genres de beauté,
d'une science des langues et des littératures
étrangères que nul *littérateur* n'a poussée
aussi loin que lui, d'un esprit enfin qui n'était
étranger à aucun ordre de connaissances, qui
pourrait douter qu'il n'eût résolu ce problème
d'une bonne et complète histoire de notre littérature, d'une histoire à la fois savante et littéraire, digne des progrès accomplis de nos
jours dans l'étude des littératures comparées,
dans l'étude des rapports de la littérature avec
l'histoire générale, avec tous les éléments de la
vie sociale et avec l'ensemble du mouvement
intellectuel à chaque époque[1].

M. Ampère laisse, il est vrai, tous les matériaux de cet immense travail. On trouvera,
même dans le premier des deux volumes qui suivent, un petit nombre de chapitres qu'il avait

---

[1] Nous n'avons que de bons résumés d'histoire littéraire. Il
existe cependant une *histoire de la littérature française* en quatre
volumes, dont je ne veux pas contester le mérite sous le rapport
didactique ; mais sous d'autres rapports, cet ouvrage ne remplit
pas les difficiles conditions imposées aujourd'hui à l'historien de
notre littérature.

détachés de son cours et publiés à part dans divers recueils. Mais ces morceaux augmentent le regret qu'on éprouve en pensant qu'un grand monument dont toutes les pierres étaient en quelque sorte taillées, restera sur le chantier, parce que l'architecte qui l'avait conçu et qui seul pouvait le construire a disparu.

Qui oserait, en effet, se charger de reviser, d'arranger et de publier les douze ou quinze volumes de sténographies laissés par M. Ampère? Le savant professeur avait le sentiment des difficultés d'une pareille tâche, et c'est sans doute ce qui l'a déterminé à s'en rapporter sur ce point au dévouement éprouvé de son ancien suppléant, en lui léguant à part tous ces documents, et en le laissant libre de les publier en tout ou en partie, ou de ne pas les mettre au jour. Ce témoignage de confiance d'un maître et d'un ami a été doux à mon cœur, mais en même temps, il éveille en moi la préoccupation d'une grave responsabilité. Car, si d'une part le public a le droit de compter que tant de travaux ne seront pas complétement perdus pour lui, d'autre part, il importe au disciple de M. Ampère

de ne pas s'exposer à diminuer la renommée
d'un maître, en livrant indiscrètement à l'impression des leçons que celui-ci aurait probablement refondues ou certainement retouchées
beaucoup, avant de les publier. Tous les moments que je pourrai dérober aux obligations
d'une vie très-laborieuse, seront consacrés à
étudier cette masse de sténographies et à en
extraire les parties qui se prêteront le mieux à
former une publication utile.

Avant de me livrer à ce travail, j'ai d'ailleurs à
remplir un autre devoir qui m'est rappelé dans
une note obligeante de l'avant-propos du volume
publié par M. Daremberg. Cette note me fait
l'honneur de me désigner comme celui duquel
les amis particuliers de M. Ampère attendent
une étude biographique sur l'homme éminent,
l'homme aimable et bon, l'intègre et ferme citoyen dont la perte a été si vivement ressentie.
S'il ne s'agissait que d'ajouter des détails bio-
graphiques aux hommages nombreux que cette
noble mémoire a déjà reçus, le travail désiré se
ferait moins attendre[1].

[1] Sans parler ici des deux beaux discours prononcés à l'occasion

Mais, tout en me tenant en garde contre les illusions de l'amitié et de la reconnaissance, je crois que la vie, le caractère et les travaux de M. Ampère, étudiés de près et éclairés par la correspondance qu'il a laissée, dépassent les dimensions d'une notice même étendue et offrent tous les éléments d'un volume propre à intéresser le public, par les aspects très-divers que le sujet présente et par les rapports qui le rattachent à l'histoire des lettres et de la société au dix-neuvième siècle. Si j'aspire à tracer ce tableau, que d'autres écrivains pourraient mieux que moi décorer de couleurs brillantes, c'est que j'ai sur eux l'avantage d'avoir beaucoup fréquenté et beaucoup aimé M. Ampère, d'avoir pu, dans le cours d'une intimité de vingt-cinq ans, observer toutes les nuances qui donnaient à sa physionomie intellectuelle et morale, si vive et si belle, mais si variée, si complexe, un caractère ex-

de la succession académique de M. Ampère, qui figureront dans l'édition actuelle de ses œuvres, on peut signaler, parmi les nombreux témoignages de sympathie donnés à l'homme et à l'écrivain deux remarquables articles de M. Albert de Broglie, publiés dans le *Journal des Débats*, et un travail distingué publié dans *le Correspondant* sous le pseudonyme de Léon Arbaud.

ceptionnel et qui faisaient de lui l'un des types
les plus curieux et les plus attrayants de la
génération à laquelle il appartenait.

Cette génération, née au commencement du
siècle de parents rudement éprouvés par les
crises de la Révolution, élevée d'abord sous le
régime du silence qu'interrompait seulement le
bruit du tambour et du canon, jetée ensuite
dans la vie active vers 1820, au milieu des eni-
vrements de la liberté reconquise et cependant
menacée, se distinguait par une effervescence
d'esprit et de cœur déjà affaiblie chez la génération qui l'a suivie, et que les jeunes gens
d'aujourd'hui ne connaissent plus. C'était
l'époque des ambitions et des espérances illi-
mitées dans toutes les sphères de l'activité intellectuelle, aussi bien dans l'ordre politique et
littéraire que dans l'ordre scientifique, c'était
aussi l'époque des beaux rêves, des chimères généreuses, des romanesques exagérations dans le
domaine du sentiment, des abus de l'analyse psychologique, du mépris sincère de l'argent, des
raffinements de la mélancolie, des troubles et des
agitations de l'âme devant le problème religieux.

Parmi tous les contemporains de M. Ampère, nul peut-être n'avait gardé plus que lui, quoique adoucie par l'expérience de la vie, et combinée avec d'autres éléments qui lui étaient personnels, la primitive empreinte du jeune enthousiaste fiévreux et nerveux, du jeune libéral, du jeune romantique, du jeune mélancolique de la Restauration. L'écolier qui, à l'âge de quinze ans, écrivant à son illustre père, lequel dans sa candeur supposait que son fils apprécierait mieux que lui le plaisir d'être riche, et l'exhortait à choisir une carrière lucrative, l'écolier qui répondait : « Plutôt des précipices que de la boue ; » était resté jusqu'à la fin de sa vie aussi impropre que rétif à la plus petite combinaison financière.

Celui qui, à vingt ans, dévoré comme Faust de la soif du savoir, faisait marcher de front et avec une égale ardeur les études les plus dissemblables ; celui-là, à soixante-trois ans, après avoir tout appris, s'apercevant qu'il ne savait pas assez le Basque, s'y acharnait, et après avoir tant écrit sur tant de sujets divers, après avoir professé pendant plus de vingt ans ; il disait, en

se frappant le front, quelques heures avant la
mort soudaine qui l'a enlevé : « J'ai encore
trente volumes dans la tête. » En même temps
que croissait chez lui avec les années le goût
des recherches difficiles et plus ou moins arides, qui caractérise l'érudit, le besoin des
jouissances de l'imagination, loin de s'affaiblir,
devenait de plus en plus impérieux, et après
avoir passé sa journée à scruter des problèmes
d'archéologie ou de linguistique, ou même sa
soirée à mettre en ordre de petits papiers couverts de notes, tout en prenant une part active
et animée à la conversation engagée autour de
lui, il rentrait dans sa chambre et consacrait la
moitié de ses nuits à composer avec enthousiasme de grands poëmes dont la valeur poétique
est discutable, qui contiennent cependant des
parties incontestablement très-belles, et qui,
dans tous les cas, pèchent non point par la sé-
cheresse et la froideur, mais par l'exubérance
un peu négligée d'une improvisation fougueuse
et prolixe.

Quoique M. Ampère n'eût jamais joué ni même
ambitionné aucun rôle en politique, il n'avait pas

cette vertu facile aux égoïstes, et que quelques-
uns admirent, de se désintéresser des destinées
de son pays : il s'y intéressait au contraire ar-
demment. Ceux qui ne pourraient pas lui pardonner d'être resté en cheveux gris ce qu'il était
à vingt ans, c'est-à-dire un libéral tenace et in-
corrigible, lui doivent au moins cette justice,
que les vicissitudes de la liberté ne lui ayant
jamais occasionné un dommage ou procuré
un avantage personnel, sa mémoire est inaccessible aux accusations d'ambition déçue ou d'ir-
ritation rancuneuse que les sectateurs du fait
accompli aiment à opposer aux hommes qui ne
professent pas leur accommodante philosophie.

Dans l'ordre des affections, M. Ampère n'é-
tait pas seulement le meilleur des amis, le plus
étranger à ces sentiments d'envie, ou à ces
préoccupations de vanité et de supériorité qui
rendent la véritable amitié si rare; il avait reçu
de la nature une organisation de sensitive, et il
avait gardé de sa jeunesse une disposition romanesque, dans le sens le plus délicat, le plus
noble, mais aussi le plus exalté du mot, qui
n'ont pas peu contribué à tourmenter sa vie, et

qui donnent à cette vie d'érudit, de littérateur,
de professeur, d'homme de salon et de voyageur, un intérêt d'émotion et de tristesse qu'on
ne s'attendrait pas y trouver.

Ceux qui n'ont connu de M. Ampère que
l'homme extérieur, ne se doutent guère que
ce causeur charmant toujours prêt à se rendre
agréable aux autres en leur prodiguant les trésors de son esprit, cachait une âme ardente,
orageuse, inquiète, quoiqu'en même temps
bonne, douce, tendre, qui luttait sans cesse
avec elle-même pour se contenir, se réprimer,
s'améliorer, car elle ne se trouvait jamais à son
gré ; une âme qui aurait pu être heureuse dans
les vraies conditions du bonheur, et qui semblait
fatalement condamnée à dépenser toute la richesse de ses facultés aimantes dans des dé-
vouements sans bornes, sans compensations et
sans espérances au moins terrestres ; une âme
enfin qui sevrée des plus grandes joies de la vie,
en avait cependant connu toutes les douleurs
et même toutes les désolations : qui croirait, en
effet, que cet homme si éminent par l'intelligence, qui paraissait au premier abord si envahi

par la passion de l'étude, et duquel on a dit :
« C'était une nature épanouie et heureuse, » qui
croirait que cet homme à soixante-trois ans ne
pouvait se consoler de vivre qu'en écrivant
chaque jour une sorte d'examen de conscience
adressé non pas à une personne vivante, mais à
une personne morte, toujours présente à sa pensée comme le type de la perfection morale à
laquelle il aspirait, et dont la mort, en le dés-
espérant, lui avait fait *toucher au doigt* (ce sont
ses propres expressions) l'immortalité de l'âme !

C'est cette existence remplie à la fois par les
travaux les plus variés, par les plus nobles actions, par les voyages, les relations de société,
les agitations de l'esprit ou les souffrances du
cœur, que je voudrais raconter en détail, per-
suadé que si je pouvais la reproduire dans toute
sa vérité, ce tableau exact aurait plus de vertu
que tous les panégyriques pour faire aimer aux
indifférents le souvenir d'un ami tendrement
aimé.

Malheureusement pour exécuter ce travail tel
que je le conçois, il faut du temps et de la liberté
d'esprit. La mort de l'auteur de l'*Histoire ro-*

maine à Rome m'a surpris au moment où j'étais aux prises avec un ouvrage considérable et difficile, depuis longtemps annoncé et pour lequel je suis devenu en quelque sorte le débiteur du public. Obligé de consacrer à cet ouvrage, non encore terminé, toutes les heures et toutes les forces que me laissent les rudes labeurs de l'enseignement, je demande aux amis de M. Ampère de me permettre d'ajourner ma dette envers sa mémoire jusqu'à ce que je puisse l'acquitter d'une manière qui ne soit pas trop indigne de cette chère mémoire et de la mission qu'ils veulent bien me confier.

LOUIS DE LOMÉNIE.

15 janvier 1867.

MÉLANGES
LITTÉRAIRES

DE
L'HISTOIRE DE LA POÉSIE

DISCOURS PRONONCÉ A L'ATHÉNÉE DE MARSEILLE POUR L'OUVERTURE DU COURS
DE LITTTÉRATURE, LE 12 MARS 1830

MESSIEURS,

Mon premier besoin, comme mon premier devoir,
est de vous remercier de m'avoir désigné pour concourir à une entreprise utile qui honore ceux qui l'ont
conçue et ceux qui la soutiennent. Vous avez voulu
sans doute encourager, par cet exemple, à la culture
des lettres les nombreux auditeurs de mon âge que
j'aperçois dans cette enceinte. C'est à eux que j'ose
surtout m'adresser, pour les prier de m'accorder une

bienveillance amicale et toute fraternelle, de me recevoir au milieu d'eux, non comme un maître, mais
comme un compagnon d'études. Si mes premiers pas
sont mal assurés dans cette carrière de l'enseignement, où j'entre sous vos auspices, soutenez-moi,
messieurs, encouragez-moi : je vous le demande au
nom de notre commune jeunesse. Je sens que j'ai
quelque chose à vous dire sur des objets dont je me
suis longtemps et sérieusement occupé : je suis sûr de
sympathiser avec vous dans tous les sentiments généreux qui vous animent ; enfin, je vous garantis
deux choses : l'intérêt du sujet et le zèle du pro
fesseur.

Commençons par nous entendre sur la manière
dont nous envisagerons la littérature et dont elle sera
traitée dans ce Cours.

Qu'est-ce que la Littérature, messieurs? Ou la littérature est une déclamation vaine, ou elle est une
science ; si elle est une science, elle est ou de la philosophie ou de l'histoire. Philosophie de la littérature,
histoire de la littérature, telles sont les deux parties
de la science littéraire ; hors de là, je ne vois que les
minuties de la critique de détail, ou l'étalage des
lieux communs.

La philosophie de la littérature, inséparable de
celle des arts, étudie la nature du beau, décrit ses
caractères essentiels, classe les formes fondamentales
sous lesquelles il se révèle, et, les suivant à travers

leurs modifications diverses, les rapporte au principe d'où elles dérivent. Ce n'est point cette science que j'essayerai d'exposer devant vous : quand l'aridité inévitable dans un pareil sujet ne m'interdirait pas de le choisir pour un cours de la nature de celui-ci, j'en serais détourné par d'autres considérations. Cette science est presque entièrement à faire ; à peine les premières bases en ont-elles été posées par quelques hommes de génie ; ce n'est pas moi qui me chargerai d'achever la tâche que ces grands hommes ont laissée incomplète ; de plus je crois que le temps n'en est pas venu. Ici, comme ailleurs, la théorie doit naître de la connaissance approfondie des faits. C'est de l'histoire comparative des arts et de la littérature chez tous les peuples que doit sortir la philosophie de la littérature et des arts ; c'est donc de cette histoire qu'il faut s'occuper d'abord. C'est d'elle que nous nous occuperons en effet, et ce cours sera un cours historique.

Mais l'histoire de la littérature est vaste. C'est un immense tableau que celui où entrent les innombrables produits de la pensée humaine, et je n'ai pu prétendre le dérouler tout entier devant vos yeux. J'ai dû choisir ; et d'abord, écartant les autres branches de la littérature, je me suis renfermé dans l'histoire de la poésie. A tout prendre, la poésie d'un temps est son expression la plus vive et la plus élevée. La poésie est la fleur des lettres ; c'est à elle que viennent aboutir, c'est dans elle que viennent se résumer toutes les autres parties de la littérature, et l'esprit qui les anime se retrouve là plus énergiquement, plus complétement exprimé que partout ailleurs.

Mais l'histoire de la poésie elle-même offre un champ trop étendu pour pouvoir être parcouru dans un temps aussi limité que celui de ce cours ; il a fallu de nouveau me restreindre, et comme j'avais choisi, dans l'histoire de la littérature en général, l'histoire de la poésie, j'ai dû faire choix dans celle-ci d'une portion de son ensemble que nous pussions embrasser. Ici, j'ai hésité. J'ai porté les yeux sur ce vieil Orient, terre toute d'enthousiasme. J'étais tenté de vous faire connaître quelque chose des poëmes de l'Inde, de ces épopées de cent mille vers, où combats, fictions, héros, tout est dans des proportions gigantesques, comme les sommets de l'Himalaya et le lit du Gange : mélange extraordinaire d'austérité religieuse et de volupté passionnée, d'abstraction métaphysique et de grâce naïve. J'aurais aimé à évoquer devant vous les traditions héroïques de la Perse, ou à vous promener dans le jardin de rose de Sadi ; à vous faire entendre quelques fragments des poésies mystiques des Suffis, dans lesquelles un quiétisme étrange, qui tient à la fois de Fénelon et de Spinosa, s'exprime par les images les plus terrestres empruntées à l'ivresse et à l'amour. Je vous aurais entretenu d'une poésie qui nous est plus familière, mais sur laquelle il reste beaucoup à dire,

de la poésie hébraïque ; nous aurions comparé la mélancolie amère de Job aux extases prophétiques de
David et d'Isaïe ; de là nous aurions passé aux chants
impétueux de l'Arabe ; je vous aurais parlé de Mahomet, aussi grand poëte que grand législateur, qui fixa
la langue aussi bien que la religion de ses peuples,
et qui, pour convaincre les incrédules, s'écriait :
« Qu'ils disent que celui qui a écrit ce chapitre du
Coran n'est pas inspiré de Dieu ! » Enfin, il n'est pas
jusqu'à la poésie chinoise, depuis ses chansons politiques, populaires il y a trois mille ans, jusqu'à ses
poëmes descriptifs dans le genre vaporeux, sur le parfum des fleurs, les nuages et le clair de lune, à la
mode aujourd'hui là comme ailleurs, qui ne vous
eût arraché un sourire, à demi de surprise, pour
leur bizarrerie, à demi d'applaudissement, pour leur
grâce.

J'ai pensé aussi à l'antiquité, si curieuse quand on
l'étudie en elle-même et non à travers les imitations
de nos poëtes ; d'abord à cette Grèce ingénieuse, que
vous pouvez presque dire votre patrie, où, par un
concours de circonstances heureuses, il fut donné aux
hommes d'atteindre à ce point délicat de perfection
dans les arts du beau que nul autre peuple n'a sur-
passé ; ensuite à Rome qui, trop souvent écolière et
copiste des Grecs, mêla cependant, à leur poésie
riante, quelque chose de son austérité et de sa grandeur.

Malgré l'intérêt que nous eussent présenté ces tableaux, j'ai préféré les temps modernes. Plus rapprochés de nous, ils excitent dans nos imaginations une plus vive sympathie. On peut, en suivant leur cours, arriver jusqu'à notre siècle. En littérature, comme en politique, leur étude importe à notre présent et à notre avenir.

Mais ce champ était encore trop vaste ; il a fallu me restreindre toujours davantage, et ne prendre pour sujet de ces leçons qu'une moitié de l'histoire de la poésie dans les temps modernes.

Ici, j'avais à choisir entre le Nord et le Midi ; entre les peuples qui parlent les langues nées du latin, telles que le français, le provençal, l'italien, l'espagnol ; et ceux qui parlent divers dérivés des anciennes langues teutoniques, tels que l'allemand, l'anglais et les dialectes scandinaves. Je me suis décidé pour le Nord. Sa poésie est moins connue, et j'en ai fait une étude spéciale. J'oserais difficilement parler devant vous de vos troubadours, qui, au moyen âge, éveillèrent la poésie dans le Sud de l'Europe, qui donnèrent l'impulsion à l'Italie, à l'Espagne, au Portugal. Je me sentirai plus à l'aise en vous entretenant d'un sujet auquel manquera moins à vos yeux le mérite de la nouveauté. Certes, on ne peut, sans un vif regret, détourner les yeux des littératures du Midi, si fécondes, si brillantes ; mais les littératures du Nord nous dédommageront par leur originalité, leur variété, leur

profondeur. Nous ne verrons pas la poésie italienne
naître sublime et puissante avec Dante, dans cette
œuvre extraordinaire qu'il a nommée la divine Comédie, et qui est à la fois un système religieux, une
grande allégorie philosophique, une épopée et une
satire ; ensuite, entre les mains de Pétrarque, s'épurer en s'affaiblissant, et à peine échappée à la barbarie, incliner vers la recherche ; puis, après avoir
été mystique et platonicienne, renaître chevaleresque
et galante au siècle du Tasse et de l'Arioste : le Tasse,
dont les malheurs et les amours, la vie et la mort
furent d'un poëte qui introduisit toute la nouveauté
du sentiment moderne dans le cadre vieilli de l'é-
popée antique, et dont le beau poëme quoique déparé
assez souvent par la faiblesse et le mauvais goût, respire partout la grâce de la jeunesse et de la passion :
l'Arioste, doué tout à la fois d'une imagination plus
hardie et d'un talent plus mûr, qui, dans ses caprices
pleins d'un art délicat, promène son lecteur, comme
par enchantement, du gracieux au sublime, du plaisant au pathétique ; qui porte le bon sens dans la
folie, et rend l'impossible vraisemblable par la vérité
des détails et la perfection du récit. Je ne vous trans-
porterai point dans cette Espagne, qui immortalisa
ses vieux héros par des romances épiques qu'on a
appelées une Iliade sans Homère ; qui produisit le
génie de Cervantes, singulier mélange d'imagination
romanesque et d'ironie philosophique ; où naquirent

et Lope de Vega, dont la fécondité prodigieuse et l'invention inépuisable semblent passer les bornes de la vraisemblance; et Calderon, qui fit le drame du catholicisme, comme Dante en avait fait l'épopée. Enfin, messieurs, je ne vous parlerai point du Portugal, plus malheureux encore que l'Espagne, s'il est possible, dont la littérature toute patriotique eut, au temps de Camoëns, comme la nation au temps de Gama, son jour de grandeur.

Mais la carrière que nous allons parcourir ne nous offrira pas des objets moins dignes d'attention que celle à laquelle nous renonçons. Nous trouverons aussi dans le Nord de gais et galants ménestrels; et avant eux nous rencontrerons les scaldes et les bardes chantant, sur les champs de bataille, les joies de la guerre et de la mort. Il me semble qu'il y aura quelque chose de piquant à faire retentir, pour la première fois, ces chants sublimes et sauvages sous votre heureux ciel, en présence de votre belle Méditerranée. Au lieu de Dante, du Tasse, de l'Arioste, de Cervantes, de Lope, de Calderon, de Camoëns, nous aurons Shakespeare, Milton, Klopstock, Schiller, Goëthe, Byron : ce sont d'aussi grands noms, ce sont des gloires aussi imposantes. Nous suivrons, de siècle en siècle, la marche de la littérature anglaise à travers les révolutions politiques et religieuses dont elle reproduit toutes les vicissitudes. L'Allemagne nous offrira le phénomène d'une littérature se développant tout à coup et produisant, en moins de quatre-vingts ans, assez de grands hommes et assez de chefs-d'œuvre pour pouvoir rivaliser avec les plus vieilles littératures de l'Europe. Enfin, les pays scandinaves, c'est-à-dire, le Danemark, la Norwége, la Suède et l'Islande, nous révéleront une poésie à part, qui, à elle seule, est tout un monde.

I

Après avoir déterminé l'objet de nos études, il me reste à vous soumettre quelques réflexions générales sur la manière dont, selon moi, doit être traitée l'histoire de la poésie.

L'histoire de la poésie ne doit pas être une aride nomenclature de noms d'hommes et d'ouvrages, pas plus que l'histoire générale ne doit être une sèche chronique. Qu'importent en eux-mêmes les siéges, les batailles ? Ce que nous voulons connaître, c'est la cause ; c'est, pour ainsi dire, le sens des événements ; c'est ce qu'ils peuvent nous apprendre du caractère des hommes et des peuples ; c'est, en un mot, la nature humaine dans ses diverses manifestations. De même, ce que nous demandons aujourd'hui à l'histoire littéraire, ce n'est pas d'être ce qu'elle a été trop souvent, un catalogue de publications et un recueil d'anecdotes ; c'est de nous révéler les divers états par lesquels ont passé l'âme et l'imagination humaine, et dont la littérature et surtout la poésie ont successivement reçu et gardé l'empreinte. L'âge où nous vivons, messieurs, travaille à une grande œuvre; il a entrepris de comprendre, de refaire les siècles : chacun a sa tâche à remplir, petite ou grande, dans cette entreprise immense qui doit s'accomplir par une foule de travaux partiels. Les uns cherchent dans les crises de la vie des peuples, dans les conquêtes, dans les révolutions, les lois qui gouvernent les destinées de la civilisation. D'autres s'attachent à en suivre les développements, dans les religions, dans la philosophie, dans les sciences, dans la législation, dans les arts, dans la littérature. C'est partout le même esprit, la même tendance.

De tous ces efforts divers et combinés doit sortir, messieurs, l'histoire complète de l'humanité. Ce majestueux drame de quarante siècles, il sera peut-être donné à l'homme du dix-neuvième de le contempler.

Pourquoi ne pas vous avouer, messieurs, que celui qui vous parle, aveuglé sur sa faiblesse par son enthousiasme, a consacré sa vie à concourir pour sa part à ce grand but? Peut-être vous l'écouterez avec plus d'indulgence quand vous saurez qu'il s'est préparé déjà par dix années de voyages et de travaux à cette histoire de la poésie qu'il va commencer aujourd'hui devant vous.

Signalons d'abord une différence essentielle entre l'histoire de la poésie et l'histoire générale. Celle-ci raconte des événements qui ne sont plus, dont il ne reste rien que le souvenir ; mais l'histoire de la poésie, comme celle des arts, de la philosophie, a pour objet des monuments qui subsistent. En effet, si les poésies de diverses époques sont un événement pour le siècle où elles naissent, elles sont un monument pour les siècles qui les conservent. Ici ce sont donc, en quelque sorte, les pièces justificatives qui sont la matière du récit. Aussi, toute l'histoire de la poésie est-elle dans l'intelligence et l'appréciation des monuments poétiques.

Mais cette intelligence et cette appréciation ont plusieurs degrés ; nous allons les parcourir rapidement.

Il y a d'abord un degré préliminaire d'étude ; c'est la connaissance matérielle des poésies dont on veut faire l'histoire. La première chose pour l'acquérir, c'est de se procurer un texte exact, complet, et authentique. Pour tous les ouvrages qui ont précédé l'époque de l'invention de l'imprimerie, ce n'est pas une petite affaire, messieurs, que d'avoir un bon texte. Nous nous moquons quelquefois des savants en *us* du seizième siècle ; mais cependant ce sont eux qui, par les efforts d'une science patiente et ingénieuse, sont parvenus à retrouver, au milieu des variantes et de la corruption des manuscrits, la véritable pensée des grands écrivains de l'antiquité. Sans ce labeur immense, nos idées à cet égard porteraient à faux. Honneur donc et reconnaissance à ceux qui dévouent leurs efforts aux travaux arides et nécessaires de la critique philologique !

Gardons-nous au contraire de ceux qui mutilent les originaux sous prétexte de les épurer, ou même les altèrent sous prétexte de les embellir. C'est un faux en littérature que de toucher aux monuments qu'on publie.

C'est manquer de respect au génie que de tronquer et surtout de corriger ses productions. Qu'en jouant Shakespeare on laisse de côté quelques grossièretés inutiles et choquantes : je le conçois. Mais est-il croyable que son théâtre soit tellement dénaturé, qu'on le mette en scène avec tant de beautés de moins et tant de niaiseries de plus, que, s'il revenait, son fantôme aurait peine à reconnaître cet autre fantôme ?

Enfin, je n'ai pas besoin de vous dire qu'avant de parler d'un monument poétique, il faut en vérifier la date et l'authenticité. Sans cela on courrait risque de faire des frais d'esprit en pure perte. Il y a des mystificateurs malins qui tendent des piéges aux critiques trop confiants, comme ces fabricants de médailles historiques qui ont joué plus d'un tour aux antiquaires, comme ces honnêtes brocanteurs de tableaux qui ont toujours des Titien et des Raphaël à vendre à certains amateurs. Combien de gens d'esprit ont cru reconnaître la main de Napoléon dans ce fameux manuscrit qu'on croyait venir de Sainte-Hélène? Quand on s'est assuré de la pureté et de l'authenticité d'un texte, il faut le lire, s'il se peut, dans la langue originale, en se rendant un compte exact de chaque mot. Dans les poésies un peu anciennes, dans celles des pays éloignés de nos mœurs, de notre civilisation, cette lecture ne peut se faire sans l'aide de notes ou commentaires, expliquant les passages obscurs, les allusions à des événements du temps ou à des usages du pays. Les commentateurs sont utiles et respectables, quand ils se bornent à donner les renseignements indispensables sur le sens de leurs auteurs; ils sont ridicules, quand ils mettent leur esprit à la place du sien. Ce sont des truchements nécessaires entre lui et nous : or, quoi de plus absurde et de plus incommode qu'un truchement qui donnerait ses propres idées, au lieu de transmettre celles qu'on lui communique! Je suppose qu'on s'est assuré de la pureté et de l'authenticité d'un texte, qu'on n'est plus arrêté dans sa lecture par aucune difficulté matérielle, s'ensuit-il qu'on en ait une intelligence complète? Nullement, messieurs, il reste beaucoup à faire pour le comprendre véritablement. Après l'intelligence externe, pour ainsi dire, d'un ouvrage, il reste à acquérir l'intelligence supérieure de son sens intime. Jusque-là, on ne peut dire qu'on l'ait véritablement compris : on n'est pas en droit de le juger.

Cette intelligence supérieure d'un ouvrage poétique suppose deux choses : la connaissance de la société au sein de laquelle il a pris naissance, et de l'homme qui l'a produit. En un mot, il faut savoir ce qu'il doit au génie national et ce qu'il doit au génie individuel.

Où étudierons-nous le génie national, messieurs? Où trouverons-nous son empreinte? Dans tout ce qui compose la vie d'un peuple, dans tous les éléments de sa civilisation. Quels sont les principaux? La race à laquelle il appartient, le pays qu'il habite, la langue qu'il parle, ses mœurs, ses arts, sa philosophie, sa religion, son gouvernement. Le génie national se compose de toutes ces choses et se manifeste par elles. Il faut donc les prendre successivement toutes en considération.

De même que les races humaines diffèrent par la configuration des traits et par l'intonation particulière de certains sons, leur nature morale a aussi sa physionomie, et, pour ainsi dire, son accent. Ce caractère spécial d'une race s'imprime à toute sa poésie. Les chants slaves, bien que nés sous le ciel du Nord, sont aussi fougueux, aussi légers que les chants des peuples méridionaux. Voyez cette race irlandaise, si différente des races saxones et normandes qui l'entourent, quoique mélangée avec elles, elle conserve dans ses chansons nationales un caractère à part; et même dans son poète d'aujourd'hui, ce Thomas Moore, développé par la société anglaise, il y a quelque chose de l'ima-

gination orientale des enfants d'Erin, de leur gaieté rêveuse, de leur mélancolie passionnée.

Quelquefois l'influence de la race paraît déterminer
telle ou telle forme poétique à l'exclusion de telle ou
telle autre. Ainsi la race sémitique, qui comprend les
Hébreux et les Arabes, est vouée à la poésie lyrique;
chez les premiers, ce genre de poésie a atteint le plus
haut degré de sublimité; chez les seconds il est d'une
fécondité et d'une richesse plus grande que partout
ailleurs. Mais ni chez l'une ni chez l'autre de ces nations il n'existe de poésie épique ou dramatique. Toutes
deux semblent refusées à cette race.

Quant à l'influence de la nature locale sur la poésie,
elle est tellement évidente qu'on n'ose s'arrêter à la
prouver; en effet, messieurs, attendrez-vous du Nord
la riante imagination du Midi? Attendrez-vous du Midi
la tristesse sublime du Nord? Le chant de l'Arabe
sera, comme son désert, monotone et brûlant. Ce désert, son cheval, sa bien-aimée, un orage et un combat, tels seront les tableaux qu'il reproduira sans cesse,
tels sont ceux en effet qui composent presque uniquement les Mollakats, ces sept poëmes qui furent suspendus, à cause de leur perfection, dans le temple de
la Mecque. Quand on lit Homère, ne semble-t-il pas
voir, à travers cette poésie limpide et radieuse, le
brillant Archipel de la Grèce et la douce mer d'Ionie?
Aussi un voyage en apprend-il plus sur la poésie d'un
pays que bien des dissertations et des analyses : rien

ne fait mieux comprendre les jardins d'Armide qu'une journée passée dans une *villa* de Rome, rien ne ressemble à la mélancolie des chants du Nord comme ce qu'on éprouve dans les solitudes de la Norwége, où l'on n'a autour de soi que d'immenses lacs, de hautes montagnes, de profondes forêts et un grand silence.

C'est que la nature a sa poésie : poésie éternelle dont celle de l'homme n'est qu'un reflet. Cette poésie, toujours présente, agit peu à peu sur l'imagination de ceux qui la contemplent habituellement ; à leur insu elle se mêle à leurs sentiments, s'associe à leurs rêveries, se réfléchit dans leur âme et passe avec elle dans leurs chants.

Quant au rapport secret des langues et de la poésie, il est moins généralement reconnu, mais non moins réel ; il tient au lien de la parole et de la pensée, lien aussi mystérieux que celui de la matière et de l'esprit. En effet, quand on y réfléchit, comment se fait-il qu'un mot, un son peigne une idée, un sentiment, avec lesquels il semble n'avoir aucun rapport? C'est que ce rapport existe à notre insu ; c'est que le langage est l'écho de l'ame ; c'est que la pensée elle-même forme ce tissu flexible et transparent qui se moule sur elle comme une draperie dessine par ses contours les formes d'une statue en les revêtant. Aussi il y a une alliance étroite entre le langage et la poésie. On peut suivre dans les phases d'une langue toutes les vicissitudes d'une littérature. L'histoire des dialectes de la

Grèce, par exemple, est presque l'histoire de la poésie grecque.

Les mœurs d'un peuple pénètrent sa littérature par tous les pores. C'est faute de les connaître suffisamment que nous avons été souvent injustes pour les poésies étrangères. Mais depuis quelques années, il s'est fait un grand progrès à cet égard; on a senti que c'est le propre de la barbarie ou de la demi-civilisation de mépriser tout ce qui n'est pas elle. Quelque vanité que nous mettions à dédaigner ceux qui ne nous ressemblent pas, nous serons toujours inférieurs, sous ce rapport, au dernier des sauvages ou à un paysan chinois. Ne sied-il pas mieux à la nation la plus spirituelle du monde, d'employer son esprit à concevoir des mœurs différentes des siennes, qu'à se moquer de cette différence?

Il faut donc pour goûter un poëte se dépayser entièrement, et s'établir par l'imagination dans le cercle d'habitudes au sein duquel il a vécu. Pour cela, mémoires, voyages, romans de mœurs sont des secours précieux. Madame de Sévigné est un excellent commentaire de Racine, et le château de Kenilworth de W. Scott, une fort bonne préparation à Shakespeare.

Une partie des mœurs qui entraîne et détermine toutes les autres, c'est la condition des femmes, c'est la relation d'un sexe avec l'autre. Si nous n'avons étudié la nature de cette relation dans un pays, nous nous étonnerons souvent des tableaux que sa poésie nous présentera. Nous ne reconnaitrons pas la passion là où elle est cependant, mais où des usages sociaux différents voilent son expression : dans *l'Antigone* de Sophocle, Hémon aime Antigone, cependant il ne lui en dit pas un mot durant toute la pièce; c'est que, dans les mœurs grecques, une jeune fille ne pouvait parler à un jeune homme; l'aveu de l'amour le plus innocent, une simple conversation avec Hémon, eût altéré, pour les Athéniens, la pureté d'Antigone. Seulement le chœur, interprète poétique des sentiments que le jeune homme renferme dans son sein, chante un hymne ravissant à l'amour, et, à la fin de la pièce, Hémon prouve le sien en se perçant de son épée, près du corps d'Antigone. On voit que l'amour n'était point ignoré des anciens, comme on l'a dit; seulement des idées de convenances, différentes de celles que nous avons, en empêchaient l'expression directe.

En Orient, ces idées sont encore plus éloignées des nôtres; et, par exemple, je crois que les Français et surtout les Françaises auront bien de la peine à s'accoutumer à ces drames indiens, à ces romans chinois, où deux rivales finissent par épouser le même homme, et où tout le monde est enchanté de cet arrangement à l'amiable.

Ce qui n'est là que bizarre, transporté dans nos mœurs serait révoltant.

Les arts sont de la même famille que la poésie. On conçoit donc qu'un rapport intime, qu'un lien de pa-

renté, pour ainsi dire, doit exister entre ces divers enfants de l'imagination ; c'est ce qui a lieu en effet, et
si l'on compare les chefs-d'œuvre des arts, chez un
peuple, à ceux de la poésie, on les voit réaliser la
même pensée sous une autre forme, dire la même
chose dans un autre langage. La grande sculpture
grecque, telle qu'elle se montre dans la Niobé de Florence, dans les statues du Parthénon, est de la poésie
homérique en marbre. Dante dessine ses figures à la
manière rude, hardie et grandiose de Michel-Ange ; et
la fresque du *Jugement dernier* est un chant de Dante.

La poésie et la musique sont intimement confondues
à leur origine. Écoutez les chants nationaux d'un peuple, on sent que l'air et les paroles sont nés de la
même inspiration. L'étude de la musique populaire peut
seule initier complétement à l'intelligence de la poésie
populaire. Quand le développement des deux arts
amène leur séparation, il reste encore quelque trace
de leur alliance primitive ; là où existe le sens musi-
cal, il demeure conforme au goût poétique. Chez les
anciens, la poésie était l'expression facile des sentiments les plus naturels, les plus immédiats ; aussi ils
ne connaissaient que la mélodie, c'est-à-dire que cette
partie de la musique qui naît sans effort de l'émotion
livrée à elle-même. Chez les modernes la poésie est
devenue, comme la vie, plus compliquée, plus laborieuse, plus réfléchie, et alors est née l'harmonie, avec
ses combinaisons savantes, avec ses effets profonds,

pour satisfaire aussi à ces nouveaux besoins de l'âme
humaine, que ne pouvait plus contenter le plaisir
simple du chant.

Passons à l'architecture, celle qu'on appelle si im-
proprement gothique et qu'on pourrait appeler romantique ou chrétienne. A quelle époque a-t-elle
paru dans le Nord de la France et sur les bords du
Rhin? Vers le onzième siècle, au moment où commence la poésie chrétienne, la poésie romantique; au
moment où la civilisation moderne sort tout à coup des
débris de la civilisation ancienne décomposée par le
travail de la barbarie. Jusque-là l'architecture ne savait que copier, en les déformant toujours davantage,
les basiliques payennes, qu'alourdir ces cintres romains qui n'allaient point à son caractère ; de même
que la poésie n'était qu'une compilation ou une corruption grossière des formes de l'antiquité, l'architecture faisait aussi ses *Centons* à sa manière, en entas-
sant, dans un monstrueux désordre, des débris ou des
imitations défigurées de colonnes et de chapiteaux antiques. Tout à coup le génie moderne se révèle dans
les chants des troubadours et des trouvères, et en
même temps naît cette architecture, dont l'ogive détermine le mouvement élancé et hardi, et qui est,
comme la poésie du moyen âge, un mélange de bizarrerie et de grandeur, de grâce et de confusion.

L'histoire des religions ne peut pas plus que celle
des arts être séparée de l'histoire de la poésie. Presque

partout les temples ont été son berceau. L'enthousiasme religieux et l'enthousiasme poétique étaient
confondus dans l'origine. Les prêtres étaient des poëtes
et les poëtes des prophètes (*Vates*). La poésie était une
forme du culte, elle était avec la musique la voix inspirée de la religion.

La religion qui donne naissance à la poésie, lui
donne aussi son langage ; c'est elle qui lui fournit ces
expressions figurées empruntées à ses propres symboles ; ce langage est tellement inhérent à la poésie,
qu'il subsiste même quand la religion qui l'avait produit a péri ; des expressions nées de la mythologie antique se retrouvent presque partout dans la poésie moderne. Boileau ne concevait pas qu'on pût se passer de
ces aimables fictions ; aujourd'hui, placées dans des
temps rapprochés de nous, elles nous semblent ab-
surdes. Sans doute nous avons raison de les rejeter,
mais la difficulté est de les remplacer. C'est un des
grands problèmes qu'ont eu partout et qu'ont maintenant chez nous à résoudre ceux qui aspirent à fonder
une poésie nouvelle ; ils sentent qu'il faut créer une
nouvelle langue de l'imagination, et c'est peut-être
aux efforts qu'ils font pour atteindre à ce but, qu'ils
doivent certaines locutions bizarres, certains tours de
force d'expression ; c'est un travail violent pour produire brusquement, par la seule force de la pensée
individuelle, ce qu'avait lentement formé l'imagination
des siècles.

Le rapport de la philosophie avec la poésie est, au premier coup d'œil, moins frappant qu'aucun autre ; tout se tient cependant, et dans le même lieu, dans le même temps, les formules des métaphysiciens ne sont pas sans analogie avec la nature des chants du poëte. Sur ce point je ne puis mieux faire, messieurs, que de vous renvoyer à ces éloquentes leçons de mon illustre maître et ami bien cher, M. Cousin, où il a si bien montré que la philosophie d'un siècle était la pensée même de ce siècle, et pour ainsi dire son dernier mot. Oui, messieurs, l'idée que la poésie d'un temps exprime avec ses images, l'architecture avec ses masses, la musique avec ses sons, la sculpture avec son marbre, la religion avec ses symboles, cette idée, la philosophie la réduit en système et l'énonce en axiomes. Ainsi Platon exposait sa théorie sublime de la beauté idéale, vers l'époque où cet idéal, dans sa pureté, planait sur toutes les imaginations, descendait dans l'atelier de Phidias, ou montait sur la scène de Sophocle. En général, c'est par un accord secret entre l'esprit des poëtes et des philosophes, qu'ils sont amenés, à leur insu, à cette expression parallèle de la même idée. Cependant il n'est pas sans exemple que cet accord ait eu lieu par une communication extérieure des uns et des autres, par une action directe de la philosophie sur la poésie. En Allemagne, par exemple, nous verrons le mouvement poétique partir souvent du mouvement philosophique, et, contre la marche ordinaire des littératures, la théorie précéder l'exécution. Ainsi, nous verrons la nouvelle poésie suédoise commencer de nos jours par l'importation de la métaphysique allemande.

Il reste à traiter de l'influence du gouvernement sur la poésie; vous sentez, messieurs, si cette influence est grande. La question politique est la question vitale des nations. C'est leur organisation sociale qui les fait être ce qu'elles sont : elle modifie à la longue le caractère des races, elle combat les effets de la nature et du climat; elle renouvelle les langues; elle réforme ou dénature les religions ; elle corrompt ou régénère les arts; comment pourrait-elle être sans action sur la poésie?

L'effet de cette action est de donner à la poésie telle ou telle forme, et, sous ce rapport , il est curieux et utile de l'observer; mais on ne doit pas aller plus loin, et il ne semble pas qu'on puisse dire qu'aucune sorte de gouvernement exclue ou produise nécessairement le développement poétique chez un peuple : la poésie a vécu sous tous les gouvernements : elle s'est accommodée de toutes les formes sociales ; elle n'a pas manqué au despotisme et à la théocratie de l'Orient; elle a atteint sa perfection dans la Grèce républicaine; elle n'a été étrangère ni à l'Europe barbare ni à l'Europe féodale; elle a entouré de son éclat la monarchie absolue de Louis XIV, et maintenant elle se prépare une nouvelle ère sous la monarchie constitutionnelle.

Si la poésie peut s'arranger de toutes les conditions sociales, si elle a chance de vie dans toutes, on ne saurait dire, la plupart du temps, quelles sont celles qui lui sont favorables ou contraires. Les formes politiques influent sans doute sur elle, mais c'est par un concours mystérieux de circonstances qu'on ne peut ni prévoir ni amener. Ici les gouvernements doivent reconnaître leur impuissance, il ne leur est pas plus donné de susciter le génie poétique que de l'étouffer. Un autre maître s'en est réservé le pouvoir. Pour ceux des arts qui ont besoin d'instruments matériels, l'or des princes peut encore quelque chose; mais au poëte il ne faut qu'une lyre, ou mieux, qu'une plume, pour s'emparer des siècles. On a trop fait honneur à des cours ou à des souverains des productions du génie contemporain; en littérature il n'y a point de siècle d'Auguste, mais le siècle d'Horace, de Virgile et d'Ovide. Les poëtes eux-mêmes, entraînés par une exaltation qui était dans leur noble nature, ont fait illusion à la postérité par leur reconnaissance exagérée pour une mince faveur, à laquelle ils avaient peut-être bien le droit d'être admis à la suite des courtisans. Qu'y avait-il de si admirable à Mécène de recevoir à sa table et d'inviter chez lui à la campagne les hommes les plus distingués et les plus spirituels de son temps? Ce n'est pas à sa protection que nous sommes redevables de leur génie. Ce n'est pas non plus à l'habile et cruel Octave; à moins qu'on ne lui sache gré d'avoir fait faire à Virgile sa pre-

mière églogue en lui ravissant son patrimoine, ou de
nous avoir valu les *Tristes* d'Ovide en l'exilant chez les
Gètes. Les petits souverains d'Italie au moyen âge
avaient aussi la prétention de protéger les poëtes. L'un
d'eux accorda à l'Arioste une sorte de sous-préfecture
dans un pays perdu, où le plus ingénieux et le plus
aimable des hommes passait son temps à administrer
une bourgade et à faire arrêter des voleurs. Le prince
d'Este fit au Tasse l'honneur de l'admettre parmi ses
gentilshommes de service; mais bientôt, pour une
cause qu'on ignore encore aujourd'hui, il l'enferma
pendant six ans dans une prison de fous, d'où il ne
sortit que pour aller mourir sous le chêne de Saint-
Onuphre, en regardant le Capitole, où il ne devait pas
monter. Louis XIV, ce roi qui, à travers beaucoup de
faiblesses, avait de la grandeur dans l'âme et le caractère, désira véritablement la prospérité des lettres, et il
eut assez de courage dans l'esprit pour ordonner qu'on
jouàt le *Tartufe*, mais on ne peut dire qu'il ait fait
son siècle. Ce n'est pas de sa cour, qui se croyait alors
la nation, que sortirent ceux qui devaient illustrer son
règne. Ce règne dut la moitié de sa gloire à un bourgeois de Château-Thierry qui s'appelait Jean la Fontaine, à un bourgeois de la Ferté-Milon qui s'appelait
Jean Racine, à un bourgeois de Paris qui s'appelait
Poquelin Molière. Dira-t on que cette cour développa
leur génie? La Fontaine n'y parut jamais; elle ne pro-
fita à Molière que par le spectacle de ses travers et de

ses vices qu'il devait châtier. En perfectionnant dans
Racine le sentiment des nuances, l'élégance et la délicatesse du langage, elle amollit son génie et le fit
souvent descendre de sa véritable hauteur. C'est pour
plaire à la cour qu'il fit Hippolyte galant, et Achille
quelque peu fanfaron ; c'est pour la cour qu'il composa *Bérénice*, la moins tragique de ses tragédies :
c'est pour Dieu et pour lui-même qu'il fit *Athalie*, la
plus sublime de toutes. Enfin, messieurs, vous le savez, un jour, encouragé par madame de Maintenon, il
osa présenter au roi un mémoire sur la misère du
peuple ; le roi, irrité de l'insolence de l'homme de
lettres, lui jeta un regard de disgrâce qui lui donna la
mort. Voilà ce qu'a fait pour les lettres le souverain
qui les a le plus honorées. Dans nos mœurs nouvelles,
les gouvernements peuvent encore moins pour elles ·
ils ne peuvent les favoriser, comme l'industrie, que
par l'indépendance : l'indépendance est une meilleure
muse que la protection.

II

Jusqu'ici j'ai considéré les monuments poétiques
comme isolés les uns des autres ; il me reste à vous
présenter le rapport qu'ils ont entre eux. Ce rapport
est double : c'est un rapport ou de comparaison ou de
filiation.

La comparaison des diverses poésies n'est point un amusement inutile de l'esprit. C'est un moyen de mettre en saillie ce qu'elles ont de caractéristique, à l'aide des rapprochements ou des contrastes. On sent qu'il ne s'agit point ici de ces parallèles où l'on opposait, suivant l'usage, la sublimité d'Homère à la douceur de Virgile, la force de Corneille à la tendresse de Racine, lieux communs héréditaires sur la trivialité desquels la critique a trop longtemps vécu, quand, se dispensant de pénétrer dans l'intérieur d'un ouvrage d'art, elle se bornait à faire étinceler à sa surface des antithèses banales entre des généralités de convention. Mais il est certain que souvent la comparaison de divers monuments poétiques a éclairé sur leur nature. On n'a cessé de concevoir l'*Iliade* comme une épopée de cabinet, méthodiquement composée par un écrivain plein de goût et de philosophie, que quand on a rapproché ces chants populaires de la Grèce héroïque, de ceux qui sont nés spontanément chez d'autres peuples à la même époque de la société. C'est en étudiant les romances espagnoles, les anciennes poésies germaniques et scandinaves, qu'on a appris comment se formaient, se groupaient, s'altéraient les divers éléments des épopées primitives. Les monuments du moyen âge et de la barbarie nous ont expliqué ceux des premiers temps de la Grèce, et les commencements de la société moderne nous ont fait concevoir les commencements de la société antique. C'est une comparaison savante du théâtre grec et du théâtre français qui a fait tomber le préjugé qui consacrait leur ressemblance. On a vu qu'à quelques formes près, reproduites par Racine avec un goût et un tact exquis, rien au fond ne se ressemblait moins que le théâtre du temps de Périclès et celui du siècle de Louis XIV; et, de cet examen, entrepris peut-être par un sentiment injuste de dépréciation envers Racine, Racine est sorti tout aussi grand, mais mieux compris et plus original.

La comparaison aide donc sensiblement à l'intelligence des monuments poétiques; mais outre le rapport qu'elle peut établir entre eux, ils sont liés par un rapport plus intime, plus essentiel : c'est le rapport de filiation. Non-seulement ils se ressemblent par leurs caractères, par les circonstances qui les ont fait naître, mais encore ils s'enchaînent les uns aux autres par le fait même de leur production : ils s'engendrent dans la succession des siècles; car ce qui a vie en poésie, comme tous les êtres vivants, agit et produit. Un ouvrage n'est jamais isolé des autres; il est toujours en relation avec ceux qui le précèdent; et, s'il reste, il le sera avec ceux qui le suivent. Il faut donc, pour comprendre l'histoire de la poésie, suivre cette série de causes et d'effets qui se continue d'œuvre en œuvre; et, dans un ouvrage donné, se rendre compte des diverses actions de ce genre qui ont pu se compliquer et se croiser, pour le produire. Même chez les rénovateurs de l'art, on trouve souvent une forte

empreinte du génie de leurs prédécesseurs ou de leurs
contemporains. Il faut faire dans Corneille la part des
Espagnols, celle de Senèque, celle des romans de
chevalerie de son temps ; dans Alfieri, celle de Dante ;
dans Goëthe et Schiller, celle de Shakespeare ; dans
Shakespeare lui-même, celle du vieux théâtre anglais
qui l'a précédé et de toute la poésie du moyen âge qui
l'a préparé.

Car l'originalité absolue est impossible ; le mot
même l'indique. Il ne pourrait y avoir de poésie complétement originale que celle qui serait l'origine de
toutes les autres ; et, celle-là, nous ne la connaissons
point. Nous ne connaissons point un poëte que n'ait
devancé un autre poëte ; un chant qui ne soit venu
après d'autres chants. Or, ce premier chant a agi sur
les chants postérieurs ; ce premier poëte a agi sur les
poëtes qui l'ont suivi. Pour qu'un poëte fût purement
original, il faudrait qu'il n'en connût aucun autre.
Mais alors il est douteux qu'il fît des vers. L'originalité véritable consiste donc, non pas à être sans
rapport avec tout ce qui a précédé, car cela serait
impossible, mais à donner sa forme à la matière
poétique que le temps a faite.

D'après cela, l'histoire de la poésie, pour être philosophique, ne doit point classer les ouvrages et les
poëtes seulement par ordre de temps, mais grouper
ensemble ceux qui sont nés du même mouvement
poétique et qui se le sont transmis. Elle doit se trans-

porter d'un pays à un autre pays, d'un temps à un
autre temps, en suivant ce mouvement dans ses divers
résultats. Il faut établir ici, comme en botanique et
en zoologie, dans les objets que l'on classe, non des
divisions arbitraires, mais des séries et des familles
naturelles. Et, si vous me permettez d'emprunter aux
sciences une comparaison encore plus exacte (car ici
il y a cette différence que les êtres, aujourd'hui vivants, ont probablement toujours coexisté, tandis que
les littératures sont successives), il faut reconnaître
dans cette succession des produits poétiques, de véritables formations pareilles à celles que la géologie
établit dans la série des terrains qui ont formé peu à
peu l'écorce du globe. Ainsi, au moyen âge, il y a
un ensemble de poésie qui s'étend sur toute l'Europe,
dont les diverses ramifications couvrent successivement la France, l'Angleterre, l'Allemagne, l'Italie.
Toute cette poésie est de même famille, de même
formation. Il faut, à travers la variété de ses développements et de ses modifications, reconnaître son unité
d'essence et d'origine. Chacune de ces époques de
l'histoire poétique correspond à une des grandes
phases de la civilisation : celle dont je viens de parler,
par exemple, à l'ère de la chevalerie; et de même
qu'entre les divers âges géologiques du monde, il y a
de grandes catastrophes, d'immenses cataclysmes;
de même ces périodes de la civilisation et de la poésie
sont séparées par des secousses de l'état social, des

guerres et des révolutions; car la vie des arts, comme celle des sociétés, comme celle de la nature, ne marche point toujours d'un mouvement égal et continu. Ce n'est point peu à peu que l'enfant devient homme, mais par la crise de l'adolescence. Ce n'est point peu à peu qu'un certain état social change, mais par une crise aussi qu'on appelle une révolution. Partout on trouve l'alternative d'un travail insensible qui prépare sourdement un nouvel état d'existence et de crises subites, violentes, qui l'enfantent brusquement. Si l'on ne tient compte de ces explosions qui font éclore en quelques instants ce que le temps avait mûri en silence, on ne peut tracer avec vérité l'histoire du génie poétique, pas plus que celle des autres facultés humaines, pas plus que celle du développement de l'organisation ou des forces naturelles, tour à tour lente élaboration, et soudaine éruption : c'est la loi de la poésie et des volcans, de l'homme et du monde.

III

Vous voyez, messieurs, que l'histoire de la poésie, ainsi considérée, a quelque portée et quelque grandeur. Nous nous sommes élevés par elle aux considérations les plus générales sur la nature et la marche des choses; nous avons éclairé l'étude de l'objet spécial dont nous faisons l'histoire, de la lumière que pou-

vaient verser sur lui tous les plus grands objets de la
méditation humaine. Cependant, il me reste encore
à l'envisager sous un nouveau point de vue. Nous avons
parlé de la poésie et nous n'avons rien dit des poëtes.
Jusqu'ici nous n'avons considéré les monuments
poétiques que dans leur rapport avec les circonstances
sociales d'où ils sont sortis, comme si ces circonstances les produisaient immédiatement, ou dans leurs
rapports entre eux, comme s'ils naissaient réellement
les uns des autres. Cependant, il n'en est pas ainsi.
Bien qu'ils soient le résultat de causes générales, ce
sont des individus qui les produisent. Certes, il faut,
avant tout, avoir égard à ces causes; mais il ne faut
pas négliger ces individus; car s'ils expriment dans
leurs œuvres leur nation et leur temps, ils expriment
aussi leur propre personnalité. L'intelligence des monuments poétiques ne peut donc être complète, si on
ne fait la part du génie individuel aussi bien que celle
du génie national; car les grands poëtes ne sont pas
des instruments passifs, de simples échos de leur
siècle. Investis d'un double pouvoir, en même temps
qu'ils le représentent, ils le gouvernent. Ils ne se trai-
nent pas à sa suite, mais ils marchent à sa tête; se
séparent de lui quelquefois afin de le devancer; le
gourmandent pour l'instruire, et le servent en le combattant. En effet, la minorité d'un siècle a aussi ses
représentants poétiques, ses orateurs d'opposition qui
s'inspirent des passions contemporaines pour les atta-

quer. Ainsi, je le répète, on ne sait pas tout sur une poésie, quand on connaît les circonstances générales d'où elle est sortie. Il faut connaître encore à fond les hommes qui l'ont manifestée. C'est par là que l'idée vague qu'on en pouvait avoir devient précise et vivante; le poëte véritable, c'est-à-dire le poëte créateur, empreint toujours ses œuvres d'un sceau particulier d'originalité, et si l'on n'a saisi cette physionomie individuelle d'un poëte, on n'a pas une notion exacte de ses ouvrages. On ne se connaît pas en peinture pour dire de quelle époque est un tableau, il faut pouvoir dire encore de quel maître.

Cette individualité est plus ou moins prononcée selon les divers âges de la société. Dans les âges primitifs, elle est presque nulle. Tous les membres du corps social sont au même degré de culture, ont les mêmes opinions, les mêmes sentiments, vivent de la même vie morale. L'imagination est un don à peu près universel; la poésie est partout; le poëte est semblable aux autres hommes, seulement le don du chant est chez lui plus développé, et il chante ce qui est dans toutes les âmes, dans tous les esprits, ce qui erre sur toutes les lèvres. En exprimant sa pensée, il exprime la pensée générale. C'est le temps où le véritable individu est la race, la tribu. Le poëte est la voix de cet individu collectif et rien de plus. Aussi à cette époque le poëte n'a point de nom, il est le chantre, le barde, voilà tout. Qui a composé l'Edda? les vieilles ballades du Nord? les anciennes romances espagnoles? On ne le sait. Ce n'est personne. Elles n'appartiennent à personne. Cette poésie était celle d'un temps où tout le monde était poëte. Celui qui l'a articulée n'en a été que l'éditeur, non l'auteur ; aussi son nom n'est pas resté. Là quelquefois pourtant un nom surnage, et on lui attribue tout ce qui appartient à une de ces époques primitives, mais alors ce nom n'exprime rien autre chose que le génie poétique du temps. L'homme qui l'a porté a entièrement péri comme individu. Tels sont les noms d'Ossian, d'Homère, qui ne nous apprennent rien d'authentique sur ceux à qui on les prête, mais qui désignent pour nous une certaine ère de la poésie, comme Hippocrate une certaine école médicale.

Plus les sociétés avancent, plus l'individu se détache et se dessine énergiquement, non par l'action, mais par la pensée, et de là résulte une plus grande influence de l'individu sur la poésie. Dans les sociétés primitives au contraire, l'action est individuelle, et la pensée, par conséquent la poésie, collective.

En Grèce, à l'époque héroïque il n'y a qu'Homère, tout au plus Hésiode, c'est-à-dire des récits de guerre et des préceptes de sagesse pratique, comme il n'y a dans la vie des hommes que le combat et le conseil. Mais au temps des républiques grecques, la diversité des individus se prononce davantage, et le mouvement libre des esprits qui se développent avec indépendance produit, en même temps, la multiplicité des genres. Quand on veut trouver dans cette époque un type uniforme, dans lequel on prétend emprisonner toutes les imaginations, on prouve seulement qu'on ne l'a guère étudiée. L'art était compris bien différemment par Eschyle et par Sophocle, par Ménandre et par Aristophane, par Pindare et par Anacréon. Mais c'est quand on arrive aux temps modernes qu'éclate la variété infinie des natures poétiques. L'âme, livrée à une plus vaste activité, découvre sans cesse dans les régions de l'art des espaces nouveaux. Chaque grand poëte se crée un monde à son image et il y transporte ses lecteurs de vive force par la puissance du talent.

De là d'innombrables combinaisons poétiques, de là des genres si divers de perfection. Sans doute le génie est plus sujet à s'égarer en s'abandonnant à ses impulsions personnelles, qu'en réfléchissant naïvement l'impression de tous. Il s'expose à peindre ses fantaisies au lieu des sentiments universels de l'humanité; mais aussi quelle perspective de fécondité et de richesse lui est ouverte! sans faire sortir la poésie du champ de la nature humaine, il peut en découvrir incessamment de nouveaux aspects; pour cela il n'a qu'à contempler cette nature en lui-même et à la rendre telle qu'il l'y trouve. Cet envahissement toujours croissant de l'individualité est pour la poésie la garantie d'un avenir inépuisable.

En même temps, il nous fait une loi, à mesure que

nous avançons plus dans l'histoire poétique, d'étudier avec plus de soin le génie, le caractère particulier des poëtes. Sous ce rapport, les biographies, les mémoires, les anecdotes, tout ce qui en soi n'aurait qu'un intérêt secondaire devient on ne peut plus précieux à recueillir. Il faut pénétrer, par tous les secours possibles, dans l'âme de ces hommes dont nous voulons comprendre les ouvrages; il faut se familiariser avec eux et parvenir à lire dans leur cœur comme dans celui d'un ami; il faut chercher à surprendre le secret de leur vie dans tout ce qui peut le révéler. L'étude de leur tempérament, de leur figure même, de leur éducation, de leurs passions, de leurs habitudes; cette étude délicate n'est pas moins nécessaire que la grande étude des croyances, des mœurs et des sentiments de leur temps; car tous ces fils entrent les uns comme les autres dans le tissu de leurs compositions.

Vous sentez, messieurs, tout ce qu'offre de piquant et d'animé cette partie de l'histoire que nous voulons faire. Il s'agit d'observer la nature humaine dans ses plus grands représentants, de saisir le rapport de leur vie réelle avec les créations qu'ils nous ont laissées et qui sont aussi des réalités pour notre imagination. Quelle curieuse galerie de personnages extraordinaires, de physionomies variées, de destinées bizarres! Il y a là des mendiants et des princes, des poëtes et des comédiens, des guerriers et des femmes; il y a des vies pures et brillantes; il y a aussi, et en trop grand nombre, des vies malheureuses et même dégradées.

La poésie perce partout, dans toutes les conditions humaines, dans tous les genres d'existences; elle se fait jour à travers la grossièreté des classes vulgaires, comme à travers la corruption des classes frivoles; quand elle doit naître quelque part, ni la misère, ni le luxe, ni les agitations, ni l'oisiveté, ni l'ignorance, ni la science ne la peuvent étouffer; elle va chercher Eschyle à Marathon, Virgile dans son champ, Dante au milieu des guerres civiles, Milton au sein des querelles religieuses, Shakespeare sur le théâtre, Racine à Port-Royal, Voltaire dans les salons de Paris, Lord Byron à la chambre des Pairs, Goëthe à l'université. Tous ces hommes, placés au sein de circonstances si diverses, obéissent à la même vocation; il est, certes, d'un vif intérêt pour nous de les suivre depuis leur point de départ jusqu'au terme éclatant de leur carrière; et cette carrière elle-même n'offre-t-elle pas souvent un intérêt pathétique et romanesque? C'est Cervantes d'abord combattant les Maures, ensuite leur prisonnier, et, dans les fers, formant le plan d'une vaste conspiration d'esclaves...... Qu'il eût été étonné alors si on lui eût dit qu'il ferait un jour *Don Quichotte!* C'est Camoëns ballotté par le sort de Lisbonne à Goa, se sauvant à la nage en tenant son poëme au-dessus des flots, achevant son épopée nationale dans une grotte de la Cochinchine, et revenant dans sa patrie expirer à l'hôpital, pendant qu'un pauvre nègre

allait le soir mendier timidement pour le grand poëte.
C'est Chatterton s'empoisonnant à dix-sept ans pour
échapper aux tourments de la vanité et de la faim. C'est
André Chénier montant sur la fatale charrette l'avant-
veille du 9 thermidor. Mais les incidents dramatiques
de la destinée des poëtes, quelque attachants qu'ils
puissent être, ne sont pas ce qu'il nous importe le
plus de connaître; c'est leur nature intime, souvent si
pleine de contrastes et d'énigmes, qui peut rendre
raison de ceux qu'on trouve dans leurs ouvrages; je
n'en citerai qu'un exemple : la poésie de Lord Byron
fait l'effet d'un rêve étrange et souvent incompréhen-
sible, jusqu'à ce qu'on ait étudié en détail cet homme
extraordinaire. Les sombres caprices d'une enfance
rêveuse, les tristes désordres d'une jeunesse livrée à
elle-même, des bouffées de vice, de grandeur, de
vanité, de passion, de folie, d'enthousiasme qui se
succédaient brusquement dans cette âme énergique et
convulsive; la fatuité d'un grand seigneur avec des
opinions radicales, les travers d'un *dandy* et d'un roué
avec l'adoration de l'idéal, le besoin et le mépris de
l'opinion; une certaine bonhomie mêlée d'égoïsme
dans la vie habituelle, et quelquefois la crânerie de
la perversité; enfin un malaise perpétuel, sauf quelques instants de ravissement, voilà ce qu'on trouve
dans ses Mémoires, tout incomplets qu'ils sont, voilà
ce qu'on retrouve dans ses ouvrages, avec son génie
de plus.

IV

Nous avons, ce me semble, dans cette analyse rapide, épuisé tous les degrés par lesquels doit passer la connaissance des monuments poétiques, pour être complète. Je vous ai sommairement rappelé leurs principaux rapports avec la société, entre eux, et avec leurs auteurs. Je suppose qu'on a étudié tous ces rapports avec soin ; la tâche de l'historien de la poésie est-elle accomplie ? Non, messieurs, ce qu'il est parvenu à comprendre, il lui reste à l'apprécier, c'est-à-dire à le sentir et à le juger.

En effet, messieurs, le charme de la science qui nous occupe, c'est qu'elle a pour objet non-seulement la vérité, mais encore la beauté. Un poëme n'est pas un cadavre qu'il faille disséquer froidement, une machine qui n'offre d'autre intérêt que la disposition de ses rouages ; c'est un ouvrage d'art qu'il faut contempler dans son ensemble et qui est appelé à nous donner l'impression du beau. Si le sentiment du beau nous manque, notre esprit sera comme un aveugle qui voudrait éclairer une statue : bien qu'il tînt le flambeau, il ne la mettrait jamais dans son véritable jour. Ce qui nous reste à faire, ce n'est point l'étude qui nous l'enseignera. Le but de tout ce travail préparatoire était de renverser les barrières que le temps et l'ignorance

avaient pu établir entre le beau et notre âme, de nous
le rendre accessible en nous replaçant dans les circonstances où il avait été produit; quand la science a
fait cela elle ne peut rien faire de plus. Un homme a
tiré un tableau du sein des ténèbres, il a essuyé la
poussière qui le couvrait, expliqué le sujet qu'il représente; il l'a disposé favorablement par rapport à la
lumière, et nous a conduit au point le plus convenable
pour le contempler : il ne dépend pas de lui de nous
donner le sentiment de l'art, de nous faire éprouver
du plaisir à la vue de ce tableau.

La science est comme cet homme : elle peut écarter
tous les obstacles, tous les préjugés qui nous empêchaient de bien voir, elle peut nous placer favorablement, elle peut éclairer comme il convient ce qu'elle
offre à nos regards; il ne dépend pas d'elle de créer en
nous un sentiment de sympathie et d'admiration. Le
sentiment ne peut venir que de nous-mêmes; et encore ne dépend-il pas de nous : on ne peut sentir à
volonté, et avoir la prétention d'éprouver ce qu'on
n'éprouve pas réellement est le plus grand des ridicules. Mais nous pouvons du moins ouvrir notre âme
à toutes les impressions dont elle est susceptible, ne
pas renoncer, de propos délibéré, à certaines jouissances poétiques, ne pas refuser, par parti pris, d'être
intéressés, amusés, émus à de certaines conditions.
C'est une grande duperie, messieurs, de se priver d'un
plaisir par un dédain mal fondé. C'est un grand tra-

vers de porter de l'aristocratie en littérature et d'avoir peur de déroger par ses admirations. Plaisante vanité d'être insensible à ce qui donne à d'autres hommes des impressions douces et élevées! Autant vaudrait être fier d'avoir un sens de moins.

Ainsi, messieurs, nous accueillerons le beau de quelque côté qu'il nous arrive : nous ferons pour la poésie comme on fait pour la nature. Chacun a ses sites de prédilection. L'un aime mieux la mer, l'autre les montagnes, celui-ci les lieux déserts, celui-là les champs cultivés ; mais celui qui aime la mer n'est pas assez insensé pour fermer les yeux quand il entre dans les montagnes. Qu'on ait aussi ses poëtes chéris, rien de mieux ; mais que ce goût particulier ne rende pas insensible au mérite des autres poëtes. Heureux ceux qui, par suite d'une nature souple et de comparaisons répétées, peuvent acquérir cette flexibilité de sympathie qui les met tour à tour en rapport avec le génie poétique sous ses formes les plus diverses. Comme ceci est involontaire, il faut profiter, pour y atteindre, des dispositions les plus accidentelles et les plus fugitives de l'âme. On ne peut déterminer d'avance que tel jour on goûtera tel poëte ; mais il peut arriver que tout à coup, au moment où on s'y attend le moins, on soit préparé, à son insu, par la situation de son âme, à sentir comme lui, et qu'alors ce qu'il y a de plus intime dans son génie nous soit révélé par une illumination soudaine. Ce sont là des instants précieux qu'il faut mettre à profit, car des années de travail ne les remplaceraient pas; mais ces impressions variables et capricieuses ne peuvent être la mesure de nos jugements : comme tout ce qui est passionné, elles sont vives et trompeuses. Dans le moment où l'on vient d'être ainsi frappé de la beauté d'une poésie quelconque, il est simple qu'on la mette au-dessus de toutes les autres. Il n'y a pas de mal à commencer ainsi par l'exagération, pourvu qu'on ne s'y arrête pas, pourvu que la raison prononce après l'enthousiasme. Cette intervention de la raison qui vient, de par sa souveraineté absolue, juger nos impressions et leurs objets, cet arrêt suprême de la plus haute de nos facultés, c'est ce qu'on appelle la critique.

Oui, messieurs, la critique, la critique véritable. Non cette critique malveillante et aride qui fait une guerre puérile aux détails et ne sait pas s'élever à la considération de l'ensemble; mais cette critique large et féconde, qui met toute chose à sa place, qui, pleine de respect pour le génie et de sévérité pour l'erreur, admire volontiers et condamne avec indépendance.

Cette critique, messieurs, a un double objet; l'importance et le mérite des ouvrages qu'elle évoque à son tribunal.

Au milieu de cette foule de productions qu'entassent les siècles, le premier devoir de la critique est de distinguer celles qui sont dignes de prendre place dans l'histoire, de fixer le rang qu'elles y doivent tenir. Tel homme a laissé de nombreux volumes, qui n'a rien fait pour la poésie, et ne mérite pas même une mention de son historien ; tel autre n'a laissé que quelques vers, et a droit à une place honorable dans les annales de l'art. Savez-vous, messieurs, ce qui doit décider de ce droit en dernier ressort : c'est le fait de la création poétique. Tout homme qui donne à l'art une forme nouvelle, qui met dans le monde un type qui n'y était pas avant lui, une combinaison qu'on n'avait point essayée : cet homme compte pour la critique. Il est possible qu'elle soit sévère à son égard, qu'elle réprouve ses innovations ; mais elle ne peut se dispenser de parler de lui, elle est obligée de le juger. Pour celui qui s'est borné à reproduire une forme déjà connue, quelque talent qu'il ait pu mettre dans cette reproduction, il n'a fait qu'une contrefaçon plus ou moins habile, et l'historien de la poésie n'est pas tenu de s'occuper de ce genre d'industrie. Sans doute, en innovant, on court risque de s'égarer ; mais en copiant, on n'a pas chance de produire. Tout homme qui marche s'expose à tomber, mais celui qui reste assis est bien sûr de ne pas arriver. Ainsi la critique n'accorde son attention qu'aux individus qui vivent d'une vie propre ; elle n'en a point à donner aux plantes parasites qui viennent sur un arbre vigoureux : pour l'histoire de ces plantes, elle renvoie à celle de l'arbre lui-même.

Mais l'importance des individus augmente en proportion de leur rapport avec les masses, soit en tant qu'ils en sont l'expression plus fidèle, soit en tant qu'ils ont eu sur elle une action plus étendue et plus durable.

A génie égal, nous nous intéressons plus au poëte qui nous présente un tableau de son temps qu'à celui qui ne nous raconte que sa propre histoire et ne nous offre que des conceptions solitaires. Aussi, chez presque tous les grands poëtes, le temps où ils ont vécu nous apparaît, non pas froidement décrit en dehors de leur âme et de leur vie, mais identifié avec eux et incarné, pour ainsi dire, dans leur propre substance. C'est encore pour cela que les poésies des temps primitifs, dans lesquelles les individus ne se détachent pas encore de la masse sociale, mais ne font qu'un avec elles, sont toujours intéressantes ; car elles nous apprennent du moins quelque chose ; de plus elles sont nécessairement inspirées. Elles ont toujours une base vraie dans les fondements mêmes de la nature humaine. L'instinct qui les fait naître est trop naïf pour pouvoir s'égarer ; c'est l'envie de chanter, sans enthousiasme, qui produit les mauvais poëtes, et cette envie ne peut prendre aux peuples primitifs : ils ne font de la poésie, que parce qu'ils ne peuvent pas faire autrement.

L'action qu'un poëte a exercée sur les autres hommes est encore une raison de l'importance que la critique doit lui reconnaître. Messieurs, rien de ce qui a eu ici-bas une grande influence n'est vain. Nul homme, s'il a remué l'âme et excité l'admiration de nos semblables, ne doit être passé sous silence. Un siècle se trompe rarement, et, même dans ce cas, son erreur mérite d'être examinée ; pris en masse, les siècles ne se trompent point, et le jugement de la critique aboutit finalement à confirmer celui qu'ils ont prononcé.

S'ensuit-il que ce jugement soit superflu ? Non, messieurs ; car la critique doit motiver l'arrêt que le temps a rendu. Après qu'elle a distribué les productions poétiques selon leur importance, elle s'en saisit, et, séparant d'une main inflexible le bon et le mauvais, les beautés et les défauts, elle juge la poésie, comme la conscience juge l'histoire. Les siècles ont dit que Racine et Shakespeare étaient deux grands poëtes : nulle critique individuelle ne prévaudra contre cette imposante décision, mais ce n'est là qu'un résultat : à la critique appartient d'en faire connaître et d'en peser les motifs. C'est elle qui défendra le génie contre l'esprit de parti, de quelque côté qu'il s'élève. Elle commencera par étudier les beautés ; car sa plus grande gloire est de les découvrir et de les relever : cette tâche est plus belle et plus difficile que la recherche envieuse de quelques défauts.

Un poëte anglais[1] a dit :

[1] Dryden.

> La paille impure flotte à la face des ondes,
> Mais la perle se cache au sein des mers profondes.

Après s'être acquitté de ce devoir, la critique n'oubliera pas que la même impartialité lui prescrit de signaler les écarts de ces hommes dont elle vient de signaler les mérites ; et ses reproches, remplis de la même candeur que ses louanges, seront encore un hommage à ces grands hommes et à la vérité. Il est rare que la critique s'élève à cette haute impartialité, c'est elle seule, cependant, qui peut lui donner une dignité véritable.

On a souvent cité ce vers :

> La Critique est aisée et l'Art est difficile.

Messieurs, ni l'art ni la critique ne sont aisés ; la perfection de l'une est au moins aussi rare que celle de l'autre : je crois même qu'il y a eu dans le monde plus de grands artistes que de grands critiques. C'est qu'un critique, pour être parfait, devrait avoir l'âme d'un poëte et la pensée d'un philosophe.

J'ai parcouru, messieurs, toutes les conditions d'une bonne histoire de la poésie, et maintenant je suis effrayé du tableau que je vous ai offert. Cependant ma faiblesse même me rassure. Vous n'attendrez pas de moi l'accomplissement d'une tâche que nul homme encore n'a embrassée dans toute son étendue. Peut-être était-il nécessaire de poser le but lointain de mes efforts, au risque de vous faire sentir combien j'étais incapable de l'atteindre : vous me rendrez du moins la justice de n'avoir pas conçu d'une manière trop étroite la mission que vous m'avez confiée.

Je n'ai point la prétention de vous offrir toute faite l'histoire de la poésie, qui n'existe pas encore et à laquelle la vie entière d'un homme ne suffirait peut-être pas. Je vous en apporterai les matériaux, quelques idées générales et beaucoup de faits, beaucoup de citations, des analyses aussi animées, des traductions aussi exactes et aussi nombreuses qu'il me sera possible. Voilà ce qui composera ce cours, pour lequel je réclame de nouveau une indulgence que votre bienveillance, déjà éprouvée, m'enhardit à espérer.

Venez donc, messieurs, non pas pour m'entendre, mais pour voir passer devant vous les productions de la poésie étrangère, pour assister aux merveilleux développements de l'esprit humain à travers les temps modernes, depuis la barbarie du sixième siècle jusqu'à la civilisation du dix-neuvième. Que notre situation est heureuse ! les chefs-d'œuvre de tous les temps nous appartiennent. Quand il serait vrai, comme le pensent quelques hommes spirituels de nos jours, que les destinées de la poésie sont finies, ce serait encore un beau dédommagement d'évoquer, pour nous consoler, ce qu'elle a produit jusqu'à nous de plus illustre, et de former comme un musée magnifique des monuments qu'elle nous a laissés. Mais je ne partage point cette triste croyance. J'ai foi à l'avenir de la

poésie comme à celui de la liberté et de la civilisation.
J'ai la confiance que dans notre patrie, qu'au sein
de cette génération qui, par de fortes études, se prépare à de hautes destinées, il s'élève quelques hommes
qui placeront leurs statues dans le musée dont je par-
lais tout à l'heure.

Non, messieurs, la poésie ne peut périr. Au moment où elle paraît languir et s'éteindre, il jaillit tout
à coup quelque source ignorée d'inspiration et d'enthousiasme. La poésie secoue ses vieux vêtements dont
le temps a usé l'éclat, et, sous un costume nouveau,
reparaît brillante et rajeunie. Parce qu'une forme poétique s'épuise, il semble que la poésie va finir; mais
c'est une illusion. Là, comme dans l'homme, c'est
l'enveloppe, c'est le corps qui périt; l'âme subsiste
indestructible. Un critique allemand qui passait dans
son temps pour un oracle, Gotsched, écrivait vers 1750
que la poésie allemande touchait à sa décadence, qu'on
perdait les bonnes traditions, qu'on s'écartait des bons
modèles. Ces modèles sont maintenant oubliés, et
tandis que Gotsched prenait ainsi le deuil de la littérature allemande, la vraie littérature allemande allait
naître, et un jeune homme de dix-sept ans, c'était
Klopstock, préparait en silence l'ouvrage qui devait
ouvrir à la poésie de son pays le chemin où elle marche
avec gloire depuis près d'un siècle. La poésie se régénère dans sa marche comme la société. Au milieu de
la mollesse et de la frivolité du dix-huitième siècle,

qui se fût attendu aux scènes terribles, aux efforts
immenses de notre Révolution? Comment prévoir Corneille au temps de Jodelle? Dans ce siècle, comment
prévoir, la veille du jour où ils ont paru, Byron ou
Chateaubriand?

Sans doute en voyant les glorieuses conquêtes de
l'esprit philosophique, les progrès des sciences positives et de l'histoire, on est tenté de désespérer de la
poésie, de croire du moins que son inspiration, chan-
geant de nature, ne s'adressera plus qu'au penseur,
au savant, à l'historien ; et en effet, il y a plus de talent épique dans l'histoire de la conquête d'Angleterre, que dans toutes nos prétendues épopées. Mais,
messieurs, il ne s'ensuit pas de ce que la poésie se répand hors de son domaine, qu'elle cessera d'y régner.
L'histoire, quelque poétique qu'elle soit, ne remplacera pas plus la poésie, que le roman historique, quelque historique qu'il soit, ne remplacera l'histoire.
Toute chose a sa place ici-bas, et la poésie gardera la
sienne. Il y aura toujours en nous un certain besoin
d'idéal, un certain élan vers un monde supérieur au
nôtre, qu'il deviendra certainement de plus en plus
difficile de satisfaire, mais auquel ne pourront donner
le change ni les hautes abstractions de la pensée, ni
les curieux résultats de la science, ni les découvertes
de l'histoire. Après tout ce qu'on a fait, il y a encore
des abîmes à explorer dans l'imagination et dans le
cœur de l'homme ; il y a à peindre de nouveaux sen-

timents que développe le progrès des siècles. Ces grandes idées elles-mêmes de la science, ces vues élevées de la philosophie et de l'histoire ont leur poésie, et cette poésie est à faire. Il y a là pour nous une mer d'enthousiasme qui n'est pas prête à tarir. Non, messieurs, quoi qu'il arrive et quoi qu'il semble, la poésie ne passera pas sitôt de mode en ce monde.

LITTÉRATURE SCANDINAVE

MESSIEURS,

La bienveillante amitié de M. Fauriel m'a désigné pour le remplacer momentanément dans la chaire de littérature étrangère, création si importante et dont il s'est montré si digne. Vous n'attendez pas de moi, messieurs, cette profondeur de savoir, cette sûreté de critique, cette finesse d'exposition, qui caractérisent son enseignement; mais ce que vous êtes en droit d'exiger, c'est que celui qu'il a choisi s'efforce de ne pas être trop infidèle à ses exemples. Sur ces bancs, où j'ai été son auditeur assidu et où il me sera doux de m'asseoir de nouveau pour l'entendre, dans des communications journalières aussi instructives, plus précieuses peut-être que ses leçons, j'ai appris de lui à traiter sérieusement la science, à ne chercher dans les lettres qu'elles-mêmes, à ne point reculer devant de pénibles études, et à ne craindre que l'esprit de système, qui aspire à se passer d'elles. Ces principes seront les miens. Je tâcherai de tirer de mon sujet tout l'intérêt qu'il renferme ; mais je m'interdirai sévèrement de chercher à lui prêter un intérêt étranger; et, pour commencer dès ce moment l'application de la méthode que je fais vœu de suivre, laissant de côté tout préambule, j'entre en matière.

Tous les monuments de la littérature qui va nous occuper sont écrits dans une langue qui ne se parle plus, si ce n'est dans une île presque inconnue à l'Europe, presque entièrement isolée du monde. C'est dans cette île, à peine habitée, que se sont conservés la plupart de ces monuments. Ils contiennent les enseignements d'une religion, qui, depuis huit siècles, a cessé d'exister, des traditions héroïques qui ont été étrangères à notre enfance, les récits d'une histoire qui semble se lier à peine aux histoires que nous connaissons. Quel intérêt peut donc avoir pour nous cette littérature? Que nous font ces antiquités obscures, cette religion sanglante, ces langues et ces chants barbares? Pourquoi les tirer des brumes du nord et de la nuit du pôle?

Mais messieurs, si cette île, pauvre et lointaine,
avait été, durant quatre siècles, le siége d'une république indépendante, possédant une littérature originale comme sa civilisation ; si l'étude approfondie de
la langue, de la mythologie, des traditions scandinaves
qu'elle nous a conservées, jetait un jour précieux sur
les origines de la plupart de ces peuples barbares qui
ont renouvelé l'Europe ; si elle rattachait le nord à
l'orient, les temps modernes à l'antiquité ; si elle
révélait les rapports essentiels des nations germaniques avec la Grèce et l'Italie d'une part, et de l'autre
avec la Perse et l'Inde ; si cette religion d'Odin, qui
semble, au premier coup d'œil, si bizarre et si monstrueuse, renfermait, avec un système cosmogonique
et philosophique assez régulier, les traces de son histoire et celle des races au sein desquelles elle s'est
successivement formée ; si les poésies héroïques de
l'*Edda* étaient les débris d'un grand ensemble épique,
d'un grand cycle, héritage commun des nations
germaniques ; si les traces de la diffusion de ce cycle
se retrouvaient dans presque toute l'Europe ; et si la
comparaison de ces vestiges dispersés avec le recueil
scandinave éclairait la question de la poésie primitive par des rapprochements avec la formation de
l'épopée homérique, d'autant plus frappants qu'ils
sont puisés plus loin d'elle ; si des monuments d'un
genre particulier offraient, sous le nom de *sagas*, le
plus riche développement du récit traditionnel,

transition curieuse de la fable à l'histoire; si leur lecture, importante à d'autres égards, faisait mieux comprendre sous quel point de vue on doit étudier les muses d'Hérodote et les premiers livres de Tite-Live; si une poésie lyrique où l'exaltation effrénée de la guerre et de la mort éclate à côté d'une recherche maniérée et d'une pédanterie laborieuse, fermait le cercle de cette littérature extraordinaire; si enfin, de même qu'en remontant à ses sources, on est conduit au fond de l'Orient et au sein de l'antiquité la plus reculée, en suivant son influence sur les temps postérieurs, on la voyait se répandre sur le moyen âge, le traverser même, et, dans certaines localités, se propager jusqu'à nos jours; en un mot, si ce point trop négligé de l'histoire littéraire touchait à tant de lieux, ce moment à tant de siècles, peut-être serais-je justifié à vos yeux d'en avoir fait l'objet de longues études, le but de lointains voyages, et de le choisir pour sujet du cours que j'ouvre aujourd'hui devant vous.

Messieurs, la littérature scandinave est peu connue en France. Avant de nous engager dans ses détails, je crois devoir vous exposer sommairement les principaux faits et les principaux résultats que ces leçons devront établir et développer.

On n'arrive, messieurs, à l'intelligence complète d'une littérature, et surtout d'une littérature primitive, qu'en passant par des recherches un peu profondes sur l'histoire du peuple qui l'a produite, sur les origines, la langue, la religion de ce peuple. C'est aussi par où nous commencerons; c'est quand nous connaîtrons les nations scandinaves en elles-mêmes et dans leur rapport avec les autres nations; c'est quand nous aurons rattaché leur développement particulier au développement général de l'humanité, que leurs monuments littéraires auront pour nous le sens et la valeur qui leur appartiennent.

La scandinavie, c'est-à-dire les pays dont se composent aujourd'hui les trois royaumes du nord, le Danemark, la Suède et la Norwége, la Scandinavie est peuplée presque tout entière par des populations de race germanique. Cependant d'autres populations étrangères à cette race ont occupé jadis une grande partie, peuplent encore quelques extrémités, et sont errantes sur les confins de la terre scandinave. Ces populations faisaient partie de la grande famille des nations finnoises qui, se déversant à l'orient et à l'occident des monts Oural, semblent avoir, à des époques reculées, couvert un si vaste espace et joué un si grand rôle dans les contrées septentrionales de l'Asie et de l'Europe. Nous arrêterons d'abord notre attention sur ces peuples qu'on pourrait appeler les Celtes du nord, dont ils disputèrent longtemps la possession aux tribus germaniques; ces peuples opiniâtres et sombres auxquels une disposition particulière à l'extase fit de bonne heure un renom de

magie et de divination, que dans plusieurs endroits,
ils ont conservé jusqu'à nos jours : race maintenant fondue dans d'autres races ou asservie par elles,
mais qui s'étendit sur les deux bords de la Baltique,
conquit la Hongrie, comme l'atteste la langue de ce
pays, fonda sur les plages glacées de la mer Blanche
un État qui faisait le commerce avec l'Orient quand
les marchandises de l'Inde descendaient sur la Dwina,
aux lieux où est Archangel ; quand les monnaies
arabes circulaient dans les comptoirs de la Baltique ; et, si l'on en croit les opinions les plus ré-
centes des orientalistes, race à laquelle appartenaient
des nations nombreuses du nord de l'Asie, entre autres
les Huns, ces terribles vengeurs de leurs frères opprimés ou détruits par les nations germaniques.

Passant des Finnois, premiers habitants de la Scandinavie, aux conquérants germains, ceux-ci nous
présenteront deux divisions et, pour ainsi dire, deux
couches au sein d'une même race. Les plus ancien-
nement établis dans le sud de la Suède et en Danemark
portaient le nom de Goths, ce nom qui a retenti dans
toute l'Europe, qui a voyagé avec le soleil depuis les
bords de la Caspienne jusqu'à l'embouchure du Tage.
Après les Goths, un autre rameau germanique fit invasion dans la péninsule scandinave.

Ces nouveaux envahisseurs s'appelaient les Ases,
c'est-à-dire les forts, les dieux. Leur chef portait le
nom d'Odin, l'une des principales divinités dans le

système de religion commun aux Ases et aux Goths, et vraisemblablement aussi à un très-grand nombre au moins des nations germaniques. Les Ases, qui paraissent être entrés plus au nord que les Goths, établirent sur les bords du lac Mellar, vers le point où depuis a été Stokholm, le centre d'un pouvoir théocratique et guerrier. Les Goths demeurèrent en possession de la Suède méridionale ; les Ases pesèrent fortement sur les nations finnoises, et les reléguèrent partie au nord dans la Laponie, partie au nord-est dans la Finlande. Les guerres d'extermination que les Ases firent aux Finnois remplissent les traditions scandinaves. Il n'en fut pas de même à l'égard des Goths, avec lesquels ils avaient communauté de religion et d'origine. Mais les Ases, qui prirent aussi le nom de Suédois (svithiod), paraissent s'être placés, vis-à-vis des Goths, dans une attitude de supériorité sacerdotale et politique dont les traces se retrouvent au moyen âge, et n'ont peut-être pas encore complétement disparu.

Maintenant d'où venaient ces Goths et ces Ases? c'est demander d'où venaient les nations gothiques et même toutes les populations germaniques. Ici la question de l'origine des peuples scandinaves prend de la grandeur, car elle se rattache à celle de la migration des barbares. Nous serons obligés, messieurs, de nous occuper de cet immense événement ; nous remonterons, pour ainsi dire, ce torrent de peuples en suivant les traces des nations scandinaves. Elles nous conduiront du côté de l'Orient : d'abord aux rives de la mer Noire, puis dans les gorges du Caucase, porte par où ont passé les tribus asiatiques, espèce de caravansérail sur la grande route du genre humain, où se sont arrêtés les traînards de toute race, et où on trouve comme des échantillons de chacune d'elles ; enfin de précieux indices nous entraîneront encore plus loin : guidés par eux, nous entreverrons au centre et au sommet de l'Asie, au nord de l'Inde et de la Perse, le point d'où sont partis ceux que nous avons trouvés établis sur les bords de la Baltique et du golfe de Bothnie.

J'espère, messieurs, rassembler devant vous des preuves de cette longue course des populations scandinaves à travers le monde, qui ne laisseront aucune incertitude dans vos esprits. Mais dès aujourd'hui je dois vous prévenir contre la surprise que cette assertion peut vous causer. Comment, direz-vous avec Tacite, serait-on venu d'un pays plus heureux dans la triste Germanie? J'ajourne les diverses explications qu'on peut présenter de ce fait, et pour aujourd'hui je me borne à répondre : Connaissons-nous toutes les antiques révolutions qui ont agité ces masses d'hommes, pressées dans le centre de l'Asie ou perdues à ses extrémités? C'est du milieu de cet océan de peuples qu'ont dû se soulever ces grandes tempêtes dont nous avons à peine aperçu les dernières ondulations dans notre coin reculé du monde ; et se heurtant,

se brisant les uns contre les autres comme des vagues,
ils se sont rués en désordre partout où ils trouvaient
de la place, sans s'inquiéter s'ils allaient au nord ou
au sud, à l'orient ou à l'occident, n'ayant pas le choix
de la marche à suivre et de la terre à prendre, allant
où ils étaient forcés d'aller, s'emparant de ce qui
restait libre, comme dans une foule on obéit à cette
force immense et confuse qui vous entraîne vers un
point ou vers un autre. Ainsi les peuples ballottés
pêle-mêle n'ont point choisi librement leurs demeu-
res ; ils se sont avancés en tous sens selon que les
poussait et les dirigeait la nécessité.

Revenus du fond de l'Orient dans la péninsule scandinave, nous ne nous y renfermerons pas longtemps,
car ce ne fut ni dans cette péninsule qui comprend la
Suéde et la Norwége, ni dans les îles, ou la Chersonèse
danoise, que se développe de la manière la plus
complète la nationalité scandinave. Ce n'est pas dans
ces pays que devaient se conserver le plus fidèlement
la langue, la religion, les traditions poétiques des
populations qui les habitaient ; la Scandinavie devait,
pour ainsi dire, se transporter tout entière dans une
île ; cette île devait être l'asile et comme le sanctuaire
du génie des peuples germaniques, et nous transmettre
un jour les seuls monuments littéraires où il subsiste
dans sa pureté. C'est de cette contrée remarquable
qu'il faut vous parler.

Sous le cercle polaire, entre l'extrémité septen-

trionale de l'Europe et la côte orientale de l'Amérique,
aux confins du monde vivant, est situé l'un des plus
singuliers pays que les hommes aient jamais habités :
c'est l'Islande. Imaginez une grande île, formée presque tout entière de produits volcaniques, sillonnée
de laves, couverte de cratères et de glaciers. Tout,
dans ce pays boréal, avertit qu'on marche sur un
gouffre ardent ; on vient de franchir une nappe de
neige, et le pied enfonce dans le soufre liquide. Ici
s'élancent à cent pieds des jets intermittents d'eau
bouillante de deux toises d'épaisseur, là des colonnes
d'une vapeur chaude sortent du sein de la terre, et
forment des réservoirs d'air tiède au sein d'une atmosphère glacée. l'Islande est un volcan à plusieurs
bouches. Sans doute, elle est sortie un jour de la mer
qui l'environne ; la cause qui l'a soulevée continue
à la travailler en tous sens, et maintenant il semble
qu'au milieu de ses glaces, dans sa lointaine solitude,
elle achève lentement de se dévorer elle-même.

Rien de plus triste, de plus désolé, comme on peut
croire, que l'intérieur d'un tel pays. Les côtes seules
sont habitées, le centre n'est qu'un désert de laves,
où l'on ne rencontre ni un arbre, ni un être vivant.
Pendant quelques mois seulement, l'Islande peut
communiquer avec le reste du monde. Durant ses
longs hivers, elle est isolée par les tempêtes, et cer-
née en partie par les glaces que les courants accumu-
lent sur ses bords. On voit arriver les ours blancs,

embarqués sur ces glaces qui s'avancent avec une
incroyable vitesse, et si alors il survient une tempête qui soulève et agite ces masses flottantes, elles
se choquent et se brisent avec d'épouvantables cra-
quements. Éclairez une pareille scène des feux sanglants d'une aurore boréale mêlée à la lueur des
volcans, se reflétant sur la neige; qu'à ces tourmentes
de l'océan du Nord répondent les commotions de ces
tempêtes souterraines qui soulèvent en vagues un sol
de laves à demi refroidi, et vous aurez une idée de ce
que peut présenter de plus terrible et de plus grand
la nature septentrionale : telle est l'Islande, et l'a-
mour de la patrie est si plein d'illusions chez tous les
hommes, qu'un proverbe national dit : « L'Islande
est le plus beau pays que le soleil éclaire. »

L'Islande fut peuplée au neuvième siècle, par suite
d'une révolution qui s'opéra presque en même temps
en Danemark, en Suède et en Norwége. C'est alors que
ces royaumes furent fondés, que quelques chefs adroits
soumirent les autres à leur autorité. Ceux à qui ce
changement ne convenait point, ceux qui regrettaient
l'ancienne indépendance, émigrèrent, et un grand
nombre fut chercher un asile en Islande. L'Islande se
trouva ainsi le refuge de tout ce qui tenait le plus
fortement aux anciennes mœurs, aux traditions nationales. Ces fugitifs emportèrent avec eux la vieille
religion du nord, établirent une sorte de république
patriarcale, gouvernée par un président annuel,

nommé *l'homme de la loi*. Cet état de choses dura quatre siècles. L'Islandais, dans sa jeunesse, était commerçant ou pirate, quelquefois tous les deux ensemble; puis, il revenait dans son île, vivait dans sa maison de bois, de ses troupeaux, de quelque agriculture, là où elle était possible, et partageait son temps entre ses affaires domestiques, les assemblées locales de chaque canton, et l'assemblée générale qui avait lieu une fois l'an, sur le plateau volcanique de Thing-Valla, appelé aussi la *Montagne de la loi*. Joignez-y quelques coups de main auxquels donnaient lieu les querelles des diverses familles, et force procès, et vous aurez une idée assez complète de l'existence d'un Islandais. Tout le loisir que lui laissait un genre de vie si peu occupé était employé, soit à composer, soit à écouter des chants ou des récits. Grâce aux diverses circonstances qui favorisèrent ce penchant naturel, l'Islande devint bientôt le foyer principal de la littérature scandinave, et c'est ainsi que cette littérature et la langue dans laquelle elle existe ont été nommées indifféremment scandinave ou islandaise.

Cette langue appartient à la famille des langues germaniques. Nous déterminerons la place qu'elle y occupe, et celle que la famille dont elle fait partie occupe elle-même dans le système général des langues.

Ici, nous aurons besoin de poser quelques principes de la science étymologique, pour ne pas nous laisser entraîner à des inductions mensongères.

Nous examinerons les règles que doit suivre une critique sévère dans les rapprochements qu'elle établit soit entre les mots, soit entre les formes grammaticales qu'elle compare.

Grâce à des travaux récents entrepris en Allemagne et dans le Nord, et qui se poursuivent en France avec succès, la science étymologique, à laquelle des tentatives extravagantes avaient attaché une sorte de ridicule est devenue une science philosophique et positive tout ensemble. Flambeau précieux et quelquefois unique, elle éclaire ce que l'histoire laisse trop souvent dans l'ombre, la filiation et le berceau des peuples. En outre, prise en elle-même, elle offre un intérêt indépendant de ce genre de services. L'histoire des langues peut s'appeler une anatomie ou plutôt une physiologie comparée, car une langue est comme un être vivant dont l'organisme se développe suivant des lois constantes. Nous aurons à étudier cet organisme, à constater quelques-unes de ses lois, avant d'entamer la comparaison des idiomes germaniques avec les autres idiomes qui leur ressemblent. Nous livrant alors à cette comparaison, nous pourrons y apporter quelque méthode et quelque certitude. Les résultats auxquels nous arriverons seront à la fois assez piquants et assez vastes, pour mériter que nous ne marchions vers eux que pas à pas, avec prudence et réserve. N'est-ce pas un fait frappant que l'analogie fondamentale de ce

qui existe entre les langues germaniques, et les langues grecque et latine? Qu'aurait pensé, bon Dieu!
l'antiquité si dédaigneuse et si ignorante de tout ce
qui était barbare? Qu'auraient dit les Romains, si on
leur eût appris que ces Goths, ces Francs qu'ils regar-
daient à peine comme des hommes, parlaient une
langue dont les principales racines se trouvaient dans
leur propre langue, dont la grammaire ignorée était
une contre-épreuve assez fidèle de celle de Sophocle
et de Démosthène, de Cicéron et de Virgile?

Il fallait, pour reconnaître cette vérité, qu'après bien
des siècles, les descendants de ces barbares eussent
établi des bibliothèques et des académies dans la Chersonèse cimbrique et dans le pays des Cattes.

Ce n'est pas tout, et d'autres analogies non moins
certaines rattacheront les langues germaniques aux
anciens idiomes de la Perse et de l'Inde, si étroitement
liés eux-mêmes avec ceux de la Grèce et de l'Italie ;
et pour la seconde fois, nous aurons touché aux
régions lointaines de l'orient, en partant de l'Islande.

Enfin, après les considérations de races et de langues, un troisième objet d'étude achèvera de nous
préparer à la littérature des peuples scandinaves. Je
veux parler de leur religion.

Il n'est plus permis aujourd'hui, messieurs, de ne
voir dans une mythologie qu'un jeu de la fantaisie des
poëtes, ce serait transporter dans l'histoire de la

pensée humaine l'erreur qui régnait autrefois dans
l'étude du monde physique, quand on attribuait aux
jeux de la nature ce qu'on ne savait pas ramener à
ses lois; c'est aussi d'après des lois générales que se
forme cette cristallisation brillante, bizarre en apparence, au fond régulière, qu'on appelle une mythologie.

Mais, pour arriver à ces lois générales, il faut déterminer soigneusement tous les faits partiels d'où
elles doivent sortir, et ici de graves difficultés se présentent. Rien n'est plus complexe et plus divers que les
mythologies, car elles se forment à une époque de la
pensée humaine où sa confusion égale sa hardiesse.
Tout s'y trouve, et les idées que les hommes, dans
leur ignorance, cherchent à se faire de l'origine et de
la fin des choses, de la nature de Dieu et de la structure de l'univers, et les faits dont le souvenir les
intéresse, leur propre histoire qui se confond dans
leur esprit avec celle de leur religion et de leurs
dieux. Instinct du vrai, superstitions folles, traditions
véridiques, légendes fabuleuses, pressentiment du
bien et du beau, mouvements brutaux, aperçus de
l'infini, et grossières erreurs, de toutes ces choses et
de mille autres se forme un chaos qu'illuminent d'é-
blouissants éclairs. C'est dans ce chaos qu'il faut descendre, pour y chercher les divers éléments qui fer-
mentent pêle-mêle dans son sein.

Afin de répandre quelque lumière sur la mythologie

scandinave, je vous présenterai d'abord un tableau de
son ensemble. Je construirai devant vous ce monde ou
plutôt ces mondes, dont la superposition et la juxta-
position symétrique forment dans les idées scandinaves l'édifice de l'univers. Je déroulerai à vos yeux ce
grand drame cosmogonique qui s'ouvre par la naissance du monde, et se dénoue par la catastrophe dans
laquelle la terre, le ciel et tous les dieux périssent
pour renaître : drame lugubre, sur lequel planent d'un
bout à l'autre une tristesse belliqueuse et un pressentiment sinistre. C'est la vie sortant des ténèbres et des
glaces de l'abîme ; c'est l'univers formé des débris
d'un cadavre, un déluge de sang, des dieux qui souf-
frent et combattent, des dieux qui savent qu'ils doivent
mourir ; c'est Balder qui périt de la main d'un frère ;
c'est Odin que le loup dévore ; enfin c'est la destruction
universelle des êtres. En présence de ces redoutables
scènes, on est transporté au milieu des fantômes du
Nord, on croit sentir son âme, pressée par le froid et
la nuit, se dissoudre avec ce nébuleux univers. Si l'on
entrevoit, vers la fin, l'aurore d'une vie nouvelle, plus
douce et plus sereine, elle est comme ces feux polaires
qui brillent d'une lueur vague au sein des longs hivers, sans en dissiper les ténèbres.

Après avoir contemplé ces grands et sombres symboles, nous tenterons d'en pénétrer le sens, non par
une minutieuse interprétation, qui poursuit, dans des
détails arbitraires, la chimère d'une explication com-

plète, mais en nous attachant à quelques idées fondamentales. Nous comparerons les mythes principaux de cette religion avec ceux qui peuvent leur correspondre réellement dans les religions de l'Orient ou de l'antiquité ; enfin nous demanderons à la mythologie scandinave sa propre histoire ; nous chercherons dans son sein les traces des révolutions qu'elle a subies. Nous nous efforcerons de déterminer son point de départ et les limites de son extension. Ici la coïncidence des résultats auxquels nous conduira cette recherche, avec ceux que nous aura fournis un travail du même genre sur les races et les langues scandinaves, nous permettra de nous élever avec confiance à des conclusions qui ne sont peut-être pas sans importance pour la connaissance des origines et des migrations des peuples, et pour l'histoire du genre humain.

Ainsi préparés à l'étude des monuments de la littérature scandinave, nous aborderons ces monuments.

Nous parlerons d'abord des plus célèbres, des *Eddas.*

Il existe deux recueils d'une nature et d'une composition entièrement différentes, et qui tous deux portent le nom d'*Edda.* La moins ancienne est l'ouvrage du dernier grand homme de l'Islande, de Snorri Sturleson, mort au milieu du treizième siècle (1241). Cette *Edda* se compose de plusieurs traités en prose sur la mythologie et la langue figurée, employées par les scaldes ou poëtes scandinaves. La première partie contient, sous forme de dialogue, une exposition scientifique de la mythologie scandinave, faite longtemps après qu'on n'y croyait plus, et dans un but purement littéraire. Cette partie de *l'Edda* de Snorri est l'ouvrage d'un mythographe : c'est en quelque sorte un dictionnaire de la fable. Une seconde partie contient un choix de locutions poétiques inventées par les scaldes, de périphrases consacrées parmi eux, et on peut rigoureusement le dire *classique*, assez semblable à ce qu'on trouve dans un *Gradus ad Parnassum*. Ce recueil avait pour but de faciliter à ceux qui prenaient plaisir à la lecture des poésies nationales, et qui continuaient à se servir pour les leurs de l'ancien merveilleux scandinave, l'intelligence et l'emploi du langage des scaldes.

Enfin, à ces deux parties l'auteur a ajouté un traité de grammaire, de rhétorique et de prosodie, que termine assez pédantesquement un poëme bizarre, où sont renfermées toutes les formes de la versification scandinave, espèce de métrique en exemple, et que l'auteur a intitulée *Clef prosodique*.

Telle est l'*Edda* de Snorri, nommée aussi l'*Edda* en prose, la *Nouvelle-Edda*, la seule dont une partie ait été traduite en français par M. Mallet : compilation précieuse par les faits qu'elle contient, mais sans intérêt et sans valeur poétique, et qui ne ressemble pas plus à l'autre *Edda*, à l'*Edda* en vers, à la vieille et véritable *Edda*, que la bibliothèque d'Apollodore ne res-

semble aux poésies d'Homère. Cette ancienne *Edda*
est une collection de poëmes et de fragments de poëmes
mythologiques, gnomiques, héroïques, recueillis, au
onzième siècle, par un Islandais nommé Semund.
Les auteurs en sont inconnus, les dates difficiles à déterminer. Elles remontent, au moins pour quelques-
uns, à plusieurs siècles avant l'époque où ils furent
recueillis.

Les poëmes mythologiques renferment les dogmes
de cette religion sombre et guerrière dont je vous ai
entretenus. Souvent ils sont empreints, comme elle,
d'une majesté lugubre et d'une tristesse sublime.

Telle est la *Voluspa*, le plus important des poëmes
mythologiques de l'*Edda*, débris d'une cosmogonie
perdue, qui commence par la formation de l'univers, et se termine par l'embrasement dans lequel il
doit périr : c'est l'expression voilée des mystères et
des oracles ; c'est une vision confuse, gigantesque
et terrible ; c'est à la fois la *Genèse* et l'*Apocalypse* du
Nord.

Il y a loin de là, messieurs, à ces poëmes burlesque-
ment satiriques qui se trouvent aussi dans la partie
mythologique de l'*Edda*, et dans lesquels les divinités
scandinaves apparaissent sous un jour grotesque, où
le malin Loki persifle sans pitié la bravoure des dieux
et la chasteté des déesses, où le maître de la foudre
est devenu un personnage stupide et vorace ; il y a
entre ces deux ordres de poésie toute la distance qui

sépare la théogonie d'Hésiode et les railleries de Lucien.

Un poëme sentencieux, le *Hava-Mal*, contient les adages de la sagesse antique des nations scandinaves : c'est un précieux dépôt de cette morale traditionnelle que recueille l'expérience naissante des âges primitifs, que les siècles suivants se transmettent, qui plus tard se conserve si longtemps, et voyage si loin sous la forme vivace et populaire du proverbe : à côté sont les enseignements de la magie, de cette science des Runes qu'on pourrait appeler la cabale du Nord.

Un autre poëme de l'*Edda* (le chant de Rig) contient, sous l'enveloppe d'un mythe symbolique, l'histoire de l'origine de la société scandinave, et y montre la naissance des ordres dans ce qui fut ailleurs celle des castes dans la distinction des races.

Je néglige d'indiquer plusieurs portions curieuses de l'*Edda*, entre autres ce singulier *Chant du soleil*, le seul morceau chrétien qu'elle renferme ; ce récit du monde invisible que Semund prononça, dit-on, réveillé pour un moment du sommeil de la mort, où les dogmes les plus menaçants du catholicisme font avec les mythes odiniques une étrange alliance ; où l'on voit un Islandais du onzième siècle, inspiré peut-être par ces peintures lugubres des supplices éternels qui dès lors hantaient les imaginations méridionales, les rembrunir encore des noires couleurs de son ciel et du sanglant reflet des traditions, et empruntant aux deux religions leurs terreurs, créer un enfer où se mêle à des souvenirs de la *Voluspa* un pressentiment de Dante.

J'arrive à la partie peut-être la plus intéressante de l'*Edda*, à sa partie héroïque.

Tous les poëmes qui la composent, à l'exception d'un seul, se rapportent à un vaste ensemble de faits concernant tous l'histoire d'une famille, celle des Volsungs, et principalement la destinée d'un guerrier nommé Sigurd.

Sigurd est le héros du Nord. Une grande gloire, une fin triste et prompte, c'est là sa destinée, c'est aussi celle d'Achille ; et il est remarquable que, dans la Scandinavie comme dans la Grèce, une même pensée mélancolique se soit associée à celle de la vaillance et de la gloire ; que chez les deux peuples le héros par excellence périsse dans l'éclat de la jeunesse et du triomphe. L'idéal de la vie humaine leur a semblé de même une carrière brillante et courte, sans déclin, sans vieillesse, laissant après elle de longs regrets, une longue renommée ; dans le Nord, on y a joint de longues vengeances.

Sigurd est le centre du grand cycle épique dont je vous ai parlé au commencement de cette lecture. L'histoire de ce cycle est certainement une des pages les plus curieuses des annales de la littérature primitive. Il est rare qu'on puisse analyser aussi complétement les éléments divers, et poursuivre avec autant

d'exactitude les phases d'une légende épique. Le jour
que réfléchit une pareille recherche rejaillit sur toutes
les recherches du même genre. Nous ferons donc,
avec le plus grand détail, cette monographie, d'où
l'on peut tirer des matériaux propres à compléter
l'histoire de la formation de l'épopée grecque et des
épopées du moyen âge et de l'Orient.

Nous recomposerons d'abord la destinée héroïque
de Sigurd, selon la version scandinave contenue dans
l'*Edda*. Nous verrons le héros conquérir sur un dra-
gon le trésor fatal auquel ses malheurs et sa mort sont
attachés ; puis aller sur la montagne réveiller la jeune
Valkyrie dans son palais entouré de flammes ; périr,
enfin, victime de la jalousie et de la passion d'une
femme, par la main d'un traître ; et celle dont l'amour
a demandé sa mort se tuer pour le suivre. A ce moment commencent de nouvelles aventures, et chose
étrange, ici paraissent des noms historiques ; les plus
grands noms de la barbarie interviennent dans cette
légende islandaise. La veuve de Sigurd devient la
femme d'un roi des Huns qui s'appelle Atli, et dans lequel il est impossible de méconnaître le terrible Attila.
Dès lors, les horreurs s'enchaînent aux horreurs. Pour
venger ses frères mis à mort par Atli, l'implacable
Gudruna l'égorge après lui avoir offert le festin d'Atrée.
Enfin, la figure d'Hermanrik, de ce puissant roi des
nations gothiques, dont l'empire s'étendait de la mer
Noire à la mer Baltique, clôt cette série de person-

nages fournis à la poésie, les uns par la mythologie, les autres par l'histoire.

Mais ce n'est pas seulement en Scandinavie, dans les chants héroïques de l'*Edda*, que se sont conservées ces tragiques aventures. Le poëme des *Niebelungen*, écrit en Allemagne au treizième siècle, se compose d'une série d'événements dont l'analogie avec ceux que nous venons d'indiquer ne se peut contester. C'est une autre version du même récit ; c'est une autre forme du même cycle. Quel fait peut être plus curieux que ces deux formations du même terrain épique chez deux peuples et dans deux langues différentes, à une distance de plusieurs siècles ! Il ne sera pas sans intérêt de comparer cette version allemande à la version scandinave, de montrer ce qu'elles ont de commun et de divers, d'expliquer cette ressemblance et cette diversité.

Vous pouvez déjà pressentir, messieurs, de quelle utilité doit être cette étude pour celle des autres poésies primitives. Ainsi, quant aux poésies homériques, on n'a que le résultat définitif, on n'a point les divers degrés de l'élaboration, plus ou moins longue, plus ou moins compliquée, de laquelle elles sont sorties. La critique est obligée de distinguer, après coup, les divers éléments qui se sont agglomérés pour former ces admirables masses épiques que la portion la plus cultivée du genre humain admire depuis trois mille ans. La critique cherche à découvrir dans ce merveilleux

produit des siècles héroïques de la Grèce les vestiges
de plusieurs transformations successives, mais elle ne
sait y parvenir que par voie d'induction ; ici les monuments de ces transformations subsistent ; on a dans
l'*Edda* les rhapsodies isolées et les rhapsodies réunies
en un corps de poëme dans les *Niebelungen*.

Arrivés à ce point, nous connaîtrons l'histoire du cycle
et de ses deux modifications principales. Nous aurons
vu sur un vieux mythe scandinave, d'origine orientale,
s'implanter le souvenir d'Attila et de Hermanrik, puis
en Allemagne, au moyen âge, sur ce fond barbare et
idolâtre, s'étendre à demi une couleur chevaleresque et
chrétienne.

Élargissant alors le cercle de nos études, nous chercherons ailleurs des débris du même cycle, des reten-
tissements de la même légende. Nous en trouverons
dans presque toute l'Europe, depuis le pied de l'Hécla
jusqu'à celui des Apennins, depuis les bords de la
Baltique jusqu'aux rives de la Loire, depuis le fond
de la Pologne jusqu'au cœur de l'Angleterre.

Ainsi sera établie l'existence d'une poésie produite
par les nations germaniques, et qui se rencontre à peu
près partout où ces nations ont paru. C'est un âge
poétique tout entier avant l'ère de la littérature chevaleresque.

Ce sont là, messieurs, les siècles héroïques des peuples modernes ; elle a eu aussi son Iliade, cette Europe barbare, dont M. Thierry, avec un courage égal

à son malheur et à son talent, recompose en ce moment l'histoire, et dont le plus grand écrivain de notre temps a répandu la couleur sur quelques pages immortelles des *Martyrs* et des *Études*.

Il me reste à vous dire deux mots des *sagas* et des *scaldes*.

Les *sagas* ne sont point des poëmes, comme on a paru souvent le croire. Ce sont des récits en prose, qui appartiennent à un genre littéraire qu'il n'est pas inutile de signaler.

La *saga* n'est point un fait particulier à l'Islande : c'est un fait général dans la série des progrès de l'esprit humain. La *saga*, le mot l'indique, c'est ce que l'on dit, ce que l'on raconte ; c'est l'histoire naïve qui correspond à la poésie naïve. En effet, à chaque phase de cette poésie correspond une phase de la *saga*. Dans un temps donné, ce que les uns chantent, d'autres le racontent. A côté des poésies mythologiques, partout les plus anciennes, il y a les *sagas* religieuses, les traditions sacrées, qui se transmettent dans les temples. Quand vient l'âge de la poésie héroïque, qui est toujours chantée, vient aussi l'âge des traditions héroïques parlées, si on peut dire ainsi : telles sont la plupart des sagas scandinaves ; enfin les chants populaires ont pour cortége ces contes, comme eux marqués souvent d'un caractère de trivialité, et qui sont de véritables sagas populaires. La *saga* est donc un produit à part de l'intelligence, comme l'histoire, l'é-

popée et le roman. C'est de l'histoire moins la critique,
de l'épopée moins la forme, du roman moins la fiction volontaire ; c'est de la tradition orale, comme le
mot l'indique, crue par ceux qui la racontent et par
ceux qui l'écoutent. Dans Hérodote, il y a beaucoup de
sagas grecques. Les premiers livres de Tite-Live sont
des sagas romaines, mises en œuvre par un historien
artiste ; mais si la saga a existé partout où a existé la
poésie primitive, l'Islande est plus riche qu'aucun pays
dans ce genre de traditions. Nous ferons l'inventaire
de cette richesse ; nous classerons ces nombreux monuments qui, malgré leur commune dénomination,
diffèrent si fortement par le sujet et la nature du récit.
Nous rangerons, dans diverses catégories, les sagas
épiques qui reproduisent dans leur rédaction en prose
et complètent en plusieurs points le cycle de l'*Edda*
et celui des *Niebelungen* ; les sagas héroïques, qui racontent les destinées pleines de meurtre et d'inceste
de quelques familles, dont la célébrité tragique fut
semblable à celle qui s'attacha dans la Grèce au nom
des Atrides et des Labdacides ; les sagas historiques,
qui contiennent tantôt de piquantes biographies d'individus, tantôt de curieuses annales de famille, quelquefois le récit d'événements mémorables, comme la
colonisation ou la conversion de l'Islande, la découverte du Groënland ou celle de l'Amérique, quatre
siècles avant Colomb, et qui offrent toujours un tableau fidèle et vivant de l'ancienne vie germanique,

des vieilles mœurs du Nord ; enfin les sagas romanesques et merveilleuses, où l'on voit les caprices de la
fantaisie et les extravagances de la crédulité populaire envahir peu à peu et finir par supplanter complétement les majestueuses traditions de la mythologie
et les naïfs récits de l'histoire.

Je terminerai en vous faisant connaître quelques-
uns des principaux exemples de la poésie lyrique des
scaldes. Cette poésie, d'un âge postérieur à celle de
l'*Edda*, n'en a pas la grandeur et la simplicité. Vous
serez étonnés, messieurs, d'apprendre que, dès le
dixième siècle, l'époque de la décadence et du faux
goût avait commencé pour la littérature islandaise.
Chose bizarre ! ces pirates de l'Hécla poussaient la
haine du mot propre et l'amour de la périphrase bien
autrement loin que les *Précieuses* de Molière. C'est
une preuve que les raffinements de la littérature n'attendent pas toujours ceux de la civilisation, et que la
barbarie ne préserve pas de la recherche.

En effet, ces poëtes, qui contournaient si industrieusement leur pensée et leur expression, étaient la plupart des guerriers indomptables, et quelquefois féroces ; et à travers ce tissu artificiel se font jour, en
plus d'un endroit, un enthousiasme de la guerre, une
joie de la douleur et de la mort, un goût de sang, et
comme une odeur de carnage dont n'approche, que je
sache, nulle autre poésie. Un pareil contraste empreint
celle-ci d'un caractère à part, qui suffirait pour y in-

téresser, quand elle n'offrirait pas fréquemment des traits sublimes, comme le peuvent dire tous ceux qui ont lu le chant célèbre de Regner.

Le temps nous manquera, messieurs, pour aller plus loin. Nous ne pourrons nous avancer à travers le moyen âge, pour y écouter retentir les échos de plus en plus affaiblis, mais toujours reconnaissables des anciennes traditions du Nord. Nous ne pourrons faire entrer dans l'espace trop resserré de ce cours les chants populaires de la Scandinavie moderne. Nous resterons sur le terrain de la vieille Scandinavie.

Vous avez pu voir que cette littérature, comme reléguée dans des régions lointaines et ignorées, renferme en elle tout un monde, qui a sa mythologie, sa poésie, son histoire, et que ce monde à part n'est pas sans rapport avec le triple monde de l'Orient, de l'antiquité et des temps modernes. Quelque rapide et quelque incomplet qu'ait été ce sommaire, il a pu vous donner une idée de ce que nous allons rencontrer dans la carrière où vous daignez me suivre. Messieurs, que votre bienveillance, à laquelle je n'apporte d'autres titres que des études sérieuses et un grand zèle, m'aide à la parcourir.

DE

LA LITTÉRATURE FRANÇAISE

DANS SES RAPPORTS

AVEC LES LITTÉRATURES ÉTRANGÈRES AU MOYEN AGE

DISCOURS D'OUVERTURE PRONONCÉ A LA FACULTÉ DES LETTRES

Messieurs,

Quand le choix bienveillant d'un écrivain célèbre m'a désigné pour occuper passagèrement cette chaire, illustrée longtemps par l'éclat de son esprit et de sa parole, je n'ai pu songer à vous rendre quelque chose des improvisations pour moi inimitables auxquelles il vous avait accoutumés. Heureux s'il m'était donné de continuer, par un enseignement plus modeste, l'enseignement solide et ingénieux tout ensemble du collègue distingué que l'éloquence latine vient de ravir aux lettres françaises! J'ai cru qu'il n'était per-

mis d'aborder cette chaire qu'en y apportant, à défaut
d'un talent digne des brillants souvenirs qu'elle rappelle, les fruits d'une étude sérieuse. Occupé, par
devoir, depuis plusieurs années, de travaux sur les
littératures étrangères, j'ai craint, si je me renfer-
mais trop exclusivement dans le champ de la nôtre,
de rester au-dessous de la tâche nouvelle et imprévue
qui m'était imposée ; j'ai craint de ressembler à ces
voyageurs qui, dans les courses d'une vie errante, ont
désappris la douceur de l'accent natal, et sont comme
dépaysés en rentrant dans leur patrie. Pour échapper
à ce péril, j'ai dû chercher un sujet qui ne fût point
étranger à la destination de cette chaire, et auquel
cependant des études antérieures m'eussent suffisamment préparé. Un seul se présentait naturellement ;
la littérature française n'a pas été sans rapport avec
les autres littératures. Vous le savez, messieurs, notre
langue n'a pas exercé une moindre influence en Europe que nos mœurs, nos idées et nos armes. De leur
côté, les lettres étrangères ont agi sur nous à plusieurs reprises : faire l'histoire de cette mutuelle influence, en déterminer les causes, en apprécier les
résultats, tel est le sujet de recherches qui m'a semblé
concilier le mieux et la nature de ce cours et la direc-
tion de mes études.

En effet, messieurs, il est impossible de s'occuper
de l'Europe moderne et de ne pas être ramené sans
cesse à la France ; dans mes plus lointaines excursions

littéraires au nord et au midi, j'ai rencontré partout
son génie voyageur et conquérant. Non moins souple
et mobile que dominateur et communicatif, il n'est
pas un peuple dont il n'ait, pour un jour, accueilli la
langue ou adopté la fantaisie! Ainsi nous toucherons
à toutes les grandes littératures, car toutes ont été
en contact avec nous ; tantôt nous verrons la nôtre,
instrument glorieux de la civilisation du monde, sub-
juguer l'Europe charmée ; tantôt nous assisterons
aux luttes soutenues contre elle par les littératures
nationales, et notre sympathie, sans injustice, sera
pour leur cause, car toute insurrection contre l'étranger est sainte! Quelquefois, enfin, quoique trop rarement, nous applaudirons à d'utiles échanges, enri-
chissant par un heureux commerce notre trésor littéraire. Ainsi nous irons à travers l'Europe de siècle
en siècle et de pays en pays, suivant partout l'étoile et
la bannière de la France.

Mais, messieurs, dans la situation particulière où
je me trouve, incertain du temps qui m'est accordé,
je dois borner ce genre de considérations à une époque
déterminée de notre littérature : j'ai choisi celle qui
précède et ouvre toutes les autres : le moyen âge.

Nous aurons premièrement à examiner quelles circonstances ont préparé les commencements de la littérature française, quels peuples ont mis la main à cet
ouvrage naissant. Nous rechercherons ensuite quelle
action cette littérature elle-même a exercée sur les

autres littératures de l'Europe moderne ; nous ferons le compte, pour ainsi parler, de ce qu'elle a donné et de ce qu'elle a reçu ; nous établirons la balance des richesses qu'elle a recueillies dans son sein et des trésors qu'elle a répandus sur le monde.

Nous étudierons d'abord l'influence de l'antiquité.

Comme la langue latine a été la source de notre langue, comme les ruines de la civilisation romaine ont été le berceau de notre civilisation, ainsi les littératures de la Grèce et de Rome ont été les premières nourrices des lettres françaises. Même dans les âges d'ignorance, la lumière de l'antiquité ne s'est jamais complétement éteinte au milieu de nous ; elle y brille parmi les ténèbres des temps les plus reculés. Massalie répand sur quelques-uns de nos rivages, avec le langage de la Grèce, la politesse de ses mœurs et l'élégance de son génie. Rome envahit la Gaule, rapidement soumise à ses armes, et bientôt romaine par la langue et les coutumes. Après que les barbares sont venus et ont mis tout en confusion, Charlemagne paraît qui, voulant relever de terre la civilisation romaine tombée, ouvre les écoles, appelle les savants, fonde notre université de Paris ; et le mouvement qu'il a imprimé n'est jamais entièrement suspendu, jusqu'à ce qu'au seizième siècle s'accomplisse, par le concours de Constantinople qui meurt et de l'Italie qui ressuscite, cette rénovation des lettres françaises, que l'empereur germain avait tenté d'accomplir à lui seul. — Dans cet intervalle, on aime à suivre les effets de cette étude qui ne cesse point, à observer quels auteurs de l'antiquité sont copiés de préférence dans les cloîtres, quels sont les plus goûtés, les plus répandus, les plus imités : chose frappante et pourtant naturelle! ce sont souvent les moins parfaits, ceux de l'époque du Bas-Empire ou de la latinité corrompue ; c'est Prudence pour Virgile, c'est Orose au lieu de Tite-Live, c'est Marcianus Capella qui tient la place de Cicéron.

En outre, partout s'élève une littérature latine, contemporaine et rivale des littératures vulgaires. L'idiome qu'elle emploie est celui de l'Église, de la science, des affaires ; et l'on peut dire que la littérature latine, au moyen âge, est une littérature morte dans une langue vivante.

Passant aux impressions que notre langue et notre littérature ont pu garder de l'ancien état des peuples germains, nous trouverons qu'elles se bornent à de faibles vestiges, d'autant plus importants à recueillir qu'ils sont plus rares. D'où nous viennent donc, messieurs, les matériaux de notre littérature, et principalement de la poésie chevaleresque qui en forme, au moyen âge, la partie la plus considérable? Doit-elle quelque chose aux traditions celtiques de la vieille Gaule, ou à des légendes originaires du pays de Galles et de la Bretagne? Serait-il vrai que le chant des trouvères fût un dernier écho de la harpe des bardes? Et si ces origines de la muse française sont trouvées mensongères, qu'a-t-elle emprunté de la muse provençale, sa sœur aînée, qu'elle a trop fait oublier? Depuis le cours que M. Fauriel a professé dans cette faculté[1], on ne peut plus douter que les poëtes de la France méridionale n'aient raconté, avant leurs frères d'Artois ou de Normandie, dans des épopées en partie perdues, toutes ces aventures de chevalerie qui ont fourni aux poëtes de la France du Nord le sujet d'intarissables récits. Quand vous verrez, messieurs, à quel point l'Europe entière s'est empressée d'adopter ces récits et de les reproduire, vous sentirez mieux avec quelle gravité se présentait la question de leur origine, et de quelle importance est la solution si neuve et si satisfaisante que M. Fauriel en a donnée.

Jusqu'ici nous n'avons parlé que de l'Occident : il faut présentement tourner notre vue d'un autre côté. Tandis que la langue française se formait laborieusement des débris de la langue latine, tandis que la chevalerie naissante mêlait quelque générosité et quelque enthousiasme aux violences de la féodalité, et que la littérature tentait d'associer aux souvenirs altérés de la civilisation antique les sentiments incomplets de la société nouvelle, l'Orient, qui avait eu aussi ses révolutions, et que Mahomet avait renouvelé; l'Orient, ce vieux monde, berceau du nôtre, continuait

---

[1] Voir le cours de M. Fauriel, publié en 1846 par M. Mohl sous le titre d'*Histoire de la poésie provençale*.

de rouler dans son lointain orbite, avec ses traditions,
ses apologues, ses contes sans nombre, et toutes les
éblouissantes merveilles de son ciel et de sa poésie.
Le temps venu où il devait donner la main à l'Occident, la littérature française, jeune encore et naïve,
avide d'émotions, curieuse de récits, s'avança au-
devant de lui, et le rencontra par plus d'un endroit :
le génie arabe atteignit la Provence à travers l'Espagne. Les juifs, qui étaient entre les peuples les cour-
tiers des idées aussi bien que des richesses, importèrent
dans le midi de la France, avec l'étude de la médecine,
une foule de notions orientales ; vinrent les croisades,
où les Français parurent aux premiers rangs, car ce
n'est pas sans motif que le nom de Franc fut donné
à tous ces guerriers aventureux qui allaient combattre
pour la cause de la civilisation, en croyant ne suivre
que l'étendard de la foi. Le but des hommes dans ces
guerres leur échappa ; il fallut abandonner aux infidèles le saint tombeau, et Jérusalem fut perdue. Mais
Dieu n'avait pas en vain rapproché l'Europe et l'Asie
dans les longues étreintes de cette lutte de deux
siècles. Je parlerai seulement de notre poésie, que
semble alors illuminer un rayon du soleil d'Orient.
Souvenons-nous aussi, messieurs, que nos croisés
s'étaient laissé distraire, en passant, par la fantaisie
de s'asseoir tout éperonnés sur le trône impérial de
Constantinople. Vous savez en quelle admiration les
jeta la rencontre qu'ils firent, aux extrémités de l'Eu-

rope, d'une ville si supérieure à tout ce qu'ils connaissaient, par les restes de ses arts et la majesté de ses monuments. Constantinople était alors comme la porte magnifique de l'Orient. Par là durent encore nous être apportés de nombreux aliments pour notre poésie. — Mais avant ces pèlerins armés, empereurs de Byzance, ducs d'Athènes, princes d'Antioche ou de Galilée, d'autres plus obscurs et aussi hardis, cheminant dans l'ombre, se glissant à travers les obstacles et les périls d'un monde presque inconnu, avaient traversé la Syrie et salué la Palestine. Une foule de Français entreprirent ces pieux voyages et les racontèrent au retour dans leurs *itinéraires :* nom qu'on ne peut rencontrer à cette époque de la littérature française, sans penser involontairement à sa plus grande gloire dans le siècle où nous vivons ! Le commerce, l'esprit d'aventures, les ambassades des papes, des rois de France auprès des princes mahométans et surtout des chefs tartares, toutes ces causes et mille autres poussèrent vers l'Asie une foule d'hommes de toute condition, des moines, des artisans, des prêtres, des soldats. — Que d'histoires, de légendes orientales durent voyager alors avec cette foule vagabonde ! Combien durent être rapportées sous le toit natal et redites au foyer rustique ou sous la cheminée du manoir, qui avaient été contées la première fois au désert, sous les tentes, près des fontaines ! — Et nous, messieurs, dans ce cours, nous remonterons à la source de ces traditions venues de si loin ; nous irons, jusqu'aux bords du Gange, chercher la patrie de ces fables que se sont passées de main en main l'Inde, la Perse, l'Arabie ; que des juifs ont traduites en hébreu, en grec et en latin ; qui, tombées enfin dans le domaine de la littérature vulgaire, sont devenues le patrimoine commun des diverses nations de l'Europe, et dont la France, une des premières, a recueilli l'héritage.

Nous terminerons cette partie de nos recherches par l'histoire des traditions orientales sur Alexandre : il est beau de suivre ce grand nom à travers les siècles, et de voir comment, dans l'ignorance de la vérité, l'imagination des peuples se travaille pour égaler par des inventions gigantesques la grandeur que l'histoire lui a faite. — Quand ce conquérant eut disparu du monde, que sa puissance remplissait, comme chacun de ses capitaines prit un morceau de son empire, chaque peuple qu'il avait soumis voulut hériter d'une portion de sa gloire : l'Égypte lui donna pour père un de ses rois ; la Perse le fit naître de Darius, cherchant à couvrir par cette fiction hardie la honte de ses défaites ; les Arabes se plurent à broder de fables la destinée de l'élève d'Aristote. Quand la figure d'Alexandre, ainsi dénaturée par les étranges ornements que lui avait prêtés l'imagination orientale, vint à se montrer en cet état aux peuples de l'Occident, ils augmentèrent encore la confusion, en affublant le roi de

Macédoine, devenu monarque asiatique et magicien, d'un costume de chevalier. C'est ainsi qu'Alexandre entra dans notre poésie, devenu, pour ainsi parler, le héros de la terre entière, portant confondus les insignes de l'admiration de tous les peuples, comme s'ils les eussent réunis à plaisir pour en faire un magnifique et bizarre trophée à la plus vaste gloire qui fut jamais.

Après avoir recherché les origines et, pour ainsi dire, la matière de la littérature française au moyen âge, il reste à en suivre les effets sur les autres littératures.

La poésie chevaleresque se répand presque en même temps par toute l'Europe : l'Italie est la plus prompte à la recevoir de nous. Dès le treizième siècle, les paladins de France, les héros de Charlemagne, fournissent le sujet de récits et de chants qui ont cours au delà des Alpes. Bientôt toutes ces aventures qu'avaient racontées nos troubadours et nos trouvères, sont célébrées dans une foule d'épopées qui perpétuent en Italie la tradition chevaleresque née en France, jusqu'à ce que deux hommes lui impriment un caractère nouveau. Pulci ose donner place à la plaisanterie entre les récits incroyables et les réflexions dévotes de la légende; Boyardo y introduit l'intérêt romanesque, et c'est ainsi métamorphosés que les héros de Turpin arrivent aux mains de l'Arioste. Tout en se jouant de ses personnages et de ses récits avec une grâce que Pulci n'avait point connue, tout en laissant bien loin derrière lui les plus aimables inventions du Boyardo, l'Arioste ne s'en rattache pas moins, par ces deux hommes et par leurs prédécesseurs, à notre vieille poésie chevaleresque, dont son imagination ingénieusement naïve a plus conservé ou mieux retrouvé qu'on ne croit d'ordinaire, l'allure naturelle et facile, et ce mouvement à la fois continu et varié d'un récit qui s'interrompt sans cesse et ne s'arrête jamais. Dès ce moment, la poésie chevaleresque ne peut plus être qu'une poésie badine; l'Arioste, qui lui a prêté tant de riants prestiges, l'a dépouillée sans retour de tout prestige sérieux. Cependant, avant de s'éteindre, cette noble poésie chevaleresque, ranimée au nom des croisades françaises, qui lui rappelait son origine un peu oubliée, jettera encore un dernier rayon, le plus brillant peut-être, sur la classique épopée du Tasse.

L'Italie avait également reçu de la Provence ses premières inspirations lyriques. En partant de nos troubadours nous arriverons à Pétrarque, comme nous avons été conduits à l'Arioste et au Tasse. Il n'est pas jusqu'à Dante dont l'œuvre colossale n'ait quelques fondements parmi nous : ce triple univers qu'a bâti si fortement sa puissante main, il ne l'a pas tiré du néant : ces espaces du monde invisible que peuplèrent de tant de créations sublimes sa foi, son génie et sa haine; ces espaces, alors qu'il y entra, d'autres les avaient parcourus. Il y avait des *voyages dans la*

voye d'enfer et dans le purgatoire de saint Patrice,
avant le mystérieux voyage du grand poëte; Dante, qui
a fait des vers en provençal et qui connaissait notre
langue, a pu prendre dans quelques-unes de ces légendes qui furent répandues de si bonne heure dans
le midi et peu après dans le nord de la France, l'idée
de sa vision. On voit bien un poëte islandais du onzième
siècle rencontrer par avance les plus sombres imaginations de Dante, ou plutôt les emprunter de même
à la France, où il était venu les chercher pour les mêler
bizarrement aux traditions du Nord, comme Dante,
deux siècles plus tard, à ses croyances théologiques et
à ses passions républicaines.

Un genre de littérature dont l'origine nous appartient plus complétement, ce sont ces contes et fabliaux,
peinture familière et railleuse de la vie privée, où n'ont
pas dédaigné de puiser largement nos génies les plus
originaux, Rabelais, Molière et la Fontaine. Avant
eux, les conteurs italiens ont sans cesse emprunté aux
nôtres les sujets de leurs nouvelles, et ainsi ils nous
doivent en partie le genre peut-être le plus national
de leur littérature. — Boccace surtout, Jean Boccace, ce
joyeux enfant de Paris, qui respira dès le berceau un
air imprégné de malice et de vieille gaieté gauloise,
garda toujours quelque chose de l'humeur joviale et
moqueuse de ceux qu'un caprice prophétique du hasard avait faits ses compatriotes. Ni le goût des inventions romanesques, où, docile à son temps, il exerça

sa jeunesse, ni l'admiration de la gravité latine trop empreinte en son langage cicéronien, ni un vif sentiment de la poésie grecque dont il fut un restaurateur passionné, n'effacèrent complétement son baptême français. Qui sait combien de ses meilleures nouvelles il apprit enfant, peut-être, dans les rues de Paris avec de jeunes compagnons, au bout de la table où les compères du marchand florentin oubliaient son jeune fils pour se régaler de bons contes dont il a fait des récits immortels !

Notre littérature chevaleresque, messieurs, a franchi les Pyrénées aussi bien que les Alpes. Sans parler du poëme d'Alexandre, un des plus anciens monuments de la poésie castillane, et que lui a prêté la nôtre ; sans agiter ici la question de l'origine tant disputée du douteux Amadis, quelques-unes des plus vieilles et des plus belles romances espagnoles sont là pour témoigner que la mémoire fabuleuse de Charlemagne a été populaire dans le pays où s'était conservé le souvenir d'une expédition historique, terminée par un illustre désastre. Il est curieux de voir la vaillance française célébrée par ceux qui luttèrent contre elle, et les héros de Roncevaux chantés par les vainqueurs des Maures. L'orgueil espagnol cependant ne perd pas ses droits ; il se trahit tantôt par des invectives, tantôt par des fictions également intéressées : en effet, des romances accusent le courage de Roland, et une chronique donne à son illustre adversaire, D. Bernard de Carpio, Charlemagne pour père. C'est ainsi que les Persans faisaient naître Alexandre de Darius. Quand la gloire d'un peuple contraint ses ennemis de la célébrer, il est naturel qu'ils s'efforcent d'en amoindrir l'éclat ou de s'en couvrir eux-mêmes. Mais, soit qu'ils veuillent altérer les titres de cette gloire, ou qu'ils prétendent les usurper, ils la rehaussent également.

D'autres parties de l'Espagne furent dans une liaison politique et littéraire fort étroite avec certaines parties de la France actuelle. Il y eut une époque où la Provence, le Roussillon et d'autres états du Midi appartinrent à des comtes de Catalogne, qui plus tard devinrent rois d'Aragon et conquirent le royaume de Valence et les Baléares. Ces divers pays parlaient à peu près la même langue, appelée indifféremment provençale, limousine ou catalane; leur poésie était celle des troubadours; ce nom fut porté avec honneur par plusieurs rois de l'illustre maison d'Aragon : à cette maison appartenait D. Enrique de Villena, qui s'efforça de transporter dans la Péninsule la jurisprudence galante des cours d'amour et les préceptes de la gaie science.

Le Portugal eut aussi ses troubadours, qui s'essayèrent à reproduire les chants gracieux des Provençaux, leurs modèles. Il n'est pas étrange, messieurs, de rencontrer une poésie venue de France, dans un pays qui n'existe que pour avoir été arraché aux Maures par une main française !

C'étaient des Français aussi, car ils l'étaient devenus par l'adoption rapide de nos mœurs et de notre langue, ces Normands qui mirent un jour à la voile pour prendre l'île d'Angleterre, et se la partagèrent comme un grand fief. Là notre langue fut imposée par le droit de la guerre, et les ménestrels prirent possession du sol avec les conquérants. Mais il y eut des résistances : de même que quelques chefs nationaux tenaient dans les bois et les marécages, et refoulaient momentanément les vainqueurs ; de même au fond d'un cloître écarté, sous le toit ruiné d'un Franklin saxon, la langue du pays retentissait encore dans quelques chants et dans quelques chroniques, tandis que tout ce qui avait pouvoir ou richesse la méprisait. Les deux idiomes ont fini par se fondre comme les deux peuples. Mais l'Angleterre conserve à cette heure une foule de mots inscrits dans son vocabulaire par notre épée.

Il n'est pas surprenant, d'après cela, messieurs, que notre littérature chevaleresque forme une portion si étendue de la vieille littérature anglaise. La poésie anglo-normande est réclamée par les deux pays, et c'est ainsi que les bibliothèques d'Angleterre contiennent parmi leurs archives un si grand nombre de monuments français. Bien après qu'on eût commencé d'écrire l'anglais, on s'en servit surtout pour redire ce qu'avaient raconté nos trouvères ; l'emploi du français dans la poésie se continua si longtemps, qu'au quatorzième siècle, sous Édouard III, qui le premier le bannit de la jurisprudence, l'ami de Chaucer, Gower, écrivit en français un poëme entier et des chansons pleines de grâce. Chaucer enfin, le Boccace de l'Angleterre, le père de sa littérature et de sa langue, fut le traducteur du roman de *la Rose*, et, dans le *Temple de la Renommée*, l'imitateur d'allégories provençales et françaises ; enfin, dans le conte où il a excellé, il se montra l'élève de Boccace, et, comme lui, des fabliers français dont il suit de plus près encore l'allure et le génie. La France pourrait pousser plus loin ses prétentions et réclamer sa part des créations symboliques de Spenser : elle pourrait revendiquer l'honneur d'avoir donné à Shakspeare, non des modèles, elle n'en avait point alors à lui offrir et son génie n'en comportait pas, mais du moins les sujets d'un certain nombre de ses drames ; elle pourrait se vanter d'avoir fourni les sources obscures où s'est alimenté ce fleuve immense qui roule la fange et réfléchit l'univers, dont l'œil suit tour à tour avec une admiration mêlée d'incertitude, le cours limpide, les cataractes étourdissantes et les majestueux débordements.

L'empire de la littérature française s'étendit au nord encore plus loin qu'au midi. On sait que les minnesinger furent les troubadours de l'Allemagne, dont la poésie chevaleresque, soit dans l'épopée, soit dans le genre lyrique, présente presque toujours un calque de la nôtre ; il n'en sera que plus curieux de démêler ce qui s'est pu glisser d'originalité nationale dans cette poésie d'emprunt. D'autre part, nous verrons, dans les *Niebelungen* et le livre des Héros, les mœurs et les sentiments de la chevalerie aller chercher, pour ainsi dire, et rencontrer sur leur terrain les traditions barbares. Là nous assisterons aux luttes et aux alliances des deux génies qui se disputent l'Europe moderne.

Le génie chevaleresque, dont le midi de la France semble être la patrie, atteignit le vieux génie du Nord au milieu de ses glaces, et envahit jusqu'à son lointain berceau. Les compagnons fabuleux de Charlemagne, les courtois chevaliers de la Table ronde prirent place dans la littérature islandaise à côté de Sigurd, de Théodoric et d'Attila, et les sagas s'étonnèrent de mêler des récits de tournois et d'aventures aux lugubres tragédies qui les ensanglantaient.

Je n'ai pas parlé du théâtre, il sera traité à part, et je montrerai que la France au moyen âge ne le cède, ni pour l'antiquité, ni pour le nombre de ses mystères et de ses moralités, à aucun pays de l'Europe. Peut-être même nous convaincrons-nous que c'est dans sa partie méridionale qu'ont dû avoir lieu d'abord ces représentations théâtrales dont l'origine se rattache à des divertissements païens, et que l'Église imagina pour les remplacer. Vous savez que ce genre de compositions a couvert l'Europe depuis le douzième siècle jusqu'au quinzième. Pour trouver cette forme dramatique élevée à la dignité de l'art, il faut aller en Espagne, et, chose étrange! descendre jusqu'au dix-septième siècle! Un poëte de génie, Calderon, qui écrivait en même temps que Racine, composa, sous le nom d'*Actes sacramentaux*, de véritables mystères. Ce sont, pour la plupart, des prodiges d'imagination et de subtilité. Nous parlerons de ces drames allégoriques trop peu connus, et qui, malgré leur date, sont une continuation, ou, si l'on veut, une tardive et brillante résurrection de notre scène du moyen âge.

Messieurs, je viens de vous tracer la route que nous ferons ensemble. Elle part de l'antiquité grecque et latine, coudoie les antiquités germaines et celtiques, va chercher l'Orient, et, traversant la Provence, rentre dans notre pays; puis en sort, parcourt l'Italie, l'Espagne, le Portugal, l'Angleterre, l'Allemagne. Voyage immense, que nous achèverons pourtant sans poser le pied hors de la terre de France : car ce chemin, tel que je viens de le tracer sur la carte du monde, que l'on parle poésie ou guerre, c'est le chemin de nos conquêtes.

Vous le voyez, messieurs, bien que les littératures étrangères jouent un grand rôle dans ce cours, l'intérêt de nationalité, à défaut d'autres, ne lui manquera pas, et je ne serai pas infidèle à l'objet de cette chaire, tout en demeurant fidèle à mes études.

Ce n'est pas tout, messieurs, j'ai tracé la route que

nous suivrons, mais je n'ai pu vous indiquer tout ce
que nous rencontrerons des deux côtés du chemin.
Mille excursions nécessaires nous attendent ; nous aurons, tout en marchant, mille questions à poser et à
résoudre : car nous voulons pleinement connaître le
rôle que la littérature française a joué en Europe au
moyen âge. Pour cela, il ne suffit pas d'étudier ses rapports de filiation, de génération pour ainsi dire, les
seuls dont j'aie parlé aujourd'hui ; il faudra la comparer avec ses rivales sous tous ses aspects et dans toutes
ses parties.

Nous la ferons, cette étude comparative sans laquelle l'histoire littéraire n'est pas complète ; et si,
dans la suite des rapprochements où elle nous en-
gagera, nous trouvons qu'une littérature étrangère
l'emporte sur nous en quelque point, nous reconnaî-
trons, nous proclamerons équitablement cet avantage ;
nous sommes trop riches en gloire pour être tentés de
celle de personne, nous sommes trop fiers pour ne pas
être justes.

Messieurs, notre part est assez belle ; trois fois la
civilisation française s'est placée à la tête de l'Europe :
au moyen âge, par notre littérature, par nos croisades
et notre chevalerie ; au dix-septième siècle, par le
génie de nos écrivains et le règne de Louis XIV ; au
dix-huitième, par l'ascendant de notre philosophie et
les triomphes de notre glorieuse révolution. Et aujour-
d'hui nous arrêterions-nous dans la voie du progrès.

qui est la voie de l'humanité? Non, messieurs, il n'en sera pas ainsi. — Le dix-neuvième siècle, qui a déjà porté de si grandes choses, semble par moments indécis et fatigué dans sa marche. Soutenons le pas, messieurs, et pour la quatrième fois reprenons notre poste en tête du mouvement européen. L'Europe nous regarde et nous attend.

DE L'HISTOIRE

DE

LA LITTÉRATURE FRANÇAISE

DISCOURS PRONONCÉ AU COLLÉGE DE FRANCE
LE 14 FÉVRIER 1854

MESSIEURS,

Notre première pensée à tous ne peut être aujour-
d'hui qu'une pensée triste, mes premières paroles que
l'expression d'un douloureux hommage et d'un deuil
respectueux ; je comprends l'émotion qui a dû vous
saisir en mettant le pied dans cette salle, où vous
entendites pour la dernière fois la voix aimée et déjà
défaillante du vénérable maître que nous avons
perdu. Cette émotion, je l'éprouve plus que personne
en ce moment, pour moi plein de solennité, où je
viens m'asseoir dans une chaire à laquelle s'attache

une si brillante et si honorable célébrité. Ce sentiment, messieurs, qui nous est commun, qui nous unit dans l'attendrissement et la piété d'un même regret, ce sentiment est le meilleur tribut que nous puissions offrir à la mémoire de M. Andrieux, celui que goûterait le plus son âme si bienveillante à la jeunesse. Que pourrais-je ajouter en effet que vous ne sachiez aussi bien que moi? Le pays connaît sa vie, sa probité politique, la constante indépendance de son caractère, et honora toujours en lui le digne ami de l'inflexible Ducis. Sa renommée dramatique fait partie de la gloire de notre scène; il a charmé dans le conte après Voltaire. Pour son enseignement, si moral et si ingénieux, si paternel et si populaire, puis-je faire autre chose que de vous renvoyer à vos propres souvenirs? C'est là que vous retrouverez avec délices ce mélange de savoir et de goût, de malice et de bonhomie, d'autorité douce et d'aimable familiarité qui faisait de son cours quelque chose à part de tout, à quoi rien ne peut ressembler, et qu'il faut désespérer d'imiter. Aussi n'en aurai-je point la prétention. Je croirais manquer de respect envers la mémoire de M. Andrieux, et offenser votre admiration pour lui, si j'essayais de le recommencer. Je croirais aussi tromper l'intention de ceux qui m'ont choisi, et l'attente de cette jeune portion du public dont les fraternels encouragements et la bienveillante assiduité ont soutenu mes premiers efforts. Jeune moi-même, et appelé à revêtir le sacer-

doce de l'enseignement, je sens les obligations qu'il
m'impose, et je comprends mes devoirs envers la génération à laquelle j'appartiens. Mettant donc dès
aujourd'hui la main à une œuvre pour laquelle j'ai
besoin de beaucoup d'années, je vais vous exposer,
messieurs, les principes de la méthode que je compte
appliquer à l'étude de notre littérature. Mais, avant
tout, j'éprouve le besoin de rendre grâce à ceux qui
m'ont ouvert cette enceinte, en deuil de tant de gloire
ancienne, parée de tant d'éclat récent. De cette chaire,
terme suprême de mon ambition, et dont l'indépendance est inviolable, j'adresse sans nul embarras le
témoignage d'une libre gratitude aux savants célèbres
qui m'ont accordé leurs suffrages, et aussi à l'historien éminent dont le choix a confirmé le leur. Ce
devoir rempli, je ne trouve plus à ajouter que ces
paroles déjà connues de ceux qui m'ont admis à l'honneur d'être leur collègue : appelé à trente-trois ans
à m'asseoir entre mes maîtres et mes émules et aux
côtés de mon père, je m'efforcerai de ne me montrer
indigne ni d'eux ni de lui.

Ce que j'ai résolu d'exposer devant vous, c'est l'histoire de la littérature française comparée aux autres
littératures.

Je ne m'arrêterai pas à vous rappeler les conditions
d'une bonne histoire littéraire ; j'ai traité ce sujet dans

un discours prononcé il y a quatre ans à l'Athénée de
Marseille, et qui a été publié. D'ailleurs une portion
de ces généralités n'aurait plus rien de nouveau pour
personne ; qui doute, aujourd'hui, que l'histoire d'une
littérature doive marcher de front avec celle de la
civilisation qui l'a produite : qu'on ne puisse arriver
à l'intelligence complète des monuments littéraires
que par la connaissance approfondie des langues dans
lesquelles ces monuments existent, des arts, des
mœurs, de la vie sociale et politique propres à la nation
à laquelle ils appartiennent ? Dès lors M. Villemain,
qui a fondé parmi nous avec tant d'éclat l'enseignement historique des lettres, en avait donné
l'exemple dans ses belles leçons. Après cet exemple,
après que M. Fauriel nous a offert de si parfaits modèles d'une investigation profonde, en appliquant à
quelques points obscurs et décisifs de l'histoire littéraire toutes les ressources de la science la plus habile
et la plus sévère, il n'est pas besoin de revenir sur
des principes généralement admis ; ce qu'il me reste
à faire c'est d'en reprendre quelques uns, qui me
paraissent d'une importance capitale, et d'en montrer l'application au sujet que m'a imposé le nom
même de cette chaire, à la littérature française.

D'abord, une histoire de la littérature française doit
être complète.

Or, une littérature, c'est un univers bien vaste et
bien varié. La vie humaine est là tout entière, et la

littérature n'est pas seulement, comme on l'a dit,
l'expression de la société, elle en est aussi l'âme
et l'instrument. Elle n'est pas seulement le miroir
qui la réfléchit, mais l'aiguillon qui la presse, le
souffle qui l'anime ou l'embrase. Elle prend mille
formes, elle contient mille genres, elle a mille noms.
Foi, doute, politique, philosophie, folie ou sagesse se
traduisent par elle, et c'est elle aussi qui provoque
toutes ces choses, les suscite, les développe, les pro-
page. Elle fonde ou détruit, distrait ou console, égare
ou dirige. Les livres font les époques et les nations,
comme les époques et les nations font les livres. Un
poëme fait un peuple. C'est la Grèce héroïque qui a
produit Homère; c'est d'Homère qu'est sortie la Grèce
civilisée. Les livres créent les religions, les royaumes,
les révolutions. C'est un livre qui a donné le genre humain au christianisme, c'est un livre qui a fondé l'empire des califes; des livres ont enfanté la Révolution
française, qui changera le monde.

Il est un moyen toutefois de simplifier beaucoup l'histoire littéraire et d'en rendre l'étude singulièrement facile et expéditive, c'est de la restreindre à quelque époque privilégiée hors de laquelle on se fait une loi, flat-
teuse pour l'amour-propre et commode à la paresse, de
tout méconnaître, ou, ce qui est plus sûr encore, de
tout ignorer. Dans ce point de vue on compte quatre
époques, cinq par grâce, qu'on appelle des siècles,
bien que plusieurs soient loin d'avoir duré cent ans,

pendant lesquelles l'esprit humain qui, hors de là, ne
fait que des sottises, n'a fait que des merveilles. Il
semblerait que la pensée humaine dût attendre qu'un
despote empereur, roi, ministre ou marchand, voulût
bien lui permettre d'être sublime, n'osant s'y risquer
avant, n'osant plus y revenir après. A ce compte,
la poésie serait née en France vers le temps des
pensions de Louis XIV, et serait morte sans rémis-
sion un peu après Voltaire, avec l'ancien régime. Dans
les siècles qui ont précédé le nôtre, on traitait ainsi l'histoire ; on ne daignait pas s'enquérir de ce que faisaient
nos grossiers aïeux, au milieu des ténèbres du moyen
âge, au sein des grandes luttes religieuses du seizième
siècle. Maintenant on a senti que la nationalité d'un
peuple se compose de son histoire, et que pour connaître les racines de la nôtre il fallait plonger avec
elles dans cette terre vigoureuse et tant labourée du
moyen âge. On a compris qu'il fallait jeter pêle-mêle
dans la fournaise tous les débris du passé, misère et
gloire, deuil et grandeur, armure de chevalier, chaîne
de serf, crosse d'évêque, sceptre de roi, et les larmes,
et la sueur, et le sang, pour en retirer rayonnante la
statue de la patrie. Il en est de même de notre littérature ; le grand siècle, et qui pourrait nier ses droits
immortels à ce nom ? le grand siècle n'est pas né de lui-
même, d'autres siècles l'ont devancé, l'ont préparé.
Ces siècles, moins favorisés, moins polis, ont eu aussi
leur grandeur. Ils ont vécu, ils ont souffert, ils ont

chanté, gémi, raillé; avons-nous le droit de fermer
l'oreille à leurs voix parce qu'elles furent plus rudes
et plus franches? Nous sied-il dans notre temps de
n'avoir de sympathie que pour ce qui respire l'élégance
des cours? Dérogeons-nous donc à l'aristocratie de
notre goût, en lisant le pamphlet du ligueur, la chronique du moine, le fabliau du conteur, la farce, dont
au sein de ses labeurs, le menu peuple s'éjouissait?
nous faut-il absolument les pompes de Versailles ou
de Saint-Cyr pour nous toucher?

Nous négligeons trop nos richesses, messieurs; les
autres peuples ne font pas ainsi. L'Allemagne étudie
son moyen âge avec religion; l'Angleterre regarde
par-dessus le siècle de la reine Anne, le grand siècle
de Shakspeare et de Milton. L'Italie ne date point des
Médicis, mais de Dante. Elle a des classiques de
presque toutes les époques, depuis 1300 jusqu'à nos
jours. Nous, cependant, nous nous rapetissons devant
l'étranger; nous nous appauvrissons par des épura-
tions excessives; nous ne savons opposer à toutes ces
bandes formidables, à ces grands chefs dont quelques-
uns, je le veux, sont un peu barbares, qu'un petit
bataillon, admirablement discipliné il est vrai, des
demi-dieux en tête... mais peu profond, et facile,
sinon à rompre, du moins à envelopper. Il me semble
que nous faisons pour notre littérature comme on
fait pour sa ville natale, dont on néglige les curiosités, tandis qu'on en va chercher de moins rares au

bout du monde. Je m'applaudirais au contraire, si la pratique des littératures, étrangères m'avait enseigné à mieux connaître les richesses de mon pays.

Nous ne verrons donc pas toute la poésie lyrique de la France dans quelques stances de Malherbe, quelques odes de Rousseau et une strophe de Pompignan. Nous l'étudierons chez nos trouvères, disciples élégants des troubadours, et dont l'allemagne et l'Angleterre n'ont pas dédaigné de répéter les chansons. J'oserai même prononcer le nom scabreux de Ronsard, et je discuterai sa gloire avec son spirituel vengeur; je ferai, plein d'une admiration sincère, mais libre, la part du grand talent lyrique de M. Hugo, de la haute inspiration mélancolique et religieuse de M. de Lamartine; en même temps je ne négligerai pas ce peu de chants populaires qu'on peut trouver encore au fond de quelque province écartée, dans quelque idiome qui s'éteint, ni toute cette poésie chansonnière, muse indigène qui traverse gaiement notre histoire; les noëls satiriques, les couplets frondeurs, à commencer par ceux de la Ménippée, où s'épanchait la veine railleuse de nos pères, et à finir par ceux qu'a empreints d'une verve si forte et d'un sentiment si élevé le poëte de la liberté, de la gloire, pour tout dire en un mot, le poëte du peuple, Béranger.

Notre richesse dramatique est celle à laquelle on a le mieux rendu justice, et pourtant la matière est loin d'être épuisée.

Il n'y a rien à ajouter sous un certain rapport aux justes louanges qu'on a prodiguées à nos grands tragiques et à notre incomparable Molière ; mais il reste beaucoup à dire, surtout des premiers, en considérant sous leur imitation des formes de l'antiquité, imitation qu'on a exagérée, qu'ils se sont exagérée peut-être à eux-mêmes, le fond national, les sentiments modernes et contemporains. On a trop cherché Sophocle ou Euripide dans les tragédies de Racine ou de Voltaire, pas assez Versailles ou les encyclopédistes et la Fronde chez Corneille. En outre, nous étendrons le cercle ordinaire des études dramatiques ; le berceau de notre théâtre, qui est celui du théâtre moderne, nous occupera. Nous fouillerons longtemps ces origines, où parmi les mystères, miracles, moralités, nous trouverons ce chef-d'œuvre de franche plaisanterie, la farce par excellence, la farce de *l'Avocat Patelin*. Et plus tard, au-dessus de Molière, quelle abondance, quelle diversité de comédies pleines de sel et de gaieté, et *Figaro* la grande comédie révolutionnaire, et *Pinto* l'excellente comédie historique, et le piquant *Théâtre de Clara Gazul !*

En abordant l'histoire de l'épopée française, on se sent pris d'un certain effroi, d'un certain tremblement. C'est le district le plus mal famé de notre littérature. Nous sommes menacés de ne trouver dans ce désert de poésie, pour tout rafraîchissement, que des eaux troubles et fades, et pour tout abri que les pyramides du père Lemoine, la mer Rouge où Saint-Amand noyait sa poésie, ou les rochers dont Chapelain semait la sienne. Je sais que cette épopée pédantesque a eu des continuateurs jusqu'à nos jours, et mon effroi redouble quand je songe jusqu'où une pareille recherche pourrait nous entraîner. Faudra-t-il donc nous en tenir à la Henriade, ouvrage plein de talent, mais le seul où Voltaire ait trouvé le secret d'être ennuyeux? ou faudra-t-il nous résigner à la sentence qu'a prononcée sur nous je ne sais quel oracle obscur, et qui malheureusement ne nous a pas préservés de bien des tentatives malencontreuses : les Français n'ont pas la tête épique, ils n'ont pas et ne peuvent avoir d'épopée?

Je serais assez disposé à me soumettre à l'arrêt, et j'en prendrais facilement mon parti, si une épopée était nécessairement un poëme divisé en un certain nombre de chants, en général, douze ou vingt-quatre, contenant un olympe, un enfer, un dénombrement, taillé en un mot sur le patron de l'Iliade ou de l'Odyssée; types de composition, pour le dire en passant, que l'on se transmet depuis trois mille ans de siècle en siècle sur la bonne foi des âges, et qui aujourd'hui, sans rien perdre de leurs droits incontestables à l'admiration du genre humain, font mine de se décomposer sous l'analyse de la critique en chants nationaux, poétiques effusions des populations primitives; de sorte que, depuis Virgile jusqu'à

Milton, jusqu'au Tasse, jusqu'à Klopstock, tous les poëtes épiques anciens et modernes auraient composé leurs poëmes, et tous les auteurs de poétiques auraient posé les lois de l'épopée, d'après une donnée fictive, l'unité prétendue des poëmes homériques. Ainsi ces imitations ne seraient qu'une série de portraits qui ne ressemblent pas, copiés les uns sur les autres d'après un original imaginaire. Les choses étant ainsi, il me paraît qu'il n'y aurait pas lieu à s'inquiéter beaucoup pour savoir si un Français est parvenu à réaliser les conditions de ce modèle dont toute la réalité serait elle-même dans les contrefaçons qu'on en a faites. Peu importerait qu'un génie de plus eût été dupe de cette grande mystification des siècles.

Mais si la poésie épique est autre chose que le cadre convenu dans lequel on l'a jetée ; si c'est l'expression spontanée d'une civilisation héroïque se produisant par des chants qui circulent d'abord détachés parmi le peuple, et que plus tard des rapsodes assemblent en corps de poëmes, notre époque héroïque, notre moyen âge a eu son épopée. La chevalerie française l'a inspirée et s'est exprimée par elle. Cette épopée du moyen âge se compose de ces mille poëmes chevaleresques qu'on commence à tirer de la poussière de nos bibliothèques où ils dorment à notre honte, tandis que les autres nations s'empressent à publier les leurs. La France ne serait point épique, bon Dieu ! la France qui arrêta les Sar-

razins et marcha en tête des croisades! la France
n'aurait retenu aucun chant de guerre, conservé
aucun récit héroïque! la France au moyen âge, sans
épopée! Elle en a inondé et défrayé l'Europe.

Mais c'est notre prose surtout, messieurs, qui est
notre parure, et qui doit être tout notre soin et tout
notre orgueil. Je ne crois pas céder à une faiblesse de
vanité nationale en disant que nulle littérature en Europe ne peut lutter sur ce point avec la nôtre. Ici
encore, il ne faut rien perdre de ce qui nous appartient ; il ne faut renoncer à aucune portion de notre
trésor.

Dès le commencement du treizième siècle, la prose
française a déjà atteint dans l'histoire de Villehardouin un remarquable degré de gravité et un certain
air de grandeur ; bientôt plus souple, plus familière,
elle descend avec grâce à la bonhomie conteuse, à la
naïveté touchante du sire de Joinville. C'est la vive
allure du fabliau après la majestueuse démarche de
l'épopée ; puis voici la chronique de Froissart qui
reproduit le mouvement, le désordre, la variété des
romans de chevalerie, joutes et tournois, faits d'armes
et aventures, avec grand carnage de vilains ; mais de
ceux-ci ni mention, ni pitié. Froissart enterre avec
lui le moyen âge vers 1400. Le quinzième siècle est
une transition de la chevalerie à la politique, de la
poésie à la réalité que Louis XI représente dans l'histoire, et dans la littérature Commines, homme de la

trempe de Machiavel, mais moins hardi et moins grand ; puis vient ce prodigieux seizième siècle, ère de l'indépendance de la pensée moderne. Il s'ouvre chez nous par Rabelais qui réunit en lui les deux caractères de son temps, l'étendue de l'érudition et la hardiesse de l'esprit; toujours attique par le style, jusqu'au sein de la plus grossière licence, réformateur sous le froc, et, comme un moine du moyen âge en gaieté, bafouant toutes choses grandes et petites de son cynisme désordonné. Puis vient Montaigne qui s'en raille plus doucement, plus finement, dans un langage d'un tour moins parfait, mais merveilleusement pittoresque et inattendu, libre, insouciant, ondoyant comme la pensée qui l'entraine et le ploie et le brise à son gré. Admirables tous deux par l'inimitable emploi de notre langue livrée à elle-même, dans toute sa richesse, sa fougue, sa plénitude, un siècle environ avant l'Académie et M. de Vaugelas.

Les noms des grands prosateurs des deux âges suivants se présentent assez naturellement à votre mémoire pour qu'il soit inutile de vous les rappeler. Souvenez-vous seulement, messieurs, qu'autour de ces noms classiques nous grouperons beaucoup de noms moins célèbres, et même des ouvrages sans noms; pamphlets, mémoires, lettres, tout nous sera matière à étudier le développement de la pensée et en même temps de la langue française; car nous ferons toujours marcher l'étude de l'une avec l'étude

de l'autre. Nous suivrons l'histoire de cette belle langue, depuis ses origines qu'ont éclairées déjà d'une
vive lumière les travaux de M. Raynouard jusqu'à cette
prose de nos jours que menacent et envahissent tant
de hardiesses, de bizarreries, de formes étrangères, qui
doit certes ouvrir son sein aux produits légitimes du
temps et d'une société nouvelle, mais ne doit jamais
perdre ce qui est tout à la fois son caractère et son
mérite, la clarté, la netteté, le tour naturel et facile.
Exiger cela d'elle, ce n'est pas la condamner à l'im-
mobilité, à l'uniformité, la réduire au dénûment.
Quoi de plus abondant, de plus libre, que la prose
du dix-septième siècle? Quoi de plus varié que le style
de nos grands prosateurs? Bossuet ressemble-t-il à
Fénelon, ou Pascal à la Bruyère, ou Voltaire à Rousseau, ou Buffon à Montesquieu? Enfin, n'est-ce pas un
écrivain de leur famille que l'écrivain le plus original
de notre temps? Qui manie avec plus de science la
langue française que M. de Chateaubriand? et qui a su
lui donner un caractère plus nouveau? Vous voyez,
messieurs, par cette indication rapide la fécondité du
champ qui nous est ouvert, si nous voulons en parcourir l'étendue, si nous voulons embrasser tout notre
développement littéraire, depuis ceux qui bégayèrent
la langue française au douzième siècle, jusqu'à celui
que je nommais tout à l'heure, et qui, six cents ans
plus tard, a fait servir cet instrument si merveilleux
entre ses mains à revêtir des plus magnifiques images

les plus hautes idées, les plus généreux sentiments ;
qui enfin, après avoir élevé tant de monuments d'éloquence, d'histoire et de poésie, emploie cette verdeur
de génie que le temps semble chez lui rajeunir à construire le plus achevé, le plus impérissable de tous,
ces *Mémoires* qui, sous un titre trop modeste, con-
tiendront le tableau, disons mieux, l'épopée de ce
temps, la société ancienne et la société nouvelle, l'Europe et l'Amérique, deux siècles et deux mondes.

Oui, messieurs, le champ est immense, et pour s'y
reconnaître, il faut d'abord en faire le tour, en distribuer les diverses portions, en classer les divers
produits.

Il faut les classer suivant leurs analogies véritables,
et non d'après des rapprochements arbitraires et forcés. Par là seulement on peut élever la littérature à
la méthode et l'ordre de la science. On doit donc grouper ensemble tous les monuments qui appartiennent
à une même famille naturelle, qui font partie d'un
même tout, qui sont les effets d'une même cause, les
résultats d'un même mouvement de l'esprit ou de la
société.

Après avoir classé de la sorte les phénomènes littéraires, n'oublions pas qu'ils se manifestent dans le
temps. Chacune de ces familles de monuments répond à un âge de l'esprit humain ; chacun de ces
âges porte sa littérature, comme chaque époque géologique est marquée par l'apparition de certaines

espèces d'êtres organisés appartenant à un même système. Et comme ces époques successives de l'histoire du globe sont séparées par de grandes révolutions, de grands cataclysmes, par des mers qui se creusent, par des montagnes qui s'élèvent, par d'immenses bouleversements, ainsi les époques littéraires sont séparées les unes des autres par de grandes crises sociales ou de grandes convulsions religieuses, par l'avénement d'un peuple ou la disparition d'un empire ; et l'on peut aussi retrouver les fragiles empreintes que les âges de la pensée humaine ont laissées aux couches de ruines sous lesquelles ils ont péri.

La double invasion du christianisme et des barbares dans les Gaules, la chevalerie et les croisades, les guerres religieuses et la Fronde, la monarchie européenne de Louis XIV et la monarchie européenne de Voltaire, enfin la révolution, telles sont les principales vicissitudes de la société française, entre lesquelles se placent naturellement les diverses phases de notre littérature.

Remarquons cependant, messieurs, une différence essentielle, qui distingue les âges de la nature des âges de la pensée. Les premiers se succèdent sans que les plus anciens aient aucune action sur ceux qui les suivent. Ce sont, à chaque période, de nouvelles générations d'êtres que les générations antérieures n'ont point produites. Il n'en est point ainsi dans l'histoire de l'esprit humain et de ses œuvres. Ce qui est aujourd'hui a été préparé, annoncé, engendré mystérieusement par ce qui fut il y a des milliers d'années. Chaque jour du passé a élaboré en silence le présent. Il faut étudier la vie de l'animal dans l'embryon, l'organisation de la plante dans la graine où elle est tout entière ; de même il faut surprendre tout développement humain, et en particulier tout développement littéraire, dans son germe obscur, dans sa semence cachée. C'est bâtardise pour les siècles comme pour les individus de ne pas connaître leur père, c'est impiété dénaturée de le renier ; c'est au contraire devoir et plaisir de faire la généalogie de son temps. Notre siècle, né d'hier, est de race noble et antique ; il date de loin. A l'histoire appartient de retrouver ses titres et de lui rendre ses aïeux.

Messieurs, je voudrais pouvoir exprimer avec plus d'énergie ce principe fondamental : l'essence de l'histoire est pour moi dans l'étude approfondie, dans le sentiment intime de la *filiation des âges*. C'est là qu'est le lien, le nœud, l'unité de la vie du genre humain.

L'œuvre de chaque siècle se compose de ce qu'il a ajouté à ce qu'il a reçu. Il faut donc, pour faire l'inventaire exact de la richesse littéraire d'un temps, connaître le fonds qu'il a hérité des siècles précédents, fonds qu'il a monnoyé et frappé à son coin, à son millésime.

Ainsi, en France, quand le moyen âge a été un passé méconnu, presque oublié, n'a-t-il pas laissé un certain fonds de sentiments, d'idées, de poésie, à ces siècles qui l'ignoraient ; héritiers un peu ingrats, qui usaient du legs sans remercier le donateur ? Ni Corneille, ni Racine, ni Voltaire, ne se doutaient que les sentiments d'amour et d'honneur chevaleresque, auxquels ils prêtaient sur la scène un si noble langage, eussent germé dans ces temps qu'ils méprisaient. Cependant, on peut le dire hardiment, si la littérature chevaleresque n'était pas née au moyen âge et n'avait pas été transmise par les romans et la tradition des mœurs, elle n'aurait point pris naissance au temps de Louis XIV ou de Louis XV. Si les troubadours n'avaient pas existé, nous n'aurions ni le *Cid*, ni *Andromaque*, ni *Zaïre*. Il a fallu, pour rendre ces chefs-d'œuvre possibles aux génies qui les ont conçus, que le sentiment chevaleresque, plante gracieuse entée sur un tronc germanique, jetât ses racines parmi les cendres tièdes encore de la civilisation romaine ; que, ballotée longtemps par les rudes tempêtes du moyen âge, et de loin caressée d'une brise orientale, elle vînt s'épanouir enfin aux éclairs de la Fronde et au soleil de Louis XIV.

Jusqu'ici, messieurs, j'ai cherché à élargir et à élever le point de vue sous lequel nous devons étudier l'histoire de notre littérature. Peut-être ai-je déjà fait quelques pas vers le but. Peut-être vous apparaît-elle dans des proportions plus vastes qu'on ne l'a souvent montrée.

Mais nous ne devons pas nous arrêter là, et je suis loin de vous avoir indiqué les principaux aspects de l'étude dans laquelle nous allons nous engager.

En effet, j'ai parlé jusqu'ici comme si la littérature française était la seule littérature au monde, comme si elle était sans rapport avec les autres littératures. Cependant ces rapports sont nombreux ; ils complètent son histoire.

La France, messieurs, n'est pas comme la Chine, comme ce pays isolé du monde, qui, derrière sa grande muraille, aux extrémités de l'Orient, a vécu sans ouïr qu'à peine tout le bruit de l'Occident, sans savoir qu'on parlait d'un Homère, d'un Alexandre, qu'un empire romain s'était élevé, qui, lui aussi, confondait son nom avec celui de l'univers ; tandis que, faisant elle-même aussi peu de bruit que possible, elle a duré quarante siècles à côté du genre humain sans qu'il l'entendît respirer. La France n'est pas ainsi ; la France, c'est tout l'opposé de la Chine. Bien que les Alpes et les Pyrénées, ses murailles à elle, soient plus hautes, et malgré le Rhin, fossé féodal qui borne son domaine, elle franchit assez volontiers murailles et fossés, et s'en va, glaive ou flambeau à la main, discours ou chansons à la bouche, tantôt adresser aux rois des enseignements dont ils s'amusent, tantôt dire à l'oreille des peuples des mots qui les réveillent ;

nation curieuse et facile, bien qu'un peu vaine et dédaigneuse, elle se fait raconter, moitié souriant, moitié ravie, les choses des pays étrangers; puis revient
les dire, à sa manière, à son humeur, avec son tour
vif et rapide, de cette voix claire et sonore, de cet air
dégagé, décidé, tranchant même, qu'on lui connaît
et qu'on lui pardonne. Et les autres peuples reprennent volontiers d'elle les richesses qu'ils lui ont données, parce qu'en y mettant sa marque, elle y a gravé
le titre qui les rend propres à la circulation et au
commerce des idées.

C'est l'honneur de la littérature française que son
histoire soit liée à celle de toute l'Europe, et par les
Arabes, les Juifs, les croisades, à celle de l'Orient. La
France est le cœur de l'Europe, elle reçoit le sang qui
afflue de toutes les parties de ce grand corps et le
renvoie à ses extrémités plus coloré, plus vivant : circulation qui a toujours existé et qui est aujourd'hui
plus active que jamais. Je sais qu'elle déplaît à certains esprits, aussi bien que l'autre circulation déplaisait à la Faculté ; il se trouverait aujourd'hui, comme
au temps de l'*Arrêt burlesque* de Boileau, des gens qui
voudraient empêcher ce sang de *courir et vaguer çà et
là*, mais ils y perdront leur peine ; le généreux cœur
de l'Europe ne cessera point de battre et de palpiter.
L'antiquité appelait le sang le siége de l'âme ; mais
ceci, c'est l'âme elle-même, car c'est la pensée.

Cette double action de l'Europe sur la France et de

la France sur l'Europe doit tenir une place importante dans notre histoire. Il y a là toute une portion de notre vie littéraire dont l'origine ou le terme est hors de nous ; nous ne sommes point sur un isoloir, messieurs ; sans cesse nous absorbons et versons par mille courants cette électricité d'où jaillit la lumière et quelquefois la foudre. Et remarquez, je vous prie, qu'à toutes les époques nous nous sommes glorieusement acquittés envers l'Europe. Ce que les vents nous ont apporté de semences les plus lointaines a fructifié parmi nous et a produit au centuple. L'Espagne nous a envoyé Guillem de Castro et Diamante, et nous lui avons rendu Corneille ; l'Angleterre nous a envoyé Locke et Pope, et nous lui avons rendu Voltaire!

Faudra-t-il s'arrêter ici? bornerons-nous l'étude des rapports de notre littérature avec les autres littératures à cette action mutuelle que je viens de signaler? Non, messieurs, outre les rapports d'influence, il y a les rapports de comparaison. L'histoire littéraire a sa philosophie aussi bien que l'histoire sociale, et cette philosophie commence ici.

En effet, l'histoire est soumise aux conditions du temps et se borne à reproduire l'image de la réalité passagère et changeante ; la philosophie s'élève au-dessus du temps et cherche l'immuable vérité. Qu'importe à la philosophie de l'histoire que deux peuples n'aient eu l'un sur l'autre aucune action, que le hasard n'ait établi entre eux aucun rapport histori-

que, si elle découvre une analogie dans leurs conditions, dans leurs destinées? De même qu'importe à la
philosophie de l'art que deux littératures ne soient
point entrées en contact, pourvu que, dans un point
ou sous une face quelconque de leur développement,
elles donnent lieu à un rapprochement ou à un contraste fondés. Ici, vous le voyez, notre sujet prend
une extension nouvelle, et sa grandeur n'a plus
d'autre mesure que celle de l'esprit humain tout
entier.

Mon point de départ, mon but définitif, ce sera
donc la littérature nationale, dont cette chaire revendique l'enseignement ; mais le pied fermement
posé sur le sol de la patrie, il ne me sera pas interdit
de jeter mes regards au-delà de ses frontières, d'évo·
quer tous les siècles et tous les monuments pour y
trouver avec les diverses époques et les divers monuments de la littérature française des analogies ou des
différences ; ici rien ne nous arrêtera, ni temps, ni
lieu : selon notre besoin, les diverses civilisations, les
diverses poésies de l'Orient, de l'antiquité, des temps
modernes, comparaîtront devant nous. Agrandir de la
sorte son point de vue littéraire par la comparaison,
c'est comme s'élever du spectacle des objets qui nous
entourent à celui du globe, et du spectacle du globe
à la contemplation des mondes.

Ce n'est pas tout, messieurs, il ne suffit pas de contempler, il faut juger et conclure.

La science n'est pas une surface mathématique sans profondeur et n'ayant d'autre dimension que l'étendue. Craignons de glisser sur cette surface faute d'un point d'arrêt qui nous y fixe, et de n'y laisser nul vestige de nous. Ne bornons pas l'action de notre esprit à un frottement qui le polirait en l'émoussant. Messieurs, ne craignez pas d'appuyer sur les objets la pointe mordante de la pensée, si vous voulez y graver votre image et votre nom. Défiez-vous de cette facilité complaisante, de cette mollesse flexible et curieuse qui reçoit toutes les empreintes et n'en rend aucune; car on arrive ainsi à l'indifférence de l'esprit et à l'insensibilité du cœur, c'est-à-dire à la mort de tous deux.

Cette disposition serait particulièrement funeste à l'objet de nos études ; en effet, nous n'avons pas seulement à expliquer la formation des monuments littéraires, comme faits historiques, mais encore il nous faut apprécier leur valeur comme ouvrages d'art ; il nous faut les déclarer beaux ou laids, bons ou mauvais, les absoudre ou les condamner.

La critique et l'enthousiasme sont deux conditions indispensables des fortes études littéraires. On devrait nous plaindre, messieurs, si nous laissions accabler par le poids de nos recherches ce judicieux discernement que le faux n'éblouit point, et à qui le vrai n'échappe jamais. Malheur aussi à l'homme qui, vivant dans le commerce habituel des monuments de l'art, ne se sentirait pas quelquefois ému en leur présence. Critique et enthousiasme, sagacité subtile, admiration passionnée, lumière et flamme, éclairez, échauffez toujours celui qui ose prétendre à être le juge de l'art et le prêtre du beau !

Mais qui fixera la mesure dans laquelle ces deux facultés doivent s'exercer? C'est une autre faculté qu'on a peine à définir, et qu'on ne saurait nier, faculté mystérieuse et toute française, le goût.

Le goût est dans l'art ce qu'est le tact dans les relations habituelles de la vie, ce qu'est le coup d'œil dans les affaires ; c'est un composé de sentiment juste et fin, de jugement rapide et sûr ; le goût, c'est la conscience délicate du beau.

On ne peut pas nier cette conscience plus que l'autre, elle se sent de même et ne se démontre pas davantage. Nous nous contenterons de dire d'elle ce que Rousseau disait de la conscience morale : « Conscience, conscience, instinct divin, immortelle et céleste voix... et d'ajouter avec lui : La conscience est timide, elle aime la retraite et la paix ; le monde et le bruit l'épouvantent, les préjugés dont on la fait naître sont ses plus cruels ennemis. » Oui, messieurs, il y a en nous une faculté qui perçoit le beau, faillible comme toutes nos facultés, mais aussi réelle qu'aucune autre. Elle nous trompe, dit-on : nos sens nous abusent bien ! Hélas ! les hommes ne se sont-ils jamais trompés sur le devoir et la vertu ? Est-ce à dire qu'il n'y a ni devoir, ni vertu, ni beauté? Oh! non, cela n'est pas. Qui de vous en présence de quelque action, à l'aspect de quelque site, à la lecture de quelque page, ne s'est écrié : Que c'est beau! Avant que la réflexion fût arrivée, le cri de l'âme était parti!

Sans doute la philosophie de la littérature ne sera complète que lorsque, de l'étude de toutes ses manifestations partielles, on se sera élevé à ses lois générales et à son principe souverain, et que de là on sera redescendu aux principes particuliers et aux lois spéciales de chaque développement littéraire.

J'espère que nos travaux comparatifs concourront à pousser la science vers ce but, mais, avant qu'il soit atteint, faut-il renoncer à toute appréciation, à tout jugement? Faut-il suspendre notre décision et nous interdire scrupuleusement l'émotion et l'enthousiasme jusqu'à ce qu'un système complet de philosophie littéraire nous en vienne octroyer le droit? Je ne sais si cet effort serait en notre pouvoir, mais nous ne le tenterons pas. Que diriez-vous, messieurs, d'un homme qui, pour prononcer sur la moralité d'un acte, aurait besoin qu'un système de morale, embrassant tous les cas possibles, vînt trancher ce cas particulier; d'un artiste qui demeurerait en face de sa toile jusqu'à ce qu'une théorie complète de l'art lui indiquât la place où devrait tomber son pinceau? Messieurs, en attendant la théorie complète qui pourrait se faire attendre longtemps, l'homme moral, l'artiste, suivent leur in-

stinct : le critique a aussi le sien ; je l'ai déjà nommé :
c'est le goût.

Le goût véritable n'est point cette susceptibilité minutieuse qui s'offense de la moindre hardiesse et s'ef-
fraye à la plus légère innovation, c'est un sentiment
mâle autant que délicat, qui, sous toutes les formes,
sous tous les noms, sait reconnaitre le génie et l'ado-
rer. L'étude, loin de l'accabler, doit le fortifier et
l'étendre ; pour être plus large et plus élevé, il n'en
sera que plus sûr. Exerçons donc cette faculté précieuse, sans laquelle l'art n'existe point, en l'appliquant tour à tour à des compositions littéraires de tout
siècle et de tout pays, comme en s'entourant des chefs-
d'œuvre de la musique et de la peinture, on fait l'éducation de son oreille ou de ses yeux.

Ici se présente un double écueil ; loin de nous, sans
doute, les préjugés de pays ou de secte, les superstitions d'école ; loin de nous les points de vue étroits
et exclusifs qui ne sont plus de mise en ce siècle, et
dont la nouvelle critique a fait bonne et irrévocable
justice. Mais gardons-nous aussi d'une pente non
moins dangereuse ; ne nous laissons point aller à une
admiration banale, injurieuse pour ce qui mérite
vraiment d'être admiré. Ne soyons point des Alcestes
grondeurs, je le veux ; mais ne soyons pas non plus
de débonnaires Philintes, des *amis du genre humain*,
comme dirait le misanthrope de ces philanthropes
littéraires.

Sur quelque préférence une estime se fonde,
Et c'est n'estimer rien qu'estimer tout le monde.

Une femme hors de ligne par le génie, c'est nommer madame de Staël, disait qu'on devient indulgent à mesure que l'on comprend. Le mot est profondément vrai. Mais comprendre, ce n'est pas admirer. L'indulgence n'est pas un culte. Comprenons donc le passé, expliquons, par ce qu'il a été, ce qu'il a produit; mais ne nous engouons point de ce que nous aurons expliqué, comme ces commentateurs qui tiennent compte à leur auteur de leurs veilles, et l'admirent de toute la peine qu'il leur a donnée. N'allons pas, chevaliers errants du monde littéraire, briser des lances au hasard pour des beautés imaginaires; mais combattons pour le bon droit partout où il se trouve, et tenons pour la vérité, quelles que soient la devise de sa bannière et la couleur de son écu. Il y a des exhumations méritées, des réhabilitations légitimes; non que je croie, messieurs, qu'on puisse faire rapporter aux siècles leur sentence suprême, et plaider contre la chose jugée. Ce ne sont pas les historiens et les critiques qui décernent la gloire, c'est le public, mais le public éternel, le genre humain. Or, il a des distractions, des oublis : vieux juge, il sommeille quelquefois sur son trône d'années; alors seulement, c'est chose licite de venir, comme un référendaire diligent, comme un avocat intègre, exhiber devant lui les pièces omises ou négligées du procès. Il se ravise parfois, et casse, après

plus mûre information, des arrêts provisoires. Boileau
n'avait-il pas raison quand il appelait de celui qui con-
damnait *Athalie?* L'Angleterre laissa Milton passer de
sa nuit dans la tombe sans le saluer. Il fut un temps
où elle avait presque oublié Shakspeare? Il y a eu des
moments où l'Italie a été infidèle à Dante. On peut donc
demander réparation d'une injustice passagère tout
en croyant à la justice définitive de l'arbitre. En outre,
cet arbitre a divers tribunaux en divers pays, et souvent sa jurisprudence n'est pas très-conforme. Si au-
delà du Rhin on méconnaît notre grand Molière, nous
plaiderons contre ces opposants germaniques; puis
nous retournant vers nos compatriotes, nous plaide-
rions contre eux de toute notre force, s'il leur prenait
fantaisie de contester le génie de Goethe ou la sublimité de l'Edda.

Telle est l'impartialité, comme je l'entends, non pas
froide, inanimée, approuvant tout parce que tout lui
est indifférent, laissant passer devant elle les temps et
les hommes sans en arrêter aucun, comme un sultan
blasé regarde nonchalamment défiler ses esclaves, ou
un pasteur indolent son troupeau ; mais, au contraire,
passionnée, guerroyante, combattant toute superstition et tout blasphème, honorant sans réserve toutes
les divinités véritables, brisant sans pitié toutes les
idoles.

Messieurs, le but de cet enseignement ne serait pas
atteint complétement s'il ne venait à travers les siècles

écoulés aboutir à notre siècle. Je sais que l'étude ne donne pas le génie, et je déclare ignorer l'art d'enseigner à produire des chefs-d'œuvre. Mais je crois que l'histoire des révolutions littéraires est instructive comme celle de toutes les révolutions. Je crois qu'il est bon de connaître d'où l'on vient pour savoir où l'on va. Il faut, comme le disait naguère ingénieusement M. Michelet, « se tourner vers les monuments qui sont derrière nous pour voir blanchir à leur cime les premières lueurs de l'avenir. »

L'avenir, messieurs, c'est la foi de notre âge : c'est le flambeau du passé, l'étoile du présent. Tout ce qui pense aujourd'hui s'efforce d'épeler les lettres encore voilées de son radieux symbole. Il a ses sceptiques et ses blasphémateurs ; il a aussi ses superstitieux et ses fanatiques. Soyons fermes, messieurs, en présence de cette grande idée de notre époque ; ne laissons pas troubler notre raison par cette pensée de l'avenir, vague et puissante comme la pensée de l'infini. Au milieu des sectes qui se forment, des écoles qui s'élèvent, des opinions qui s'agitent pour naître, conservons la liberté de notre jugement et l'indépendance de notre esprit.

Celui qui vous parle la réclamera toujours pour lui, comme pour tous. Il n'est d'aucune secte, d'aucune école ; il est un soldat de cette grande expédition de découverte, de cette grande armée de conquête qui s'ébranle et se lève de partout et qui s'avance avec ardeur vers un but qu'elle aperçoit encore un peu confusément. Ce but, quel est-il? nul peut-être ne le saurait dire. Mais les âmes en ont le pressentiment. Entendez de toutes les bouches, de tous les livres, de toutes les chaires, partir des voix qui appellent ou promettent un renouvellement religieux, moral, social. Sur le terrain de la religion, le progressif auteur des *Études sur l'histoire de France* proclame la transformation de ce christianisme dont il a ressuscité la poésie. M. de Lamennais, malgré des obstacles déplorables, cherche à rajeunir le catholicisme par l'alliance de la philosophie et de la liberté. Un penseur profond, dont la renommée qui grandit tous les jours est chère à ses amis, M. Ballanche, a demandé dès longtemps la régénération de la société à un développement nouveau du christianisme. Sur le terrain de la philosophie, c'est un appel encore plus direct aux rénovations de l'avenir. Écoutez l'école née du saint-simonisme, et qui a échappé à ses écarts; écoutez mes jeunes et illustres collègues, M. Lerminier, dont l'éloquence vous est en ce lieu si présente; M. Jouffroy, dont la pensée calme et limpide réfléchit de plus en plus les horizons nouveaux. Écoutez ce que la discussion quotidienne a de plus élevé; c'est partout une tendance analogue sous des noms divers. Croyons donc à l'avenir, et cherchons ses voies. Avançons-nous par différents chemins vers le but où le dieu de l'humanité la conduit. Marchons en volontaires ayant pour seul mot d'ordre, progrès;

pour seul cri de ralliement, liberté. Marchons tenant chacun notre drapeau et nous envoyant de loin des signaux d'intelligence et des appels d'amitié. Et si, le long de la voie poudreuse ou dans les marais de la plaine, nous sentons notre foi chanceler et notre cœur prêt à faillir, ranimons-nous en contemplant les monuments du génie qui bordent la route des âges, en relisant les ouvrages divins de nos pères, comme les guerriers de Sparte marchaient au combat, des hymnes à la bouche, après s'être inclinés devant les autels domestiques et les demi-dieux de la patrie.

Messieurs, je vous ai fait ma profession de foi pleine et sincère; je vous ai montré l'idéal vers lequel je tendrai constamment. L'entreprise est vaste; mais en vérité à quoi la jeunesse serait-elle bonne si ce n'était pas à former de vastes entreprises, à concevoir de hautes espérances? Je compte d'ailleurs, messieurs, sur l'aide du temps et sur la vôtre; et en ce moment je m'adresse à cette portion nombreuse de l'auditoire dont je me sens rapproché par l'âge et par des sympathies communes; je lui demande de me continuer son bienveillant concours et sa cordiale assistance. Messieurs, nous avons longtemps à marcher ensemble! soutenons-nous mutuellement, encourageons-nous les uns les autres dans cette route longue et quelquefois difficile où vous me permettrez de vous guider. L'étude est toujours un besoin pour l'homme; il est des temps où elle est un devoir. Tel est le nôtre, nous sommes dans un en-

tr'acte du grand drame social qui a commencé en 89,
ou plutôt ce drame est comme la tragédie antique, dont
la marche ne s'interrompait point ; seulement entre
les péripéties et les catastrophes s'élevait la voix du
chœur, toujours grave et mesurée, toujours harmo-
nieuse et prophétique, tirant la moralité de ce qui
était advenu, faisant pressentir ce qui approchait. C'est
à nous, messieurs, de remplir l'office d'un chœur sérieux, afin qu'il n'y ait pas de lacune dans le grand
drame ; que la voix de l'âme ne se taise point durant
les intervalles de l'action ; que celle-ci se déroule dans
sa majestueuse unité, et que les scènes du passé soient
rattachées au dénoûment de l'avenir.

LA CHEVALERIE

La poésie chevaleresque forme la portion la plus considérable, la plus originale et, à quelques égards, la plus intéressante de la littérature du moyen âge. Les troubadours et les trouvères ont exprimé dans leurs chants lyriques ce que les sentiments et les mœurs que la chevalerie a créés ont eu de plus délicat, de plus ingénieux, de plus raffiné ; les épopées de ces poëtes réfléchissent ces sentiments et ces mœurs dans des situations toujours semblables pour le fond, toujours variées dans les détails : portraits fantastiques où se peint la réalité. Conduit par l'histoire de la littérature nationale à m'occuper de cette poésie, j'ai voulu connaître la chevalerie, qui lui a donné naissance, analyser dans tous ses éléments, sonder dans sa vie intime, scruter dans ses origines un fait vaste et compliqué autant que brillant et célèbre, le plus grand fait moral et social des temps modernes entre l'établissement du christianisme qui l'a produit, et l'explosion de la Révolution française, qui a achevé de le tuer. Les pages qu'on va lire sont une étude faite en conscience sur un sujet banal et pourtant presque neuf, dont, après beaucoup de volumes consacrés à le traiter, il restait peut-être à classer avec méthode les diverses parties, à déterminer les rapports, et à mesurer l'étendue.

I

DE LA CHEVALERIE EN GÉNÉRAL

Qu'est-ce que la chevalerie? Il n'est pas très-facile de répondre à cette question; comment préciser par une définition rigoureuse un fait aussi complexe? On éprouve même quelque regret à porter le scalpel de l'analyse sur une portion si poétique de l'histoire de la civilisation moderne; il en coûte d'anatomiser une fleur; cependant, les botanistes le savent, pour étudier les fleurs, il faut se résoudre à les disséquer, et je suis obligé d'en faire autant pour la chevalerie; je suis obligé de chercher d'abord quels sont ses principes fondamentaux, ses éléments constitutifs.

La chevalerie est un ensemble de sentiments, de
mœurs et d'institutions : les sentiments en sont l'âme,
ils se manifestent par les mœurs et les institutions
qu'ils produisent.

Quels sont les sentiments qui ont gouverné et animé
la chevalerie moderne? D'abord la générosité, d'où
naît le respect et la protection de la faiblesse ; la
libéralité naît aussi de la générosité qui lui a donné
son nom. Un autre sentiment domine la chevalerie,
c'est le culte de la femme, de la femme envisagée comme
le principe de tout bien, de toute élévation morale,
excitant l'homme à la vaillance, adoucissant et purifiant ses mœurs, exaltant ses facultés morales. Dès à
présent, on peut entrevoir plusieurs conséquences de
ces sentiments fondamentaux : l'une d'elles est le
combat désintéressé pour acquérir non pas des terres
ou des richesses, mais seulement de l'honneur, sans
mélange de passion égoïste ou haineuse. Deux chevaliers se rencontrent et combattent pour la beauté du
fait, pour le plaisir et la gloire du combat, et pour
honorer, pour glorifier leurs dames. Les tournois, les
joutes sont des luttes sans inimitié entre hommes qui
s'estiment, qui s'aiment quelquefois, et qui ne croisent
leurs lances que pour accomplir de *belles emprises*
d'armes, comme dit Froissard, ce *dilettante* de la chevalerie. Rien ne peint d'une manière plus vive et plus
piquante cette générosité chevaleresque que ces deux
paladins de l'Arioste qui, encore tout meurtris des

grands coups qu'ils se sont portés, l'un païen et l'autre chrétien, enfourchent le même cheval et le piquent de quatre éperons.

Cet idéal que je viens d'indiquer très-sommairement, sauf à y revenir, peut s'étudier dans tous les romans chevaleresques du moyen âge et dans l'ouvrage qui résume la chevalerie tout entière sous une forme qui, pour être comique, n'en est pas moins complète et moins frappante, dans l'immortel roman de Cervantes; admirable caricature, semblable à un de ces miroirs qui rendent ridicules, en les grossissant, les traits qu'ils réfléchissent, mais qui, par là même, en accusent d'autant mieux les contours.

Ce grand fait de la chevalerie ne s'est produit tout entier qu'une fois, en Europe et au moyen âge; mais est-il donc isolé dans l'histoire de l'humanité? S'il n'y a pas eu dans d'autres temps et dans d'autres pays une chevalerie complétement organisée comme la nôtre, n'y a-t-il pas eu des instincts, des tendances, des velléités chevaleresques? Je le pense, et je crois qu'il est important, avant d'entrer dans l'étude approfondie de la chevalerie moderne, de la rattacher à un ensemble de faits, non pas spéciaux, locaux, renfermés dans un siècle et dans une contrée, mais universels, et, pour ainsi dire, humains. Considérée de la sorte, la chevalerie se lie à l'histoire générale de la civilisation, dont elle est un moment important, décisif. Elle n'est plus un accident, mais un résultat. Je vais indiquer divers exemples, présenter divers échantillons, pour ainsi dire, de ce qui a été, au moins partiellement, au moins par certains côtés, et sous certains aspects, la chevalerie hors du moyen âge et de l'Europe moderne.

Dans l'état sauvage, l'homme est tout entier sous l'empire des besoins physiques et des instincts brutaux. La guerre, c'est la faim, et, après la faim, c'est la haine, c'est la vengeance. Tuer l'ennemi qui lui dispute la forêt nécessaire pour la chasse, tuer l'ennemi dont la tribu est en guerre avec sa tribu; le tuer par tous les moyens, par le courage, s'il se peut, par la ruse, si le courage ne suffit pas, c'est là l'unique but du sauvage. Il déploie souvent, pour atteindre ce but, une grande énergie, un grand mépris de la mort. On sait jusqu'où va l'exaltation de ce mépris quand le prisonnier est attaché au poteau fatal; mais, dans tout cela, il n'y a rien qui, de près ou de loin, ressemble à cette générosité qui consiste à protéger le faible, à combattre pour la beauté du combat, sans haïr son adversaire. La femme est chez les sauvages dans une condition misérable; elle est une esclave et presque une bête de somme. Elle n'a donc nullement ce rôle inspirateur de la vaillance qu'elle aura dans la chevalerie. A peine entrevoit-on quelques lueurs de ces sentiments, que le sauvage ne connaît pas; tout au plus, ces âmes de brutes sont-elles surprises quelquefois, comme à leur insu, par un mouvement rapide et fugitif de pitié. Dans

les confessions assez curieuses qu'a publiées un chef
sauvage de l'Amérique du Nord, il retrace une foule
d'exploits, dans lesquels ne se montrent ni pitié ni
générosité, mais seulement haine et vengeance inpla-
cables. Puis, l'*Aigle noir* raconte qu'un jour ayant surpris les enfants d'un chef ennemi, comme il allait les
égorger avec délices, le souvenir de ses propres enfants
le désarma. Un éclair de générosité ou plutôt d'humanité avait lui dans cette âme. Quant au rôle, qui sera
si noblement rempli par la femme au temps de la
chevalerie, et qui consiste à enflammer le courage des
combattants, on répugne à en apercevoir les germes
dans certaines coutumes féroces, qui tiennent cependant, mais de bien loin, à un principe analogue. Chez
les Abungs, à Sumatra, les jeunes guerriers qui ont
été à la chasse des crânes, et qui reviennent chargés
de ces horribles trophées, les déposent aux pieds des
jeunes filles : c'est leur moyen de plaire. Voilà une
étrange galanterie, une galanterie de cannibale ; mais,
enfin, c'est le commencement de l'empire des femmes
sur le courage, dans des conditions atroces.

Les mœurs barbares ressemblent beaucoup aux
mœurs sauvages ; seulement les barbares sont perfec-
tibles, les sauvages ne le sont point ; la civilisation ne
les pénètre pas, elle les dévore, tandis que les peuples
barbares sont capables de recevoir et même de raviver
la civilisation ; eh bien ! leurs mœurs ne sont pas plus
chevaleresques que celles des sauvages. Les mœurs

barbares, au moment où elles passent à la civilisation, donnent naissance aux mœurs héroïques ; les héros d'Homère sont encore des barbares, mais des barbares qui commencent à se civiliser. Dans l'âge héroïque apparaissent quelques lueurs de chevalerie, bien rares bien vagues encore, mais qu'on distingue avec joie dans la nuit des temps primitifs. Thésée parcourant la Grèce pour combattre les monstres, et aussi les géants, les brigands, les félons, qui pillent et tuent les voyageurs, Thésée est conduit par un sentiment peu différent du sentiment qui produit les aventures chevaleresques. Il va aussi redresser les torts, défendre les faibles ; il est en quelque sorte le plus ancien des chevaliers. Ce qui n'existe pas encore, c'est l'amour, mobile du beau moral ; il manque à Thésée d'avoir une *dame* pour être un chevalier parfait.

Dans l'*Iliade* et dans l'*Odyssée*, les mœurs héroïques sont présentées dans toute leur violence, et, on peut le dire, dans toute leur brutalité. Les héros sont sans pitié pour leurs ennemis vaincus, ils les foulent aux pieds encore palpitants et les insultent après les avoir percés ; ils les raillent en les égorgeant. Achille traîne le cadavre d'Hector autour de Troie ; Ulysse et Télémaque sont sans merci pour les prétendants, pour ceux même qui ont montré quelques sentiments meilleurs. Tout, chez Homère, est fortement empreint de la barbarie primitive, et la chevalerie ne s'y montre pas. Si par moment on croit qu'elle va paraître, l'illusion n'est pas longue; il y a dans l'*Iliade* un épisode raconté par l'auteur, quel qu'il soit, avec la naïveté délicieuse qui est le caractère de cette antique poésie : Diomède et Glaucus se rencontrent dans la mêlée et vont se frapper, quand ils reconnaissent que leurs aïeux ont eu des liens d'hospitalité ; alors ils suspendent leurs coups, puis, avant de s'éloigner, ils échangent leurs armes. Voilà un incident qui figurerait à merveille dans un récit chevaleresque, mais la conclusion du poëte grec est fort différente du sentiment qu'exprimerait un poëte moderne au sujet d'une pareille rencontre. Homère se contente de cette réflexion peu sentimentale : « Le grand Jupiter aveugla l'âme d'un de ces guerriers qui donna une armure qui valait cent bœufs pour une armure qui n'en valait que neuf. » La naïveté antique ressaisit le poëte au moment où il semblerait qu'un autre ordre de sentiments plus semblables aux sentiments modernes va se faire jour dans son récit.

Quant aux femmes, leur situation dans l'*Iliade* est très-secondaire ; une femme est bien la cause de la guerre ; mais ce n'est pas pour lui plaire, ni pour lui faire honneur que l'on combat, c'est pour la conquérir et la rendre à son époux. Des idées conjugales sont au fond de l'*Iliade* aussi bien que de l'*Odyssée*, mais rien n'y ressemble à l'amour chevaleresque. Briseïs est une esclave favorite ; quoique Achille ressente vivement l'injure qu'on lui fait en la lui ravissant, il n'a pas

pour elle un sentiment très-délicat, et son amitié pour
Patrocle l'emporte de beaucoup sur son amour pour
Briséïs. Veut-on apprécier à quel point les mœurs homériques sont loin des mœurs chevaleresques? Il suffit
de rapprocher l'Achille d'Homère de l'Achille de Racine. Toute l'antiquité grecque et latine a suivi Homère
à cet égard, et les sentiments chevaleresques ne s'y
montrent ni dans l'histoire, ni dans la poésie : on y
trouve la passion; chez Virgile, par exemple, l'amour
de Didon est peint admirablement, mais cet amour est
toujours une malédiction envoyée par les dieux, un
obstacle aux grandes destinées des héros et aux desseins de l'Olympe; il n'est jamais ce qu'il est toujours
dans le point de vue de la chevalerie moderne, la
source des belles actions et des grandes choses. Dans
l'histoire, la même observation se présente : l'antiquité, qui a de si grands hommes, n'a pas de personnages chevaleresques comme Richard Cœur de Lion,
François Ier et Charles XII; elle ne connaît pas cette
exaltation qui fait chercher les aventures brillantes
pour le plaisir de les chercher. Les grands hommes de
l'antiquité combattent pour obéir aux saintes lois de
la patrie, ou par ambition, pour dominer ou opprimer
leurs concitoyens, pour conquérir le monde, jamais
par un entraînement chevaleresque : un seul peut faire
exception, c'est Alexandre. Alexandre était certainement guidé dans ses conquêtes par de grandes vues
politiques, mais il y a chez lui, à côté de la politique et

au-delà, un certain élan, un certain emportement qui
l'entraîne toujours plus avant, toujours plus loin vers
l'Orient, là où il est presque insensé d'aller, là où il
n'y a plus de conquête raisonnable à faire. Que ne s'ar-
rêtait-il à Babylone, véritable centre de l'empire d'O-
rient, de cet empire qu'il voulait fonder ! Mais non ;
il faut aller aux Indes, il faut aller, comme le disent
de lui les traditions de Java, découvrir le berceau du
soleil, et si son armée ne l'eût arrêté, il aurait marché
jusqu'en Amérique ! Dans cette impétuosité irréfléchie,
mais sublime, il y a quelque chose de l'exaltation chevaleresque ; aussi la chevalerie ne s'y est pas trompée,
elle a reconnu Alexandre pour un des siens, et on en
a fait le centre d'un des cycles de la poésie chevaleresque et du plus vaste qui existe.

Mais laissons les Grecs et les Romains. Chez des
peuples moins avancés en civilisation, nous pourrons
trouver plus de trace de cet esprit que nous cherchons.
Tels sont les peuples germaniques, chez lesquels existait l'adoration des femmes, la croyance à quelque
chose d'inspiré, de divin dans les femmes, idées tout
à fait étrangères à l'antiquité grecque et latine, idées
qui tiennent, il est vrai, surtout à la religion, mais qui
font pressentir que là où elles se trouvent se trouvera,
même hors de la sphère religieuse, un certain ascendant des femmes ; c'est ce qui a lieu, en effet ; et si
nous prenons les traditions des peuples germaniques,
nous y verrons l'aurore des sentiments chevaleresques.

Aux époques primitives des peuples germaniques,
ces sentiments sont encore bien mêlés de barbarie; le
caractère barbare, ou si l'on veut, héroïque, qui est
à peu près le même, domine plus que le caractère
chevaleresque dans les antiques traditions germaniques, par exemple dans la partie épique de l'*Edda*:
là sont des passions fortes, mais rien encore qui ressemble à l'exaltation et à l'amour chevaleresque. Dans
le poëme des *Nibelungen*, on voit clairement la différence qui sépare l'époque héroïque et l'époque chevaleresque. Les *Nibelungen* sont composés de deux parties
qui appartiennent à deux époques, et, comme diraient
les géologues, à deux formations distinctes; sur l'ancien fond païen et barbare on a étendu postérieure-
ment comme un vernis plus moderne et purement
chevaleresque; de là un contraste frappant entre les
deux parties de cette poésie, qui appartiennent à deux
différents âges, l'âge de la vieille barbarie germaine
et la période chevaleresque. Tandis que les héros
bourguignons combattent Attila dans un palais em-
brasé, et que la soif causée par l'incendie les dévore,
le plus farouche d'entre eux, Hagen, crie à un autre
guerrier : « Si tu as soif, bois du sang. » Le guerrier
obéit à ce conseil; il boit du sang qui coule d'un cadavre encore chaud, et trouve cette boisson très-dé-
lectable. Eh bien! à quelques pages de ce récit, qui
fait penser aux anthropophages, est un morceau empreint de toute la noblesse des sentiments chevale-

resques les plus délicats. Le margrave Rudiger a donné
l'hospitalité aux Nibelungen, il a marié sa fille à l'un
d'entre eux; mais, vassal d'Attila, il est forcé par son
suzerain de prendre les armes contre ses anciens hôtes;
il s'avance vers eux plein de tristesse et leur dit : « Je
vous aime et je viens vous combattre ; il le faut, mon
seigneur l'a voulu. » Un des Nibelungen, Hagen, se
plaint que son bouclier a été haché à son bras et envie
celui que porte Rudiger. « Prends-le, dit le bon margrave, et puisse-t-il te protéger ! maintenant, je n'ai
plus qu'à vous combattre, en pleurant d'être réduit à
cette extrémité ; » et alors ce guerrier pleure, et tous
ces guerriers farouches, qui tout à l'heure buvaient
du sang, pleurent aussi, et ils se massacrent à leur
grand regret, pour obéir aux lois de l'honneur et de la
chevalerie. Mais cette portion du poëme n'appartient
pas à l'ancien fond germanique, elle fait contraste avec
lui ; c'est dans certaines sagas qu'on voit les anciennes
mœurs germaniques, en Islande, tourner à la civilisation, et, en devenant plus civilisées, devenir un peu
chevaleresques. Mais, à côté de ce commencement de
chevalerie, la barbarie est toujours là. Ainsi, dans un
duel que raconte une saga, l'un des combattants coupe
le pied à l'autre; le blessé dit qu'il éprouve une grande
soif et demande de l'eau à son adversaire, qui, généreusement, à la manière de Tancrède, en va puiser ;
mais son rival, moins chevaleresque, lui porte un coup
mortel. On voit la barbarie qui dure encore et la gé-

nérosité qui commence à poindre aux prises, pour
ainsi dire, l'une avec l'autre. La même opposition peut
s'observer dans divers traits des mœurs islandaises.
Ces farouches rois de la mer, qui couvraient de leurs
ravages et de leurs exploits les côtes de l'Europe,
avaient un code d'honneur assez extraordinaire : plusieurs d'entre eux se faisaient une loi de ne combattre
qu'avec des armes très-courtes pour être plus près de
l'ennemi, de ne faire panser leurs blessures que vingt-
quatre heures après les avoir reçues, de ne jamais
baisser la voile pendant la tempête : toutes choses peu
raisonnables et qui participent de l'exaltation chevaleresque. Ces hommes refusaient parfois d'attaquer un
ennemi avec des forces navales supérieures. Quelques-
uns même faisaient la guerre aux pirates de profession pour en délivrer les mers : véritable chevalerie
errante sur l'Océan.

Dans le Midi, une histoire qui fait bien sentir la différence des mœurs héroïques et des mœurs chevaleresques, c'est l'histoire du Cid, telle qu'elle a été racontée et chantée à diverses époques. Il y a en espagnol
un vieux poëme du douzième siècle, par conséquent
presque contemporain du héros : poëme-chronique,
qui a toute la véracité et toute la grandeur de la poésie primitive. Là le Cid est un vieux guerrier point
tendre, point chevaleresque, terrible, qui enchaîne les
lions échappés, qui, avec un mélange de ruse et de
courage tout à fait assorti au caractère des temps hé-

roïques, parvient à ressaisir la dot de ses filles, mal-
traitées et volées par leurs époux, et ses deux bonnes
épées, que ses gendres lui ont dérobées avec la dot.
En un mot, il n'y a dans ce vieux Cid rien qui annonce
encore la chevalerie. Il n'en est pas ainsi des romances
qui plus tard l'ont célébré; moins anciennes, moins
primitives, l'esprit de la chevalerie s'y est déjà introduit. Enfin, dans les deux tragédies espagnoles où Corneille a puisé la première idée du Cid, et qu'il a tellement dépassées, le Cid est devenu un personnage tout
à fait chevaleresque. Les plus anciennes romances
tiennent beaucoup encore du rude caractère du vieux
poëme; telle est, par exemple, celle qui raconte comment le père du Cid apprend à son fils l'insulte qu'il a
reçue, et s'assure qu'il sera capable de le venger. Le
comte fait venir tous ses enfants; sans mot dire, il
leur attache les mains avec de fortes cordes, et les
serre au point de les faire crier; mais quand il arrive
à Rodrigue, celui-ci fait un bond en arrière au moment
où la corde approche de ses mains, et menace son père
du poignard. Le comte dit : « C'est toi qui me venge-
ras. » Eh bien! cette scène, d'un grandiose presque
sauvage, exprime à sa manière ce que Corneille a réalisé dans la scène admirable qui commence ainsi :

> Rodrigue, as-tu du cœur?
>   Tout autre que mon père
> L'éprouverait sur l'heure.

C'est le même motif traité une fois au point de vue hé-

roïque et presque barbare, et l'autre au point de vue
chevaleresque.

Enfin ce n'est pas seulement dans notre Occident
qu'on peut chercher sinon la chevalerie elle-même, au
moins quelque chose qui lui ressemble ; nous ne la
demanderons point aux grandes épopées indiennes, qui
sont dominées par l'esprit religieux, sur lesquelles l'influence brahmanique a surtout pesé, et où elle a dû
naturellement effacer ce qui pouvait s'y trouver d'analogue à ce que nous cherchons ; mais des poëmes chantés dans le Radjastan, et dont le voyage de Todd contient quelques fragments, racontent des aventures
véritablement chevaleresques. Le rôle des femmes est,
dans plusieurs de ces histoires, tout à fait semblable
à celui qu'elles ont joué dans la chevalerie occidentale.
Les rapports des guerriers ennemis entre eux rappellent souvent la courtoisie des paladins. Pour ne citer
qu'un trait, deux rivaux se rencontrent, et, au lieu de
s'attaquer avec la fureur de la passion livrée à elle-
même, l'un adresse à l'autre un message qui est un
véritable cartel ; et comme celui-ci a usé sa provision
d'opium avant l'heure fixée pour le combat, il en fait
demander à son adversaire, qui s'empresse de lui en
envoyer. Enfin le combat a lieu devant la beauté qu'ils
se disputent, et qui les contemple du haut d'un char,
mais il est retardé un instant par la générosité des
deux champions, chacun s'efforçant de faire en sorte
que son adversaire porte le premier coup. C'est la po-

litesse de Fontenoy : « Messieurs, tirez les premiers. »

Dans la grande épopée persane, le Schah-Nameh de Firdoussi, dont le premier volume va être publié par M. Mohl, et dont l'apparition sera un événement dans la littérature orientale[1], les mœurs sont, comme dans l'*Iliade*, héroïques plus que chevaleresques; cependant quelques détails font penser à la chevalerie : quand ce n'est pas le poëme, ce sont les vignettes qui ornent plusieurs des manuscrits persans du Schah-Nameh, et sont postérieures à la rédaction du poëme. On y voit des guerriers couverts de fer de pied en cap, et dont les armures rappellent exactement celles des chevaliers, se précipiter les uns contre les autres au galop et se portant de grands coups de lance, comme dans les tournois, les joutes de l'Occident. Quant au texte lui-même, un des héros prononce ces paroles remarquables : « Les hommes de race puissante demeureraient barbares, s'ils n'avaient pas de compagne. » Dans ce poëme est une rencontre entre le fameux Rustem et une amazone; comme Clorinde, celle-ci est prise par son adversaire pour un guerrier jusqu'au moment où, ôtant son casque, elle dévoile *un paradis de beauté*. Mais la suite n'est pas aussi chevaleresque dans Ferdoussi que dans le Tasse : le guerrier veut lier cette femme comme il aurait fait de tout autre prisonnier; elle lui échappe par une ruse. Ce qu'il

---

[1] Il a paru aujourd'hui quatre volumes de la traduction qu'annonçait M. Ampère en 1838, et le cinquième est sous presse. (*Note de l'éditeur.*)

y a de plus chevaleresque, c'est la vignette publiée
par Gœrres : elle représente le guerrier à deux genoux
devant son ennemie qui sourit ; on croirait, en regardant cette vignette, voir un chevalier du moyen âge
dans son armure, agenouillé sur un tombeau ; évidemment la chevalerie, qui n'était pas encore dans le
texte, est déjà dans la vignette.

Les Arabes, avant Mahomet, ont eu une poésie qui
commence à être connue, surtout depuis la publication malheureusement interrompue des lettres de M. F.
Fresnel sur *l'ancienne poésie des Arabes*. Ces lettres
font assister de la manière la plus vive à cette vie du
désert, à ces mœurs d'une violence et d'une férocité
excessive. L'un des héros célébrés dans ces poésies
antérieures à Mahomet, Shanfara, est une espèce de
loup qui a fait vœu de tuer cent personnes d'une tribu
ennemie, et qui est tué lui-même à la quatre-vingt-
dix-neuvième. Eh bien, parmi ces mœurs farouches,
quelques usages témoignent d'une certaine générosité. Ainsi, quand on vient à reconnaître qu'un homme
à qui l'on a donné l'hospitalité est un ennemi, qu'il a
tué quelqu'un de la tribu, au lieu de l'immoler immédiatement, on lui donne trois jours d'avance ; il
part de toute la vitesse de son cheval, et l'on attend
que les trois jours soient écoulés, après quoi la tribu
se précipite sur ses traces et cherche à l'atteindre à
travers le désert ; s'il est atteint, on l'égorge sans pitié.
Mais en s'imposant la loi de lui accorder trois jours,

ses ennemis lui ont donné une chance considérable d'échapper à leur vengeance.

Dans tous ces faits il est intéressant de voir le bon côté de la nature humaine, — la disposition généreuse de cette nature, disposition qui se manifestera d'une manière éclatante et glorieuse dans le code et la poésie chevaleresques, — se débattre, pour ainsi dire, contre les instincts brutaux et sauvages de la nature primitive; c'était là ce que je me proposais surtout de montrer par ces exemples choisis dans des pays et des siècles divers. Comme je ne cherche pas encore d'où nous est venue la chevalerie, je ne parle pas des Arabes d'Espagne, de cet Almanzor qui, avec une exaltation toute chevaleresque, faisait secouer, chaque soir de bataille, la poussière de ses habits, et la faisait conserver avec soin pour y être enseveli. Je n'examine point si la chevalerie chrétienne a reçu quelque chose des Arabes; je voulais seulement chercher d'abord la chevalerie là où elle n'est pas, là où au moins elle n'est pas complète, avant de l'étudier là où elle est; je voulais surprendre la plante dans son germe, dans son embryon. Maintenant notre étude deviendra plus simple, plus facile; car ce que nous allons aborder, c'est la chevalerie elle-même. Il résulte de ce que nous avons déjà vu qu'elle a des analogues dans un certain nombre de pays et de siècles, qu'elle tient à une tendance naturelle à l'âme humaine. Il nous reste à voir cette tendance se réaliser, et la chevalerie, ébauchée,

pour ainsi dire, en beaucoup de lieux, s'accomplir sous
les influences qui ont présidé au développement de la
société moderne, surtout sous celle des influences à
laquelle notre société doit tout ce qu'elle a de vie morale, l'influence du christianisme.

II

DE LA CHEVALERIE AU MOYEN AGE

Ce mot *chevalerie* n'est pas le nom primitif du fait
qu'il exprime. Dans l'origine, le nom du chevalier fut
miles, le soldat, le brave d'élite, comme en grec ἥρως,
dans les langues du Nord *kempe*, en persan *pelevan*.
L'idée d'une vaillance d'élite n'a pas tardé à s'appliquer aux guerriers qui servaient à cheval, et ceci
tient surtout à la manière de combattre usitée au
moyen âge, dans ce temps où les carrés d'infanterie
n'étaient pas encore inventés. L'infanterie n'existait
pas véritablement ; les fantassins se groupaient autour
des hommes d'armes à cheval, formaient leur suite,
leur entourage, plutôt qu'une arme indépendante. Tout
guerrier éminent eut la prétention de combattre à
cheval ; encore au neuvième siècle, selon l'annaliste
de Fulde, les Franks dédaignaient de combattre à pied.
Cette désignation n'est pas non plus sans analogue
dans d'autres temps et chez d'autres peuples. Nous

voyons dans Homère Nestor désigné par le nom d'ἱππότης, cavalier : chez les Arabes, le guerrier par excellence s'appelle *faris*, qui a le même sens. Des peuples entiers ont pris ce nom comme une appellation héroïque ; les mots *perses* et *parthes* veulent dire cavaliers.

La première question à se faire avant de parler de la chevalerie, c'est de se demander si elle a été : on a prétendu que primitivement elle n'existait que dans l'imagination des romanciers ; la société l'aurait reproduite par voie d'imitation ; la société aurait été *l'expression de la littérature*. Sans doute, il y a eu une action de la littérature chevaleresque sur la société ; mais cette fois, comme toujours, cette action de la littérature sur la société a été une réaction. La première n'a fait que rendre à la seconde les influences qu'elle en avait reçues. Toute tendance morale, bonne ou mauvaise, qui se manifeste par la production d'une littérature, a toujours sa racine dans la réalité sociale. Certainement le roman de *Werther* a causé des suicides, mais ce roman ne serait pas né, si la manie du suicide et la mélancolique disposition qui l'enfantait n'eussent existé en Allemagne ; de même, s'il n'y avait pas eu de chevalerie, il n'y aurait pas eu de littérature chevaleresque.

Ce qui pourrait le plus faire douter de la réalité de la chevalerie, ce sont les regrets qu'expriment à chaque page les troubadours de ce que le beau temps de cette institution est passé. En remontant ainsi de siècle en siècle depuis la fin du moyen âge jusqu'à son commencement, on trouve toujours des poëtes qui déplorent la décadence de la chevalerie jusqu'à ce qu'on arrive à une époque où la chevalerie n'est pas encore ; on la voit reculer devant soi dans le passé et s'évanouir comme un âge d'or imaginaire. En serait-il de cet âge d'or comme du paradis terrestre ? On l'avait placé au centre de l'Asie ; mais les voyageurs ne l'y ayant pas trouvé, force fut bien de le porter plus loin, dans les Indes, et au delà. Christophe Colomb, en touchant au continent de l'Amérique, ne doutait pas que les fleuves dont il voyait les embouchures ne descendissent du paradis terrestre, situé sur une montagne, dans ce continent ignoré ; lorsqu'on y eut pénétré, il fallut bien reconnaître que le paradis n'existait pas sur la terre. S'il en est de l'idéal chevaleresque comme de l'Éden, l'existence de la chevalerie n'en est pas moins un fait incontestable ; les sentiments, les mœurs et l'organisation de la chevalerie sont des réalités historiques.

Certains passages des écrits des troubadours feraient croire que l'amour chevaleresque n'a jamais existé que dans l'imagination. Chez Marcabrus, le plus ancien d'entre eux, on trouve déjà des plaintes sur la décadence de cet amour dans la Guyenne et dans la France ; déjà, selon lui, *les mauvaises doctrines* prévalent. Il ne faut pas en conclure que l'amour chevale-

resque n'a pas eu d'existence réelle ; les faits démen-
tiraient cette incrédulité. Je citerai l'histoire d'un
troubadour célèbre, de Geoffroy de Rudel ; je traduis
littéralement sa biographie provençale.

« Geoffroy de Rudel fut un très-noble seigneur,
prince de Blaye. Il s'enamoura de la comtesse de Tripoli sans la voir, pour la grande bonté et la grande
courtoisie qu'il en ouït dire par les pèlerins qui revenaient d'Antioche. Il composa sur elle mainte bonne
chanson avec de beaux airs. Par désir de la voir, il se
croisa et se mit en mer. Tandis qu'il était sur le vaisseau, il fut pris d'une grande maladie, de sorte que
ceux qui étaient avec lui pensèrent qu'il mourrait
dans le trajet. Mais ils firent tant qu'ils le conduisirent
jusqu'à Tripoli, et le déposèrent comme mort dans
une hôtellerie. On le fit savoir à la comtesse ; elle vint
à son lit et le prit entre ses bras ; et quand il sut que
c'était la comtesse, il retrouva la vue, l'ouïe, l'odorat,
et loua Dieu, lui rendant grâce d'avoir soutenu son
existence jusqu'à ce qu'il eût vu sa dame. Et ainsi il
mourut entre les bras de la comtesse, et elle le fit honorablement enterrer en la maison du Temple à Tripoli ; et puis, le second jour, elle prit le voile, à cause
de la grande douleur qu'elle eut de la mort de Geoffroy. »

On ne peut rencontrer dans un roman de chevalerie
rien de plus exalté et de plus tendre que cette histoire. Au reste, pour prouver l'existence de l'amour

chevaleresque, il suffirait de citer les deux plus grands noms de la poésie italienne, Dante et Pétrarque.

Quel autre sentiment inspira au premier son grand poëme, entrepris, comme il le dit lui-même pour glorifier Béatrix? Quel sentiment dicta au second, durant vingt années, les hommages harmonieux qu'il adressait à Laure, si ce n'est l'amour chevaleresque dans toute sa pureté et dans toute sa puissance?

Il y a plus : des aventures pareilles à celles qui se trouvent dans les romans furent entreprises par des personnages historiques. Le héros de celle qu'on va lire fut le marquis de Montferrat, compagnon de Baudoin à la conquête de Constantinople, et roi de Thessalonique. Il s'agit de la délivrance d'une belle opprimée ; le fait est attesté par un de ceux qui y ont pris part, le troubadour Raimbaud de Vaqueiras. Rien ne manque à cette aventure pour ressembler parfaitement à un épisode d'un roman de chevalerie ; tout s'y trouve : enlèvement, protection de la faiblesse, victime arrachée à un ravisseur, jours et nuits passés dans les rochers, combats avec des brigands, amants unis par leur libérateur.

« Rappelez-vous lorsque le jongleur Aimonet vous porta à Montalto la nouvelle que l'on voulait emmener Jacobina en Sardaigne, pour la marier là contre son gré ; rappelez-vous comme vous prêtâtes l'oreille à ses soupirs, comment elle vous donna un baiser avant de partir, et vous pria instamment de la proté-

ger contre un avide ravisseur. Vous fîtes aussitôt monter à cheval cinq de vos meilleurs varlets, et nous
chevauchâmes la nuit, après souper, vous, Guiet,
Hugonet d'Alfar, Bertaldon qui nous servait de guide,
et moi-même, car je ne veux pas me passer sous silence. J'enlevai la jeune fille au moment où on allait
l'embarquer. Alors s'éleva une clameur sur la terre
et sur la mer, on se précipitait sur nos pas, à pied et à
cheval ; nous nous hâtions de fuir et nous pensions
déjà échapper, lorsque les Pisans nous attaquèrent.
Quand nous vîmes tant de cavaliers, tant de beaux
harnais, de casques brillants, de bannières flottantes
nous fermer la route, il n'est pas besoin de nous demander si nous fûmes en grand souci ; vous nous
cachâtes entre Benc et Final. De tous côtés nous enten-
dions retentir les cors et les clairons et le cri de guerre.
Nous passâmes deux jours sans boire ni manger. Le
troisième, étant sortis de notre retraite, nous rencon-
trâmes, dans' le Pas-de-Belestar, douze brigands qui
allaient butiner. A ce coup nous ne savions que devenir, car nous ne pouvions nous servir de nos chevaux.
A pied je me précipitai contre eux. Je reçus un coup
de lance dans mon gorgerin, mais seul j'en blessai
trois ou quatre, et les autres furent contraints de fuir.
Bertaldon et Hugonet me virent blessé et se hâtèrent
de venir à mon secours, et quand nous fûmes trois,
nous débarrassâmes le passage, de sorte que vous pûtes
continuer votre route en sûreté. Quel joyeux repas

nous fîmes alors sans avoir plus qu'un pain, et sans
pouvoir nous laver! Le soir nous arrivâmes à Nice
chez Puyclair. Il nous reçut très-amicalement, et il
vous aurait donné sa fille, la belle Aigleta, si vous y
aviez consenti. Le lendemain matin, vous, comme un
seigneur et grand baron, vous fîtes magnifiquement
récompenser votre hôte. Vous donnâtes Aigleta à
Hugue de Montélimar et vous fiançâtes Anselmet avec
Jacobina. »

Ce qui, plus que tout le reste, empêche de révoquer
en doute la réalité de la chevalerie, c'est que c'était
un *ordre* dans lequel on était admis après certaines
cérémonies, un ordre comme la prêtrise ; je reviendrai sur ce rapprochement quand je traiterai des rapports de la chevalerie et de l'église, souvent comparées par les auteurs contemporains.

A l'ordre de chevalerie étaient attachées certaines
prérogatives : la plus importante était de ceindre
l'épée, de la porter attachée à la ceinture militaire,
signe primitif de la distinction chevaleresque. Dans
l'origine, on était créé chevalier par le don de la ceinture et de l'épée; il en est résulté qu'au moyen âge, le
chevalier seul pouvait porter l'épée à la ceinture; les
autres personnes la suspendaient à un baudrier qui
passait sur l'épaule, comme on fait maintenant du
briquet. Selon Busching, la première manière de
porter l'épée était celle des Franks, et la seconde celle
des Goths, ce qui explique pourquoi la première était

réputée la plus noble. Une autre prérogative du chevalier était remarquable : dans un procès, s'il gagnait, il recevait un double dédommagement, et, s'il perdait, il payait le double. Les chevaliers étaient soumis à des devoirs particuliers. Dans le code espagnol des *Siete partidas* rédigé par Alphonse X, au treizième siècle, certaines prescriptions désignent comment les chevaliers doivent se vêtir et se nourrir, l'emploi qu'ils doivent faire de leur temps ; c'est presque une règle monastique.

La chevalerie était si bien un ordre, qu'il se transmettait, que ceux qui en étaient dépositaires pouvaient le conférer, et la capacité de le conférer commençait dès le moment où on venait de le recevoir. Ainsi, on voit Philippe le Bel créer chevaliers ses trois fils, et sur-le-champ ces trois princes donner l'ordre de chevalerie à quatre cents personnes. Quelquefois cette transmission s'accomplissait au milieu de circonstances remarquables ou touchantes : ainsi, quand un chevalier défendait un pas d'armes, ceux qui venaient le combattre se faisaient souvent armer chevaliers par lui-même. Parfois cette courtoisie chevaleresque se montra dans des combats plus sérieux. Walter Scott, dans une lettre à miss Baillie, raconte un fait de ce genre tiré de l'histoire d'Écosse, et dont les circonstances sont assez curieuses pour être rapportées.

« Swinton proposa de charger à la tête des siens ;

quoique trop faible pour cette tentative, le jeune
Gordon, dont le père avait été tué par Swinton, entra
dans cette proposition par une de ces explosions ir-
régulières de générosité et de sentiment qui rachètent
ces siècles ténébreux du reproche de barbarie complète. Il sauta de son cheval, s'agenouilla devant
Swinton et lui dit : « Je n'ai pas encore reçu la che-
« valerie, et jamais je ne pourrai recevoir cet hon-
« neur de la main d'un chef plus loyal et plus vail-
« lant que celui qui a tué mon père. Accordez-moi le
« don que je requiers, et unissez vos forces aux
« miennes, afin que nous puissions vivre et mourir
« ensemble. »

C'est un grand triomphe de l'esprit chevaleresque
sur les sentiments naturels du cœur humain, et sur
ces vengeances de famille si puissantes et si acharnées
dans le pays où se passe la scène.

La chevalerie était donc une réalité, on n'en saurait
douter ; en même temps elle était un idéal ; il y avait
une chevalerie dans la société et une chevalerie dans
les livres, agissant et réagissant l'une sur l'autre.
C'est surtout aux époques avancées que se remarque
la réaction de la poésie chevaleresque sur les mœurs,
sur les sentiments de la vie réelle ; plus la chevalerie
s'en va de la société, plus on s'attache, plus on se
cramponne, pour ainsi dire, à l'idéal chevaleresque ;
Froissart est un exemple de cette passion, ou plutôt
de cette manie pour la chevalerie, qui de son temps

existe à peine. Au quinzième siècle, à l'époque où elle
commençait à mourir, les romans créèrent une fausse
chevalerie, une chevalerie d'imitation, classique pour
ainsi dire. Ainsi, Charles le Téméraire, qui déploya
un des derniers les qualités et les défauts du caractère chevaleresque, les puisait dans une lecture as-
sidue des romans de chevalerie ; son rival, Louis XI,
n'en lisait pas, il lisait son temps. Cette chevalerie,
puisée dans les livres, est celle que persifla Cervantes ;
c'est grâce à de pareilles lectures que le pauvre chevalier de la Manche avait forgé ses chimères.

Au moyen âge, la chevalerie n'appartient pas à un
pays européen en particulier, mais à tous ; elle dépasse
même l'Europe, et se retrouve partout où les chrétiens ont porté leurs pas et leurs armes, en Syrie et
en Palestine, à Athènes et à Constantinople. Il n'en
est pas moins vrai qu'une portion de l'Europe a été le
théâtre d'un développement plus complet des sentiments et des mœurs chevaleresques : c'est le midi de
de la France. Dans les pays de langue provençale, la
chevalerie a eu ses doctrines plus précisées, plus
arrêtées ; elle a été plus complétement organisée en
un système régulier que partout ailleurs. Là aussi,
elle a eu plutôt une poésie savante et raffinée, la poésie
des troubadours. Dès le commencement du douzième
siècle, Marcabrus exprime déjà dans ses chansons les
thèmes de galanterie qui ont été développés depuis à
l'infini ; tout prouve que ces thèmes avaient été traités

avant lui, et qu'ils étaient déjà lieux communs de son temps.

Cette science amoureuse, cultivée et perfectionnée dans les pays de langue provençale, avait, comme une véritable science, sa terminologie, sa nomenclature. La théorie des sentiments chevaleresques a été habilement analysée et exposée par M. Fauriel dans son cours sur la poésie des troubadours. Le principe de toute chevalerie, dans les doctrines provençales, c'était ce qu'on appelait le *joy*, mot dont le sens était fort différent de ce que nous entendons par *joie*, et qui exprimait plutôt l'exaltation amoureuse, principe de toute grande et belle chose. Il faut connaître cette acception donnée alors à ce mot *joy* pour se rendre compte de plusieurs faits et de plusieurs étymologies. Ainsi, dans le code espagnol, la joie est recommandée comme un devoir aux chevaliers ; on ne leur prescrit pas pour cela d'être toujours d'humeur réjouie, mais d'ouvrir leur âme à cette exaltation, à cet enthousiasme d'où naissent les grandes choses ; c'est en ce sens que l'épée de Charlemagne s'est appelée *joyeuse*, de là vient que le mot italien *un tristo* veut dire un homme mauvais, presque un scélérat, le contraire de *joyeux*, c'est-à-dire de brave, d'exalté. Dans la doctrine provençale, il y avait des distinctions, des grades parfaitement séparés, et par lesquels il fallait passer successivement. On était d'abord *feignaire*, hésitant, puis *prégaire*, priant, *entendaire*, écoutant, et *druz*, ami.

Chaque degré de l'échelle amoureuse avait son nom ;
tout était disposé dans une symétrie parfaite ; c'était
à la fois une science et un code.

Mais de ce que la galanterie chevaleresque a été
plus complétement et plus régulièrement organisée
dans le midi de la France, il ne faudrait pas en conclure que la chevalerie n'a existé et n'a fleuri que là ;
comme je le disais, les différents pays de l'Europe y
ont participé dans une inégale mesure. Ce fond commun cultivé par les influences provençales était antérieur à ces influences ; elles ne tardèrent pas à se
propager dans la Catalogne, pays de langue provençale, puis dans la Castille. Mais l'Espagne était naturellement chevaleresque, elle l'est encore aujourd'hui
plus qu'aucune contrée de l'Europe ; il y a dans toutes
les classes en ce pays, depuis le grand jusqu'au paysan, quelque chose qui sent et rappelle la chevalerie.
Au delà des Pyrénées, tout le monde est noble, et la
raison en est dans l'histoire ; il n'y a pas dans le passé
des vaincus et des vainqueurs, tous ont vaincu ensemble, tous ont reconquis l'Espagne sur les Maures,
chacun a pris part à ce grand tournois de sept siècles,
qui a fini sous les murs de Grenade. La chevalerie
mauresque, moins grandiose, mais plus élégante que
la chevalerie castillane, a aussi laissé une empreinte
sur les mœurs et le caractère espagnol. Le nord de
l'Italie fut ouvert de bonne heure aux influences provençales : portée en Sicile par les Normands, la che-

valerie y fleurit, surtout sous la maison de Souabe ;
cette maison venait des pays qui, en Allemagne, étaient
le centre, le foyer de la vie chevaleresque. On voit,
dans la chronique d'Ottocar de Hornek, ces mœurs
chevaleresques des Souabes aux prises avec la barbarie
des Hongrois. Rien n'est plus curieux que l'étonnement de ces bons Souabes en présence d'un ennemi
qui n'entend pas la chevalerie ; les Hongrois sont des
Huns qui sortent d'Asie, qui arrivent avec leurs grands
arcs, leurs longues flèches ; les chevaliers allemands,
peu accoutumés à cette manière de guerroyer, qui
n'est pas selon les règles, font prier les Hongrois, *au
nom des dames*, de combattre plus civilement, l'épée
à la main, d'après la coutume de Souabe : les Hongrois répondent en perçant de flèches les parlemen-
taires et les autres chevaliers.

L'Angleterre a toujours été plus aristocratique que
chevaleresque ; dans les siècles qui suivent la conquête,
la chevalerie n'y a qu'un représentant fort incomplet,
Richard *Cœur de Lion*, et encore, par sa poésie provençale ou française, il tient aux troubadours et aux
trouvères, et par eux à la France. A la fin du moyen
âge, Édouard III et son fils le prince Noir apparaissent
bien environnés d'une auréole chevaleresque assez brillante ; mais cette auréole brille un peu tard, après un
long contact de l'Angleterre et de la France, et, je
crois, par l'influence de la chevalerie française.

Tels sont les divers théâtres sur lesquels la chevaleric se développe dans des proportions diverses. Il reste à dire un mot de ses différents âges, des changements qu'elle a subis, des transformations par lesquelles elle a passé. J'ai déjà eu occasion de parler des trois âges de la chevalerie, auxquels correspondent nos trois plus anciens prosateurs, Villehardouin, Joinville et Froissart. Le mâle Villehardouin représente l'âge héroïque où la guerre domine et l'emporte sur la galanterie; Joinville, la chevalerie, que l'influence des femmes a rendue déjà moins sévère, plus courtoise, la chevalerie qui fait dire au sénéchal combattant les infidèles : « Nous parlerons de ceci dans la chambre des dames. » Enfin Froissart peint la chevalerie en décadence, celle qui est plus dans les souvenirs et dans les imaginations que dans la réalité, qui fait une sorte d'exception à cette réalité, aux mœurs violentes, brutales, cupides, qui règnent presque sans partage, et parmi lesquelles se trouvent disséminées, on ne sait comment, quelques lueurs de chevalerie. Cette succession que nous ont présentée ces trois écrivains, nous la retrouverons dans d'autres monuments de la littérature du moyen âge. Les deux grands cycles épiques, celui de Charlemagne et celui de la Table-Ronde, se rapportent aux deux grandes périodes de la chevalerie. Les poëmes du cycle de Charlemagne peignent en général la chevalerie guerrière dans sa grandeur, dans sa sévérité, quelquefois dans sa sauvagerie primitive, et les poëmes de la Table-Ronde, un grand

nombre d'entre eux au moins, postérieurs en général,
par leur composition, aux poëmes carlovingiens, représentent le second âge de la chevalerie, l'âge de la
chevalerie galante et gracieuse. Quant à la chevalerie
déchue, elle n'a pas de représentant dans la poésie
épique et ne pouvait en avoir. La galanterie chevaleresque existe bien dès le principe, elle est aussi ancienne que le moyen âge; mais elle ne domine pas
d'abord. C'est dans les romans de la seconde période
qu'on voit, par exemple, ce qu'on n'a pas vu jusque-là,
les dames armer les chevaliers, conférer l'ordre de
chevalerie, et la lance qu'il est le plus glorieux de
rompre dans les tournois s'appelle la lance des dames.
Enfin, dans la troisième époque, la chevalerie abjure
son principe de désintéressement, de générosité, en
se vendant, en se louant à qui veut la payer, en faisant
une sorte de négoce de la rançon des prisonniers : c'est
ce qu'on trouve à toutes les pages de Froissart. Alors
les chevaliers tournent aux chefs de bande, aux *condot-
tieri*, et cependant quelques restes et comme quelques
échos de l'exaltation chevaleresque se prolongent encore au milieu d'un monde si étranger à cette exaltation.

Pour suivre l'histoire de l'esprit chevaleresque, il
est bon de comparer ce qu'à différentes époques différents auteurs du moyen âge présentent comme l'idéal
du chevalier. Dans les âges qui suivirent, à partir du
quinzième siècle, cet idéal s'altéra toujours davantage;

des idées qui, dans le principe, lui étaient entièrement étrangères, y entrèrent, et ont fini par s'y associer étroitement. Ainsi, quand on parcourt ces recueils des seize et dix-septième siècles qui portent le nom de *Théâtre d'honneur*, *Théâtre de chevalerie*, et qui contiennent à la fois des traits de la chevalerie du moyen âge et des additions qu'y ont apportées les siècles suivants, on trouve, à côté des anciennes prescriptions, de nouveaux règlements dictés par des opinions nouvelles. Dans ces recueils, il est dit que le chevalier doit combattre pour le bien public, pour son pays, être fidèle à son prince, ne pas recevoir de récompense d'un prince étranger, idées entièrement étrangères et souvent contraires aux idées de la chevalerie du moyen âge. Cette dépendance à l'égard d'un prince ou d'un pays répugne à l'essence de l'ancienne chevalerie, espèce de grande république dont chaque chevalier était un citoyen indépendant. Ce vieil esprit d'indépendance chevaleresque et la supériorité reconnue, au moyen âge, de la chevalerie sur tout le reste se trahissent parfois, même dans ces recueils qu'a déjà pénétrés l'esprit monarchique, par certaines restrictions apportées aux préceptes nouveaux : par exemple, il est dit que le chevalier doit donner un an et un jour à une entreprise qu'il a commencée, bien qu'il soit rappelé pour le service de son roi et de son pays. Voilà la chevalerie primitive, plus féodale que monarchique, plus individuelle que politique. Plus tard, la

monarchie et la politique ont voulu s'emparer de la
chevalerie, l'enrôler à leur service, et l'auraient tuée,
si elle n'eût pas été déjà morte. C'est le fantôme de
la chevalerie qui a été au service de l'État, de la monarchie. La chevalerie vivait de sa propre vie, était
en dehors du gouvernement, avait son principe en
elle-même, supérieur à la distinction des nations et
aux puissances établies. La religion seule pouvait
disputer la chevalerie à l'amour. *Dieu et ma dame*, tel
était le cri, la devise du chevalier au moyen âge. Ce
ne fut que plus tard, et quand la chevalerie n'existait
plus réellement, qu'on ajouta : *Et mon roi.*

Le déclin assez prompt de la chevalerie ne doit pas
étonner. La chevalerie élevait l'homme si fort au-dessus
de lui-même, qu'il devait naturellement retomber
bientôt. Plus cet idéal qu'elle proposait était sublime,
plus il avait chance de recevoir des démentis nombreux. La preuve en est dans ces témoignages aussi
anciens que la chevalerie elle-même, et qui attestent
que dès-lors elle ne régnait pas dans sa pureté et que,
née à peine, elle était déjà corrompue. Elle avait donc
en elle, dès son principe, un germe de mort ; au reste,
toutes les institutions humaines en sont là, toutes ap-
portent en naissant ce qui doit les faire mourir. Le
quinzième siècle porta à la chevalerie le dernier coup
par l'établissement des armées permanentes. Alors le
courage fut enrégimenté, la discipline remplaça l'esprit d'aventures ; les armes à feu achevèrent la des-

truction de la chevalerie ; le canon établit une formidable égalité entre les guerriers à pied et les guerriers
à cheval, entre la vaillance exaltée et le courage tranquille. A Crécy, où parurent les premières pièces d'artillerie, elles tiraient sur la chevalerie et battaient en
brèche le moyen âge, préparant l'assaut qu'allaient
lui livrer les générations et les idées nouvelles. L'A-
rioste ne s'y est pas trompé ; dans son poëme, Roland
jette au fond de la mer avec indignation l'arme foudroyante du roi Cimosco, qui fut, dit-il, plus tard retrouvée par le démon, son inventeur, et il adresse à
cette arme une imprécation véhémente : « Par toi la
gloire militaire est détruite, par toi le métier des
armes est sans honneur. »

On a tenté à plusieurs reprises de relever l'institution de la chevalerie : à la fin du seizième siècle,
en 1589, l'archevêque de Bourges, à la clôture des
états généraux, en fit la proposition ; mais on ne put
pas plus rétablir la chevalerie qu'on ne peut rétablir
une religion à laquelle personne ne croit ; on ne rend
pas la vie au passé. La poésie chevaleresque elle-même
a prophétisé, pour ainsi dire, l'état du monde après
qu'elle aurait disparu, dans l'histoire d'Ogier, un des
personnages du cycle de Charlemagne ; Ogier revient
sur la terre au bout de deux cents ans ; tout a changé,
et nul ne sait ce qu'il veut dire quand il parle de l'âge
chevaleresque de Charlemagne, âge dont personne ne
se souvient plus.

III

SENTIMENTS CHEVALERESQUES

Après avoir envisagé la chevalerie dans son ensemble, j'en étudierai successivement les éléments principaux : d'abord ce qui forme la portion intérieure, l'âme de la chevalerie, savoir, les sentiments ; puis ce qui en forme la portion extérieure et comme le corps : les mœurs et les institutions.

J'ai déjà dit que les sentiments fondamentaux de la chevalerie pouvaient se ramener au sentiment de générosité et à l'amour chevaleresque ; le double caractère de ces deux sentiments est l'exaltation d'une part, et la délicatesse de l'autre. En effet, la vie du chevalier est une exaltation perpétuelle de religion, de vaillance, d'amour, de poésie. Cette exaltation tient à l'élan général qui, au commencement du moyen âge, élève et emporte, pour ainsi dire, toutes les âmes : élan qui, dans divers ordres de faits, produit les croisades, l'émancipation des communes et le mouvement ascendant de l'architecture appelée gothique. Rien n'est donc plus naturellement en harmonie avec le caractère de cette époque que l'exaltation chevaleresque; la délicatesse est plus étrangère aux habitudes du moyen âge. Cette délicatesse, qui se manifeste alors dans la poésie des troubadours et qui est poussée jusqu'au raffinement, tient à deux causes : au christianisme d'abord, et je reviendrai sur la part que le christianisme peut réclamer dans la chevalerie ; puis, à la situation des femmes, à la nature des sentiments qu'elles inspirent. Ce dernier point mérite d'être examiné avec quelques détails, et, bien que ce sujet puisse paraître étrange, il est cependant nécessaire de l'aborder ; l'histoire littéraire est l'histoire de la pensée et de l'âme humaine. L'histoire de la pensée humaine m'a conduit quelquefois dans le champ épineux de la théologie ; aujourd'hui, l'histoire de l'âme humaine m'entraîne sur un tout autre terrain, qui a aussi ses épines, mais que je ne saurais éviter. En parlant des sentiments qui sont l'âme de la chevalerie, je suis forcé de m'arrêter sur celui de ces sentiments qui y a joué le plus grand rôle, sur l'amour chevaleresque. Il faut donc que le lecteur se suppose pour un moment transporté dans une cour d'amour, dont je tâcherai d'être le très-impartial et très-grave rapporteur.

En Orient, rien ou presque rien ne ressemble à l'amour chevaleresque : la passion y est ivresse et délire ; les agitations, les jalousies, les fureurs du harem, se trahissent rarement dans les chants des poëtes orientaux ; un de nos grands écrivains, Montesquieu, les a exprimées admirablement dans les *Lettres persanes*. La femme, en Orient, étant presque partout renfermée, peut être une esclave adorée, mais ne peut être ce qu'elle était au moyen âge, une souveraine, une dame, *domina*.

Dans les traditions épiques de l'Inde, la femme joue un rôle analogue à celui que nous lui avons vu jouer dans les traditions homériques. Le *Ramayana* roule en partie sur les aventures de Sita, transportée dans l'île de Ceylan, et que Rama va reconquérir avec l'aide de son ami, le roi des singes ; Sita est, comme Hélène, une épouse qu'il s'agit de rendre à son époux ; seulement elle est plus fidèle qu'Hélène, mais c'est le même sentiment, le sentiment conjugal, qui est au fond de cette histoire. Le charmant drame de *Sacountala* respire toute la grâce et toute l'ivresse de la passion orientale ; mais ici encore la femme n'est point l'égale de l'homme ; et les paroles pleines de charme que Sacountala adresse au roi Douchmantas, attestent, au milieu des plus tendres effusions, une situation inférieure et subordonnée.

La Chine est peu chevaleresque ; mais comme la civilisation y est extrêmement avancée, il en résulte qu'on rencontre, dans la littérature de ce pays, des raffinements, sinon pareils, du moins égaux à ce que la littérature européenne présente en ce genre de plus délicat et de plus subtil. Ainsi, dans un roman chinois traduit en anglais, *l'Heureuse union*, vous verrez un véritable héros de roman. C'est un jeune homme qui va secourant les belles opprimées, qui arrache une jeune fille de condition inférieure à un ravisseur puissant, qui, plus tard, délivre l'héroïne du roman des embûches que lui tendent un jeune débauché et un magistrat prévaricateur; après ce beau trait qui a inspiré à la jeune fille une juste reconnaissance, quand toutes les circonstances extérieures sont favorables à leur mariage, survient une difficulté qui naît d'une délicatesse de sentiment propre aux mœurs chinoises. Le jeune homme a excité l'inimitié du méchant magistrat; celui-ci a cherché à le faire empoisonner, et la jeune fille, pour sauver la vie de son libérateur, a été obligée de le recueillir dans sa maison en l'absence de son père. Bien que tout se soit passé avec une convenance parfaite; bien que le héros et l'héroïne ne se soient parlé qu'à travers un rideau suspendu dans la chambre où ils s'entretenaient, cependant tous deux, malgré leur attachement mutuel, refusent de s'épouser, parce qu'on pourrait croire qu'ils se sont vus avant de se marier, ce qui est, en Chine, la dernière des inconvenances; il faut que l'empereur et l'impératrice interviennent à la fin du roman, pour faire passer les amants sur ce singulier scrupule. Tout cela est fort loin de nos mœurs et des sentiments chevaleresques du moyen âge; mais je mentionne ce roman, parce qu'il montre, au bout du monde, certaines délicatesses, certains raffinements excessifs en matière d'honneur et de galanterie.

Il n'y a guère, en Orient, qu'une littérature qui pré-

sente quelque chose d'analogue à l'amour chevaleresque, c'est la littérature arabe. Dans le curieux
roman d'*Antar*, rédigé, au second siècle de l'hégire,
d'après des traditions plus anciennes et des récits qui
remontent aux temps antérieurs à la venue de Mahomet, le personnage principal est représenté comme le
champion des femmes de la tribu ; son premier exploit
a pour objet de protéger une d'elles ; l'amour d'Antar
pour la belle Ibla est le mobile principal de ses actions,
de ses faits d'armes ; c'est pour elle qu'il combat, sou-
pire et chante : Antar est un chevalier et un troubadour du désert. A ces exceptions près, si l'on y joint
quelques passages des chants du Radjastan, on peut
dire que l'Orient, pris en masse, ignore assez complétement l'amour chevaleresque. L'antiquité ne l'a pas
connu davantage, la condition des femmes s'y opposait. En Grèce, il n'y avait que l'obscur gynécée fermé
aux hommes, ou la scandaleuse et brillante existence
d'Aspasie.

A Rome, la femme intervenait davantage hors du
cercle de la vie domestique ; l'histoire romaine en
offre quelques exemples assez remarquables, et l'on
a fait souvent observer que deux révolutions s'y
accomplirent pour venger l'honneur d'une femme. La
matrone romaine était plus haut placée que l'épouse
grecque. Cependant plusieurs dispositions de la loi
romaine attestent l'infériorité de la position des femmes : dans le droit romain, l'épouse est considérée

comme la fille de son époux et la sœur de son fils.
L'opinion publique, telle que nous pouvons la recueillir dans les auteurs de l'antiquité, est tout à fait d'accord avec ces dispositions de la loi ; ainsi, Strabon,
parlant des Cantabres, chez lesquels l'homme apporte
en se mariant une dot à sa femme, voit là une gyno-
cratie, un empire, un ascendant de la femme, qu'il
juge très-dangereux, et qui, dit-il, n'est pas d'un pays
bien civilisé. D'un tel état de choses devait résulter ce
qui se rencontre dans la poésie antique, et ce que j'ai
déjà fait remarquer : c'est que l'amour est toujours
considéré comme une faiblesse et par suite comme un
fléau, une malédiction, un châtiment envoyé par les
dieux, un obstacle à tout ce qui est grand et héroïque.
Pour se convaincre qu'il en est ainsi, il suffit de parcourir les traditions antiques depuis la guerre de
Troie ; *Amour, tu perdis Troie !* Dans l'*Iliade*, Hélène
est vingt fois maudite comme la cause de tous les
maux qui accablent les Grecs et les Troyens, bien que
les vieillards pardonnent à sa beauté ; dans l'*Odyssée*,
Calypso arrête Ulysse : l'amour est toujours un empê-
chement, jamais une excitation à l'héroïsme. Les traditions de la Grèce sont pleines d'exemples pareils ;
c'est à cause de son amour que Médée tue son père et
ses enfants, que Phèdre est conduite au meurtre et
au suicide.

O haine de Vénus ! ô fatale colère !

Didon meurt pour qu'Énée exécute l'ordre des
dieux et pour que la destinée de Rome s'accomplisse.
Enfin, dans l'histoire romaine, s'il est un personnage
dominé par l'ascendant d'une femme, et qui, sous ce
rapport, ressemble à un chevalier du moyen âge, c'est
Antoine. Eh bien? que produit son amour pour Cléopâtre? Il l'entraîne fugitif avec elle sur les flots, et lui
fait perdre l'empire du monde. Ainsi, chez les anciens,
dans la fable et même dans l'histoire, l'amour est
constamment un principe de mal, un obstacle au
bien, un mauvais génie. L'amour chevaleresque, au
contraire, est un bienfait du ciel ; c'est le complément
de l'existence du chevalier ; sans lui, il ne peut rien ;
avec lui et par lui, il peut tout. Ce sentiment, alors
même qu'il n'est pas partagé, est encore un bien pour
le chevalier : c'est un honneur pour moi, dit un troubadour parlant de sa dame, que son amour me gou-
verne. Puis ce sentiment, se répandant au dehors,
aspire à glorifier son objet, et alors il produit de
grandes aventures, de beaux faits d'armes. A tout
moment, dans la littérature du moyen âge, on voit
cette association de l'amour et de la vaillance, le premier comme principe, comme cause constante de la
seconde, et non-seulement dans les poëtes, mais
même dans les récits des chroniqueurs. Dans une
chronique autrichienne, un vieux guerrier, le maréchal de Carinthie, exhortant son armée au moment
du combat, s'étend longuement sur la nécessité, pour

chacun des chevaliers présents, de combattre brave-
ment, afin d'être agréables à leurs dames : « Accom-
plissez de tels faits d'armes, leur dit-il, que les
dames, dans notre pays, disputent entre elles quel a
été le plus vaillant. »

L'amour n'était pas seulement le principe de la
vaillance guerrière, mais encore de toutes les vertus,
de toutes les qualités sociales, de tout ce qui produi-
sait l'élégance et la délicatesse des mœurs; de là le
singulier emploi du mot *amour*, qui fut pris au moyen
âge dans un sens extrêmement étendu, extension dont
on ne peut se rendre compte si on n'en connaît le motif.
Ainsi, il existe en italien un ouvrage écrit au quatorzième siècle, par Barberini, et qui est intitulé : *Enseignements d'amour* ; c'est un traité de savoir-vivre, de
belles manières. Le principe de toute élégance, dans
la sphère des idées chevaleresques, était l'amour, et
le nom de la cause s'étendait à ses effets. Dans Froissart, le mot *amoureux* est souvent employé dans un
sens très-différent du sens ordinaire, non comme un
état passager de l'âme, mais comme qualité perma-
nente, une vertu : ainsi, en parlant de Venceslas, roi de
Bohême, Froissart dit qu'il fut noble, sage et amoureux. Froissart entendait par là que Venceslas possédait toute l'élévation et toute la délicatesse de sentiment, toute la perfection de savoir-vivre qu'exprimait
alors le mot amoureux.

L'amour chevaleresque donnait lieu à des engage-

ments spirituels qui empruntaient les formes de la
féodalité : le chevalier prêtait serment entre les mains
de sa dame, comme le vassal entre celles de son seigneur ; il devenait son homme lige. Le troubadour
Peguilain le dit expressément. Un autre troubadour,
faisant allusion à cette association des idées chevaleresques et de la féodalité, appelle sa dame *beau seigneur*, et déclare tenir d'elle terres et château. — On
m'a reproché de confondre la chevalerie et la féodalité ; je ne crois pas mériter ce reproche ; je crois distinguer ces deux choses qui sont fort différentes,
quoique, dans plusieurs circonstances, comme dans
celle-ci, elles offrent des points de contact ; la féodalité
est l'histoire du moyen âge, et la chevalerie en est le
roman, mais c'est un roman historique.

Le premier axiome de la doctrine de l'amour chevaleresque, c'était l'incompatibilité absolue de cet
amour avec le mariage. D'autre part, peu importait
qu'une dame fût mariée, qu'un chevalier fût marié ;
sans qu'il y eût le moindre sujet de scandale, la dame
et le chevalier n'en contractaient pas moins un engagement indissoluble.

Dans le poëme de Gérard de Roussillon se trouve
un exemple curieux et caractéristique de ce genre de
relation. J'emprunte la traduction que M. Fauriel a
donnée de ce morceau :

« Charles, qui sera, si l'on veut, Charles Martel ou
Charles le Chauve, aime et épouse, à ce qu'il paraît,

d'autorité une dame que le romancier ne nomme pas, mais dont il fait la fille ou la parente d'un empereur de Constantinople. Cette dame et Gérard s'aimaient depuis longtemps, et le comte aurait pu la disputer au roi ; mais, par générosité et dans l'intérêt même de celle qu'il aime, il croit ne point devoir la priver de la couronne impériale, il consent à ce qu'elle épouse l'empereur et se résigne à prendre de son côté pour femme Berthe, la sœur de son amie. Les deux mariages se sont faits, à ce qu'il paraît, dans le même temps et dans le même lieu, et le moment est venu où les deux couples vont se séparer pour se rendre chacun à sa demeure et à ses affaires respectives.

« Ce moment donne lieu à une scène doublement remarquable, et par l'importance qu'elle a dans la suite du roman, et comme un exemple frappant de ce que la galanterie chevaleresque était au douzième siècle dans les mœurs et les idées provençales.

« Au poindre du jour, Gérard conduisit la reine sous un arbre à l'écart, et la reine menait avec elle deux comtes de ses amis et sa sœur Berthe. — Que dites-vous, femme d'empereur, fait alors Gérard, que dites-vous de l'échange que j'ai fait de vous pour un moindre sujet ? — Bien est-ce vrai, seigneur, vous m'avez faite impératrice et vous avez épousé ma sœur pour l'amour de moi ? Mais ma sœur, est-il vrai aussi, est un objet de haut prix et de grande valeur. Écoutez-moi, comtes Gervais et Berthelais, vous, ma chère

sœur, confidente de mes pensées, et vous surtout,
Jésus, mon rédempteur, je vous prends pour garants
et pour témoins qu'avec cet anneau je donne à jamais
mon amour au duc Gérard, et que je le fais mon
sénéchal et mon chevalier. J'atteste devant vous tous
que je l'aime plus que mon père et que mon époux,
et, le voyant partir, je ne puis me défendre de pleurer.

« Dès ce moment dura sans fin l'amour de Gérard
et de la reine l'un pour l'autre, sans qu'il y eût jamais
de mal ni autre chose que tendre vouloir et secrètes
pensées. »

Ce qui appartient ici aux mœurs provençales et au
commencement du moyen âge existait encore à la fin
de cette époque, et se retrouve à une autre extrémité de l'Europe. Dans un ouvrage fort curieux qu'un
trouvère allemand du quatorzième siècle, nommé
Ulric de Lichtenstein, a écrit sous le titre de *Frauendienst,* service des dames, et qui contient un récit de
sa vie et de ses aventures, on trouve ce passage : « Je
chevauchais vers un lieu où il m'arriva quelque chose
de fort agréable vers mon épouse, qui m'était chère
autant qu'il est possible, bien que j'eusse choisi une
autre femme pour être ma dame. » Vous voyez que
les sentiments conjugaux ne souffraient pas de ce singulier partage, et la preuve en est dans le roman
même de Gérard de Roussillon. Gérard et Berthe sont
fidèles l'un à l'autre, et l'impératrice est fidèle à son

époux; le lien romanesque qui l'unit à Gérard subsiste jusqu'à la fin du roman, sans donner le moindre ombrage à Berthe ni à l'empereur.

L'amour chevaleresque étant identifié, dans l'opinion et dans la poésie, avec tout ce qui était élevé, étant le principe de toute générosité, de toute vaillance, de toute courtoisie, il en résultait un très grand respect et pour cet amour lui-même et pour tout ce qui lui ressemblait, pour tout ce qui portait son nom, mais n'était pas toujours digne de le porter, par suite une assez grande indulgence pour les égarements de cette passion. Les héros, les martyrs de l'amour chevaleresque, et même souvent d'un amour qui n'était pas tout à fait chevaleresque, furent l'objet d'une sorte de religion. Je raconterai plus tard, en détail, la singulière histoire du troubadour Guillaume de Cabestaing et de la belle Marguerite; c'est là même aventure que celle qu'on a mise en scène sous le nom de Coucy et de Gabrielle de Vergy. L'époux qui avait tiré de la trahison de sa femme une atroce vengeance méritait certainement d'être odieux; mais dans le déchaînement qui soulève contre lui tout ce qui avait la prétention d'appartenir à la chevalerie, et dans la sympathie passionnée qui se déclara de toutes parts pour ces deux victimes, on sent une espèce de fanatisme. Il y eut, disent les anciens biographes des troubadours, une croisade de tous les amants contre l'époux; le roi Alphonse vint de son royaume d'Ara-

gon pour le combattre. Il fit enterrer Cabestaing et
Marguerite devant la porte de l'église de Perpignan;
et ce fut l'usage que les chevaliers du pays célébras-
sent le jour de leur mort, et que tous les vrais amants,
hommes et femmes, priassent Dieu pour le salut de
leur âme. Souvent l'indulgence et la sympathie sont
poussées encore plus loin. L'auteur du poëme de
Tristan prend constamment, contre le roi Marc, le
parti de Tristan et d'Iseult, malgré les reproches
qu'ils ont à se faire; tous ceux qui ont le malheur
de donner au roi quelques avis de la conduite des
amants sont traités, dans le récit, avec la dernière
aigreur, et l'auteur ne manque jamais de remarquer
que Dieu les a punis, et qu'ils ont fait mauvaise fin.
Dante aussi témoigne la plus tendre sympathie pour
les amants célèbres que son orthodoxie le force à
damner. Théologien gouverné par le dogme, il les
livre à d'affreux supplices; mais, poëte nourri de la
littérature et des sentiments chevaleresques, il leur
voue une sorte de culte; ils sont pour lui les victimes
d'une religion et les martyrs d'une autre.

L'exaltation de l'amour fut poussée jusqu'à l'extravagance: ce qui se trouve dans les romans de chevalerie de plus insensé, je dirai presque ce qui se trouve
de plus ridicule dans *Don Quichotte*, a été égalé dans
la réalité. Un troubadour qui a eu des torts envers sa
dame se fait arracher un ongle pour la désarmer.
Elle exigeait cette étrange marque de son repentir.

Ulric de Lichtenstein ayant été blessé au doigt dans un tournoi entrepris en l'honneur de sa dame, et celle-ci ne voulant pas croire à la réalité de sa blessure, il prend le parti de se couper le doigt et de le lui envoyer. Bernard de Ventadour dit, dans une de ses poésies, que l'amour enflamme tellement son cœur, qu'il pourrait aller sans vêtement et n'être pas incommodé par le froid. Ce qui est ici une hyperbole ridicule a été presque complétement réalisé par toute une secte. Au moyen âge, de même qu'il y avait des mystiques de la religion, il y eut des mystiques de l'amour. Ceux-ci s'appelaient les *Galois;* c'était une association, une espèce de franc-maçonnerie amoureuse, composée d'hommes et de femmes; pour montrer que l'amour était supérieur aux influences des saisons et des éléments, ils allumaient de grands feux pendant l'été, et l'hiver ils portaient des vêtements légers, si légers qu'un grand nombre moururent de froid aux pieds de leurs dames; c'est le dernier terme de l'exaltation, dépassant toutes bornes et aboutissant au plus parfait ridicule.

Comme une impulsion violente produit toujours une réaction, il y eut, dans le moyen âge, des réfractaires, des opposants à cette religion de l'amour chevaleresque. Je ne parle pas ici des infidélités pratiques à la sévérité de la doctrine, on en pourrait citer de nombreux exemples, mais des réclamations qui s'élevaient fréquemment contre la théorie elle-même, du sein de la poésie qui en était l'organe. L'un des plus anciens troubadours, Marcabrus, blasphéma contre l'amour, et Raimbaud de Vaqueiras osa dire, en propres termes, qu'on pouvait faire quelque chose de bien et de beau sans aimer.

Ici doivent se placer aussi ces poésies satiriques se renouvelant à toutes les époques du moyen âge, qui attaquent l'amour chevaleresque et provoquent une vive polémique pour et contre les femmes. Cette polémique fut reprise au seizième siècle par Martin Lefranc, auteur du *Champion des dames*, et par ses adversaires. Ses deux derniers produits sont la satire un peu brutale de Boileau contre les femmes et le poëme un peu fade de Legouvé en leur honneur. Ainsi, l'amour chevaleresque fut une véritable religion qui eut ses sectateurs, ses dogmes, sa morale, et, pour que rien n'y manquât, ses dissidents et ses hérétiques.

IV

MŒURS CHEVALERESQUES

Ce sont les sentiments qui font les mœurs, les mœurs sont des sentiments transformés en habitudes : aussi l'étude des sentiments chevaleresques m'a déjà conduit à dire quelque chose des mœurs de la chevalerie, et, en parlant des mœurs, je serai obligé de

revenir sur les sentiments. Et d'abord, je dois faire
remarquer que l'idéal des sentiments et des mœurs
chevaleresques ne s'est jamais complétement réalisé;
la faiblesse de la nature humaine n'a pu permettre
qu'il en fût autrement. Ces sentiments et ces mœurs
furent un type abstrait, un but élevé qu'on n'atteignit
pas toujours, et dont on resta souvent fort éloigné;
mais ils provoquèrent de nobles efforts, et par là exer-
cèrent une grande influence sur la vie réelle. A ceux
qui penseraient que l'idéal chevaleresque a été composé d'après les romans, que l'imagination a été ici
plus vraie, en quelque sorte, que la vie; à ceux qui
croiraient que la vie elle-même n'a été qu'une poésie
en action imitée de la poésie écrite, à ceux-là je ré-
pondrais par les faits que j'ai déjà cités, par ceux que
je citerai encore, et qui tous établissent que la chevalerie a existé. Si l'idéal chevaleresque ne s'est jamais
réalisé d'une manière absolue, où trouver un système
de moralité dont on ne puisse en dire autant? Le système le plus parfait et le plus divin de tous, le système
de la morale chrétienne, n'a été à aucune époque
pratiqué dans sa rigueur; il n'en a pas moins exercé
une action puissante sur les temps barbares et sur
les temps corrompus, bien que ces temps soient restés
à une grande distance de l'idéal chrétien. Dans l'histoire de la chevalerie, on trouve toujours des voix qui
s'élèvent pour se plaindre de sa décadence, pour affirmer qu'il faut remonter encore plus haut pour la

trouver dans toute sa pureté ; mais si l'on en concluait qu'elle est une pure chimère, il faudrait tirer une semblable conclusion de ce que, dans tous les siècles, des voix se sont fait entendre au sein de l'église chrétienne, pour affirmer qu'elle était dans un temps de décadence, qu'il fallait remonter plus haut pour arriver à la pureté primitive, et nous savons même que ces âges primitifs de l'église n'étaient pas irréprochables ; nous trouvons sur ce sujet, dans les Pères, des confidences assez singulières. Même dans les cachots des martyrs, il y avait place pour certaines faiblesses de cœur ; à une époque encore plus reculée, les épîtres de saint Paul nous montrent dans les premières églises de grands désordres ; comme dit Saint-Réal, rien n'est pur parmi les hommes.

La chevalerie a fait comme la religion, elle a modifié les mœurs dans le sens de son principe ; c'est la plus grande influence qu'une institution puisse avoir en ce monde. Certainement la générosité n'a pas dominé dans les mœurs du moyen âge ; il n'en est pas moins vrai que c'est à la chevalerie qu'appartiennent presque toutes les actions généreuses de ces temps ; c'est l'esprit de la chevalerie qui inspirait au Prince Noir ces égards délicats dont sa noble courtoisie entourait le vaincu de Poitiers

La libéralité, vertu chevaleresque par excellence, avait sa source dans le sentiment de générosité. La libéralité fut portée souvent jusqu'à l'excès et jus-

qu'au délire, dans cette assemblée de Beaucaire, par
exemple, où l'on vit dix mille chevaliers chercher à
se surpasser en magnificence et en prodigalité. Le
comte de Toulouse donna à Raimond d'Agout cent
mille pièces d'argent en pur don; celui-ci s'empressa
de les distribuer à ses chevaliers. Un autre imagina
de faire labourer un champ et d'y semer trente mille
pièces. Enfin, un troisième, ne sachant comment témoigner son mépris des richesses, fit venir trente
chevaux superbes et les brûla. Ces faits attestent, par
leur extravagance même, la généreuse exaltation que
la chevalerie avait donnée aux âmes. Nous avons
remarqué que les deux caractères des sentiments chevaleresques étaient l'exaltation et la délicatesse. La
délicatesse, — chose si nouvelle alors, et qu'on est
si surpris de rencontrer au milieu d'une société dont
le fond est la violence, — la délicatesse passant dans
les mœurs produit la courtoisie, qui forme un contraste extraordinaire avec la brutalité inhérente à ces
mœurs, et que l'antiquité ne connaissait pas; l'antiquité eut des mœurs élégantes, splendides, volup-
tueuses, mais non des mœurs courtoises. Ceci tenait
à l'absence des femmes, au moins de femmes res-
pectées. L'antiquité eut l'équivalent de nos clubs actuels et des petits soupers du dernier siècle, mais
elle n'a pas eu de salons : les salons sont nés des cours,
qui, comme le nom l'indique, ont donné naissance
à la courtoisie; les nombreuses cours des souverains

féodaux étaient, au milieu de la barbarie universelle, autant de foyers d'une élégance relative. La courtoisie pénétra les âmes qui en semblaient le moins susceptibles, et jusqu'à l'âme fougueuse de Dante. Outre tous ses autres mérites, sa poésie a un charme et un parfum de courtoisie remarquable : c'est toujours avec une extrême politesse de langage qu'il adresse la parole, même aux damnés.

Le sentiment qui faisait le fond de l'amour chevaleresque, le culte de la femme, se répandant sur l'ensemble des mœurs, débordant hors de lui-même en quelque sorte, et, outre le dévouement exclusif pour la dame choisie, s'appliquant, dans une mesure différente, à toutes les dames, telle fut la galanterie. La galanterie, dont le nom résonne maintenant comme un nom frivole, a été un élément de civilisation, a amené une amélioration immense dans la condition des femmes, et, par suite, dans toute la société.

Un autre sentiment qui a influé sur les mœurs du moyen âge et sur les mœurs modernes, et dans lequel se retrouvent les deux caractères de la chevalerie, l'exaltation et la délicatesse, c'est le sentiment de l'honneur. L'antiquité connaissait plus la vertu que l'honneur ; pour les anciens, la vertu consistait surtout dans les rapports de l'individu à la société, du citoyen à la patrie. Mais cette moralité qui a son principe et son but en elle-même, à laquelle l'individu suffit, ce sentiment de dignité personnelle qui lui fait

avant tout un besoin de son propre respect et ensuite
lui rend nécessaire le respect des autres hommes,
l'estime de ses pairs ; ce sentiment fut assez étranger
à l'antiquité.

Le point d'honneur, qui est le raffinement de l'honneur, appartient encore plus exclusivement aux temps
modernes, a encore plus évidemment sa source dans
les habitudes de la chevalerie. En effet, qu'est-ce que
le point d'honneur? C'est cette susceptibilité ombra
geuse qui éloigne non-seulement une lâcheté, une
honte, mais l'idée de la plus légère hésitation en matière d'honneur et de courage ; qui repousse non-seulement l'outrage, mais l'ombre d'une insulte ; qui
protége avec le soin le plus jaloux la bonne renommée,
que représente enfin si bien un emblème qui est devenu un lieu commun, *l'écu sans tache*. Les héros des
romans de chevalerie sont tout à fait en règle sous ce
rapport ; il en résulte même une perfection quelquefois un peu monotone et fatigante ; les héros de l'antiquité ne sont pas ainsi. Dans l'*Iliade*, Hector fait trois
fois le tour des murs de Troie en fuyant devant Achille,
et n'en a pas trop l'air embarrassé. Comme l'a dit
Rousseau dans sa lettre sur le duel : « Caton pro-
posa-t-il un duel à César après tant d'affronts réciproques, ou Pompée à César? Le plus grand capitaine
de la Grèce fut-il déshonoré pour avoir été menacé
d'un bâton? » Cette susceptibilité plus inquiète des
modernes, ce soin plus jaloux de l'honneur remonte

par son origine aux sentiments chevaleresques.

Je vais citer quelques faits qui montreront ces sentiments en action avec une exaltation quelquefois bizarre, souvent piquante à force d'être prononcée. Le
tournoi, la joute, le pas d'armes, furent de brillantes
manifestations de l'esprit chevaleresque. Je n'entrerai
pas dans les détails de la législation des tournois, je
ne raconterai pas minutieusement tout ce qui s'y passait ; mais je veux mettre en relief quelques traits
empruntés à des récits de tournois et de pas d'armes
d'une époque peu ancienne, pour faire voir combien
cette portion des mœurs chevaleresques a subsisté
long-temps.

Dans la première moitié du quinzième siècle, en 1434,
un chevalier espagnol, nommé Suerro de Quinones,
se posta sur la grande route qui menait à Saint-
Jacques de Compostelle, et déclara qu'il romprait des
lances avec tous ceux qui passeraient par ce chemin ;
il fit vœu d'en rompre trois cents en trente jours.
Suerro nous a laissé un récit de ce pas d'armes. Il fit
publier des clauses conformes aux lois de la chevalerie, et auxquelles devaient se soumettre tous ceux
qui se présenteraient ; quelques-unes sont curieuses,
et respirent encore à cette époque avancée la générosité et la courtoisie de l'ancienne chevalerie. Les voici :

« Tout chevalier étranger trouvera là des chevaux
ou des armes, sans que moi ou mes compagnons nous
nous donnions le moindre avantage.

« Trois lances seront rompues avec tout chevalier qui se présentera ; on tiendra pour rompue celle qui enlèvera un chevalier de la selle ou fera couler du sang.

« Chaque honorable dame qui passera par ce lieu ou à une demi-heure de distance, et qui n'aura pas de chevalier qui veuille soutenir pour elle le combat, perdra le gant de sa main droite.

« Lorsque deux chevaliers ou plus viendront pour dégager le gant d'une dame, le premier sera seul admis.

« Comme il y a beaucoup d'hommes qui n'aiment pas véritablement et pourraient désirer de dégager le gant de plus d'une dame, on ne le leur permettra point, et on ne rompra pas plus de trois lances avec chacun d'eux.

« Trois dames de ce royaume seront nommées par les hérauts d'armes pour assister à l'entreprise comme témoins, et pour garantir, par leur témoignage, ce qui s'y passera. Mais j'assure que la dame à qui j'appartiens ne sera pas nommée, malgré mon respect pour ses grandes vertus.

« Le premier chevalier qui se présentera pour dégager le gant d'une dame, recevra un diamant.

« Si un chevalier éprouvait un dommage dans sa personne ou sa santé, comme il arrive trop fréquemment au jeu des armes, je le soignerai comme moi-même aussi longtemps qu'il sera nécessaire, et plus longtemps encore. »

Le manifeste se termine ainsi :

« Qu'il soit connu à tous les seigneurs du monde, à tous les chevaliers et nobles qui entendront parler des conditions de ce combat, que si la dame que je sers venait sur cette route, elle doit passer librement, sans que sa main droite perde son gant, et aucun autre chevalier que moi ne doit combattre pour elle ; car à nul il ne convient de le faire aussi bien qu'à moi. »

Ceci fut envoyé solennellement par Suerro à la cour de Castille, avec une requête qu'il adressait à tous les chevaliers, rois et princes du monde, leur représentant qu'ayant fait vœu de briser trois cents lances en trois mois, il avait besoin de nombreux adversaires ; il priait donc, au nom des dames, tous les chevaliers de venir à son aide. Il fit de grands préparatifs pour la réception des opposants, et sa mère lui envoya une noble dame pour les soigner. Tout se passa dans le plus grand ordre et selon les règles de la plus parfaite courtoisie. Cependant un chevalier, dans le nombre, fut tué. Suerro envoya chercher un prêtre pour réciter des prières sur le mort ; mais l'Église n'accordait pas la sépulture chrétienne à ceux qui périssaient dans les tournois : le prêtre refusa, et la victime du passe-temps chevaleresque fut enterrée hors de la terre sacrée avec de grands honneurs ; puis, l'on continna le divertissement. Beaucoup d'incidents sont racontés ; j'en citerai quelques-uns. Deux dames passaient avec deux chevaliers, on leur demande de déposer leur gant jusqu'à ce qu'ils soient dégagés; mais les chevaliers répondent qu'ils vont en pèlerinage à Saint-Jacques de Compostelle, et qu'ils ne connaissaient pas les lois du pas d'armes. Alors on leur rendit les gants de leurs dames, et on leur dit qu'il y avait là un grand nombre de chevaliers prêts à les dégager en rompant des lances pour toutes les dames inconnues; qu'un entre autres s'était chargé pour sa part de dégager les gants de toutes les dames qui viendraient à passer sans chevalier. Un noble castillan se présente, et demande l'ordre de la chevalerie à Suerro pour pouvoir le combattre; Suerro l'arme chevalier et le combat. Chacun, d'après les conventions, devait briser seulement trois lances; mais un certain Mendoza, qui descendait du Cid, après avoir brisé les siennes, demanda à en briser d'autres encore pour toucher sa dame, car il ne s'était engagé dans ces aventures que dans le dessein de lui plaire. Suerro lui répond : «Vous n'avez qu'à déclarer qui est votre dame, et je me rendrai près d'elle, je lui dirai combien son amant est un brave chevalier ; mais rompre plus de trois lances est contre les lois du pas d'armes. »L'ardeur pour la joute était si grande, qu'un trompette de Lombardie vint jouter avec son instrument contre un tro pette castillan, et fut vaincu. Au bout du mois, soixante-huit chevaliers avaient fourni sept cent vingt-sept courses; mais, avec toute la bonne volonté possible, Suerro n'avait brisé que cent-soixante lances. Cependant les juges du camp le dégagent de

son vœu, et lui font déposer le collier de fer qu'il devait porter au col jusqu'à l'accomplissement de ce vœu ;
puis l'on dresse un procès-verbal qui déclare le vœu
accompli. Ceci se passait un peu plus d'un siècle avant
Cervantes, et c'est ce qui fait comprendre don Quichotte ; tout extravagant qu'il est, il n'est pas si complétement en dehors des mœurs de son temps qu'on
pourrait le croire, ce qui donne une sorte de vraisemblance à sa folie. Le pas d'armes de Suerro Quinones
n'est pas le seul fait de ce genre ; il en est d'autres
d'une époque encore postérieure. Lord Surrey, au seizième siècle, défia tous les chevaliers qui passeraient
sur un pont de l'Arno, pour leur prouver que sa dame,
la belle Géraldine, était supérieure en beauté à toutes
les autres dames ; **on a les termes du défi de ce lord
Surrey, qui appartient aussi à l'histoire littéraire,
comme auteur de sonnets élégants.** Ce défi est fort
semblable à ceux que proposait le chevalier de la Manche ; il était adressé à tous ceux qui pouvaient tenir
une lance et qui étaient amoureux, Turcs, Juifs, Sar-
razins ou Cannibales, et fut proclamé sous l'autorisa-
tion du grand duc. Un nombre considérable de chevaliers se présentèrent, et furent battus à la grande
gloire de la belle Géraldine ; Ceci se passait entre Luther et Bacon. Surrey vint rencontrer en Angleterre une
terrible réalité, le très-peu chevaleresque Henri VIII,
et se heurter contre le billot. Catherine Howard y avait
laissé sa tête, et il y laissa la sienne.

Outre les tournois et les pas d'armes qui étaient des combats innocents, dans lesquels on se tuait quelquefois par accident, sans que cet accident tirât à conséquence, il y avait des rencontres à fer aigu, vrais duels entrepris souvent, malgré leur nature homicide, sans haine, pour plaire aux dames et pour les glorifier. On observait, au milieu de la mêlée, dans les guerres réelles, les lois de la chevalerie : ainsi l'on s'abstenait de porter certains coups. Il reste quelque chose de ces mœurs dans les duels des étudiants allemands de nos jours : certaines blessures sont interdites ; et les paysans norvégiens décident, par une convention préalable, jusqu'à quelle profondeur il sera permis d'enfoncer le couteau.

La chevalerie errante, qui paraît ce qu'il y a de plus fabuleux dans toute la chevalerie, a une origine réelle. et M. Fauriel l'a retrouvée dans les mœurs provençales dès le douzième siècle. Seulement elle paraît avoir été un état passager qu'on embrassait pour un temps, et qu'on quittait ensuite, plutôt qu'une profession pour toute la vie. Mais le mot et la chose existaient, et Raimbaud de Vaqueiras, saisi d'un désespoir amoureux, va se jeter dans la chevalerie errante. Plus tard, nous voyons, chez Brantôme, que Galéas de Mantoue, reconnaissant de ce que la reine Jeanne de Naples avait dansé avec lui, fit vœu d'être chevalier errant jusqu'à ce qu'il eût amené aux pieds de la princesse deux chevaliers captifs, et il accomplit son vœu. Voici quel-

ques détails d'une expédition de chevalerie errante
bien réelle et bien bizarre le héros et le narrateur est
Ulric de Lichtenstein, ce troubadour allemand du quatorzième siècle, qui a écrit le *Frauendienst*. Après
avoir fait part de son projet à sa dame, il part comme
pour aller en pèlerinage à Rome, s'arrête à Venise, se
fait faire des habits de femme, prend le nom de *dame
Vénus*, et annonce qu'en l'honneur des dames, et pour
montrer ce qu'on doit faire pour elles, il ira de Mestre
jusqu'en Bohème, défiant tous les chevaliers qu'il
rencontrera. Ceux qui rompront une lance avec dame
Vénus, recevront d'elle un anneau qui rendra toujours plus belle celle à qui il sera donné. Si dame Vénus
renverse un chevalier, celui-ci s'inclinera vers les
quatre points cardinaux en l'honneur d'une dame. Si
un chevalier renverse dame Vénus, il aura tous les
chevaux qu'elle conduit avec elle.

Puis il se met en route, suivi de ses écuyers et de
deux ménestriers qui l'accompagnent en faisant de la
musique. Il éprouve d'abord quelques difficultés pour
commencer son aventure; en arrivant à Trévise, le
podestat s'y oppose, car l'autorité civile n'aimait pas
plus la chevalerie que l'autorité religieuse, et il a
quelque peine à obtenir la permission de rompre ses
lances; il faut que toutes les dames de Trévise se
réunissent pour supplier le podestat d'accorder cette
permission; le podestat ne peut rien refuser aux dames, la joute a lieu sur un pont. et il va sans dire

qu'Ulric triomphe d'un grand nombre de rivaux. Le
lendemain, deux cents dames de la ville l'attendaient à
sa porte pour le conduire à l'église; l'une d'elles portait son manteau; toujours habillé en dame Vénus, il
vient à l'église et prie Dieu dévotement. En sortant, il
est accompagné par les dames, qui adressent pour lui
des vœux au ciel. « Depuis, dit-il, j'ai eu à cause de
cela beaucoup d'honneur, car Dieu ne peut rien refuser aux nobles dames. » Dans une autre ville, une
jeune fille vint à lui, tenant une lance, et lui dit : « Le
seigneur Mathias m'envoie vous souhaiter la bien-
venue; il m'a dit de vous apporter cette lance et vous
prie de la lui briser sur le corps. » Le vœu du seigneur
Mathias est exaucé par Ulric, qui fait la même faveur
à un grand nombre de chevaliers, tout en rendant la
plus complète justice à leur bravoure, et en portant
même l'impartialité, le désintéressement chevaleresque
jusqu'à témoigner une grande admiration pour les
coups qu'il reçoit. « *Dans une belle rencontre*, dit-il, le
comte Berthold de Gratz, à travers mon bouclier et
mon armure, me blessa la poitrine. » Cet accident ne
l'empêcha pas de continuer sa route, ne manquant
jamais, dans son bizarre costume, d'aller entendre la
messe pour sanctifier la journée; il brisa trois cent
sept lances et termina glorieusement son aventure.

Un autre récit moins strictement historique, mais
qui peint bien l'exaltation des sentiments chevaleresques, c'est l'histoire du vœu du héron, racontée

par Froissart et mise en vers par un poëte du quatorzième siècle. Le roi Édouard III est à table, entouré de ses chevaliers; Robert d'Artois, qui a trahi la France, va tuer un héron à la chasse. Le héron passait, au moyen âge, pour le plus lâche des oiseaux. Il l'apporte dans la salle du festin royal, le présente à chacun des convives en le sommant de faire un vœu, de promettre qu'il accomplira quelque entreprise. Édouard, le premier, fait vœu d'entrer en France, et d'être roi à Saint-Denis avant six ans. Le comte de Salisbury, qui était auprès de sa dame, la prie de vouloir bien de sa belle main lui clore un œil; la demande est octroyée, et le comte s'engage à ne plus ouvrir cet œil qu'il ne soit venu en France et n'y ait brûlé un certain nombre de villes. Chaque chevalier cherche à surpasser les autres par l'audace et la difficulté des entreprises qu'il fait vœu d'exécuter. Alors la reine, ayant demandé au roi la permission de faire aussi son vœu, et l'ayant obtenu, déclare qu'elle ne mettra au monde le fils qu'elle porte dans son sein que quand elle sera sur la terre de France; elle ajoute que, s'il voulait naître plutôt, elle le détruirait à coups de couteau, et perdrait ainsi son âme. Ce dernier trait fait voir que de degré en degré l'exaltation chevaleresque pouvait aller jusqu'à la férocité.

Ce qui achève de caractériser les mœurs chevaleresques, c'est l'empire qu'on leur voit exercer sur toutes les classes de la société.

Dans les villes où le commerce était opulent et avait créé une bourgeoisie puissante, comme à Valenciennes, les bourgeois exécutaient des joutes à l'imitation des jeux chevaleresques ; ces joutes avaient le nom particulier de *toupinures*. Des ordres purement religieux eurent des armoiries qui allaient assez mal avec l'humilité de leur état. Il y eut des chevaliers de Saint-Jean, de Saint-Pierre, et même des chevaliers de la Sainte-Inquisition. Quand les légistes vinrent opposer l'empire du droit romain à la féodalité, la grande considération dont ils furent investis, surtout dans certains pays, comme à Bologne, leur fit attribuer le titre de chevaliers, ce qui introduisit la chevalerie dans la jurisprudence ; il y eut des chevaliers-jurisconsultes, *miles juris*. Les femmes même, qui étaient les idoles de la chevalerie, ne se contentèrent pas de l'inspirer, elles voulurent aussi en partager l'honneur. Ainsi, les chanoinesses de Sainte-Gertrude, en Brabant, après le noviciat étaient faites *equitissæ*, chevalières ; on leur donnait la colée. Élisabeth, en montant sur le trône, voulut recevoir la chevalerie à son couronnement. L'empreinte des mœurs chevaleresques se montre dans les noms des jeux les plus usuels. Ainsi, le nom de *dames* fut donné à un jeu qui auparavant en portait un autre (*tesseræ*). Les échecs n'avaient pas, en Orient, le personnage de la dame ; c'était le visir qui était placé à côté du roi. Le génie de la galanterie occidentale fit une *dame* de la pièce qui a la marche la plus libre et décide la partie. Les cartes, inventées aussi en Orient, probablement en Chine, ne portaient pas d'abord les figures qu'elles portèrent en Europe à la fin du quatorzième siècle ; le choix des personnages montre bien le mélange des idées chevaleresques avec les idées bibliques et classiques, mélange qui régnait à cette époque dans les esprits. En regard de David est Charlemagne, Hector à côté de Lancelot. Un jeu de cartes est une image, que sa confusion même rend assez fidèle, de l'état de l'imagination à la fin du moyen âge.

Enfin, dans la langue même, il est resté une foule de locutions empruntées aux usages et aux mœurs de la chevalerie. Avant d'être de vagues formules de galanterie, elles eurent un sens positif, elles exprimèrent des coutumes réelles. Ainsi, cette expression : *porter les fers d'une dame*, provient de l'usage où l'on était de porter une chaîne au bras jusqu'à l'achèvement d'une aventure entreprise pour mériter l'amour d'une dame ; porter *sa chaîne, ses fers*, ce n'était donc pas une figure, c'était une réalité qui tenait à l'emploi symbolique du lien. Or, au moyen âge, on portait un lien dans beaucoup de circonstances : les débiteurs, en signe de leurs dettes ; les pénitents, en signe de leur pénitence. *Délier* d'un serment a la même origine. Ces exemples prouvent à quel point la chevalerie avait pénétré dans les mœurs et dans ce qui peint le plus naïvement les mœurs, dans le langage.

Il reste, pour terminer cette esquisse des mœurs
chevaleresques, à indiquer ce qu'elles sont devenues
depuis le moyen âge jusqu'à nos jours. Déjà au quatorzième siècle elles s'altéraient considérablement ; on le
voit dans Froissart. Froissart voudrait bien qu'il n'y
eût que de la chevalerie dans le monde ; mais il est
trop clairvoyant pour ne pas s'apercevoir qu'il y a
autre chose, et trop naïf pour ne pas le laisser voir.
Il montre perpétuellement, en contraste, des perfidies
atroces et des exemples plus rares d'une loyauté exaltée, des libéralités prodigues et des cupidités effrénées,
des passions d'une brutalité grossière et des sentiments
d'une galanterie recherchée ; partout, dans ce tableau
du quatorzième siècle, tracé avec l'intention de mettre la
chevalerie en relief, partout on voit à côté d'elle ce qui
n'est pas elle et ne lui ressemble pas. La chevalerie
paraît exister encore ; mais, à vrai dire, c'est son
cadavre qui semble vivre ; elle est un peu comme le
Cid, qui, après sa mort, fut placé sur son cheval
Babieça, et qui, emporté par lui dans la mêlée, paraissait encore triomphant tout mort qu'il était. Au quinzième siècle, les désastres, la misère universelle font
perdre de plus en plus le sentiment de l'exaltation
et de la délicatesse chevaleresques. Sainte-Palaye
voit dans canne Darc une résurrection de la chevalerie. Bien que la tradition ait mis dans ses mains *la
joyeuse* de Charlemagne, je vois en elle une apparition de la patrie qui va naître, plutôt que de la

chevalerie qui s'en va. En effet, le mot *patrie*, qui n'existe pas encore, va être créé par Dubellai, parce que le temps en est venu, et que les mots suivent les choses.

Louis XI porta le coup de mort à la féodalité, et la féodalité était identifiée à la chevalerie. Pendant que toutes deux périssent en France, la chevalerie se ranime à la cour des ducs de Bourgogne. Cette chevalerie n'est pas naïve, mais artificielle; elle n'est pas primitive, mais ressuscitée ; elle est faite d'après les livres. L'opulence que répandaient dans les états des ducs de Bourgogne le commerce et l'industrie de leurs villes, l'entoure d'un grand éclat; mais cet éclat ne naît pas de ce qui avait fait le fondement de la chevalerie : il naît de ses brillants accessoires; il se manifeste par les pompes, les fêtes et les machines. C'est alors qu'on invente l'ordre, moitié mythologique, moitié galant de la Toison-d'Or. Enfin c'est dans le duché de Bourgogne que paraît, en regard de la figure impassible de Louis XI, la figure ultra-chevaleresque de Charles le Téméraire : don Quichotte héroïque, qui, comme le premier, a les plus grandes qualités, mais qui seulement se trompe sur son temps. Au seizième siècle, on tente, en France, d'imiter ce qu'on a fait au quinzième chez les ducs de Bourgogne. François Ier, sous l'influence des romans de chevalerie et des poëmes italiens, aspire à recomposer artificiellement une chevalerie; il se fait armer par Bayard. Les dames

viennent à sa cour, et la galanterie reparait dans les
mœurs françaises.

Mais bientôt le contraste que Froissart nous a présenté au quatorzième siècle, se montre ici bien plus frappant encore. A côté de cette chevalerie renouvelée, se
dessinent la politique anti-chevaleresque de cette époque, les cruautés des bandes mercenaires qui se disputent l'Europe, le fanatisme religieux, et les haines des
partis. La tentative de François Ier avorte, et la chevalerie meurt dans le tournoi où périt Henri II. L'historien de ce temps n'est plus Froissart, mais Brantôme,
et c'est en dire assez pour rappeler à l'imagination
combien on est loin de l'idéal chevaleresque. A la fin
du siècle, Henri IV, par sa valeur et par l'empire qu'eurent sur lui les dames, par cette carrière aventureuse
à travers laquelle il marche à la conquête de son
royaume, un peu comme les chevaliers de romans
allaient conquérir un trône à Babylone ou à Trébi-
sonde, Henri IV tient, à quelques égards, du chevalier,
et même du chevalier errant; mais il est bien isolé,
car je ne vois, autour de lui, que le sévère Sully, le
froid Mornay, le fanatique et spirituel d'Aubigné;
et lui-même, à ses côtés chevaleresques, allie des
qualités très-différentes, une extrême habileté, une
finesse gasconne, qui percent sous la bonhomie de
ses manières. D'ailleurs la mobilité de ses sentiments, l'inélégance de ses habitudes, l'éloignent encore du type chevaleresque; en somme, il tient du

héros, du politique et du soudard, plus que du chevalier.

Au dix-septième siècle, la féodalité-parti qui venait d'être écrasée par Richelieu comme la féodalité-puissance l'avait été par Louis XI, voulut encore, avant de s'ensevelir sous les marches du trône de Louis XIV, produire sa chevalerie, et cette chevalerie posthume fut la fronde : les dames armèrent les combattants. Mais la fronde s'usa dans de petites ambitions et des aventures fort différentes des aventures chevaleresques. Son troubadour fut Scarron, et son épopée *la Mazarinade*. Cependant une portion des mœurs et des sentiments chevaleresques se conserva dans une société choisie, dans la société élégante et raffinée de l'hôtel Rambouillet, qu'on appela la *société des précieuses*. Là, les anciennes théories de l'amour et de l'honneur furent de nouveau subtilisées, l'on en dressa des traités et même des cartes géographiques, comme la carte de Tendre ; on put se croire retourné au temps des cours d'amour, et le terrible cardinal fit discuter devant lui des thèses de galanterie.

La première portion de la vie de Louis XIV est elle-même toute remplie de réminiscences chevaleresques, et le nom de *carrousel* est encore là pour nous rappeler cette dernière représentation d'un tournoi dans lequel on vit aux prises les principaux personnages de la chevalerie et les principaux héros de l'antiquité, en vertu de cette alliance entre les souvenirs de la poésie chevaleresque et ceux de la poésie classique, qui a été le caractère dominant de notre scène.

A mesure que le règne de Louis XIV se prolongea, les idées sérieuses et sombres remplacèrent de plus en plus ces réminiscences chevaleresques, et en effacèrent de plus en plus les traces. On alla de madame de La Vallière à madame de Maintenon, de la galanterie à la religion ; il en résulta que les mœurs de la cour et, par suite, de la nation, désapprirent la galanterie chevaleresque, et qu'elle sortit des habitudes nationales. Et quand le règne de Louis XIV fut passé, on ne retrouva que la licence et le dérèglement. Le dix-huitième siècle fut rempli par de nouveaux intérêts ; la pensée agita toutes les grandes questions de la religion, de la philosophie et de la politique. Au milieu de ces préoccupations, et sous l'influence de la corruption introduite par la régence, ce qui pouvait rester de chevaleresque dans les sentiments disparut.

Les mœurs gardèrent une seule trace de l'ancienne courtoisie, ce fut la politesse des manières, l'urbanité du langage ; à l'époque où toutes les traditions du moyen âge, bonnes ou mauvaises, furent brisées, l'urbanité vint s'abîmer dans cette parodie de la rudesse de Sparte et de Rome, qui se donna le nom, aussi grossier qu'elle-même, de sans-culotisme.

Il est resté pourtant après tout cela, et il reste encore une certaine empreinte des mœurs et des sentiments chevaleresques, qui, dit-on, va s'effaçant tous les jours. Au premier rang est ce qui ne périra jamais chez nous, le sentiment de l'honneur, le point d'honneur qui ne fait encore que trop de nobles victimes ; enfin, ce qu'on appelle l'élégance, la distinction des manières, et qui remonte en droite ligne aux habitudes de la vieille courtoisie, de la vieille galanterie française ; c'est là ce qui subsiste encore des mœurs chevaleresques. Le torrent des siècles a déraciné l'arbre de la chevalerie ; la fleur de cet arbre puissant surnage seule sur les flots prêts à l'engloutir.

V

INSTITUTIONS CHEVALERESQUES

Après avoir étudié la chevalerie dans les sentiments qu'elle a développés, dans les mœurs qu'elle a créées, je vais l'étudier dans les institutions qu'elle a produites ; après avoir fait son histoire morale, je vais tâcher de faire son histoire politique.

Le principe politique de la chevalerie était ce principe dont s'effrayent aujourd'hui nos lois, et qui était si puissant au moyen âge, l'association ; au moyen âge, elle était partout ; les artisans se groupaient en confréries, les villes commerçantes formaient des ligues comme la ligue anséatique. La chevalerie elle-même était une grande association européenne, semblable à cet égard au clergé ; et, comme au sein du clergé furent fondées des associations particulières, des ordres religieux, de même, au sein de la chevalerie universelle, se formèrent des chevaleries particulières, des ordres chevaleresques.

J'ai déjà parlé de ce qui constituait la chevalerie comme ordre, comme classe. Quand il s'est agi d'établir la réalité de la chevalerie, j'ai dû rappeler les prérogatives dont jouissaient les chevaliers, et à côté de ces prérogatives les devoirs spéciaux qui leur étaient imposés. Je ne reviendrai pas sur ce point ; mais je ferai remarquer que la vie du chevalier, depuis le premier jour jusqu'au dernier, était soumise à une législation traditionnelle, qui en réglait et en gouvernait toutes les périodes. Dès l'enfance, on le préparait à sa condition future ; il commençait par des grades inférieurs ; il était d'abord page ou varlet, puis écuyer. En passant du premier grade au second, il était soumis à un cérémonial qui ressemblait assez à celui par lequel on s'élevait du rang d'écuyer au rang de chevalier. L'adolescent était conduit devant l'autel par ses parents, chacun d'eux tenant un cierge à la main, et là il recevait, comme plus tard le chevalier, le coup de plat d'épée, la colée ; c'était un premier degré dans l'initiation chevaleresque ; puis venait le second ; on était solennellement admis à faire partie du corps des chevaliers. Alors s'accomplissaient des cérémonies symboliques dont je parlerai lorsque je traiterai

des rapports de la chevalerie et de l'Église. Dès ce
moment on appartenait à un corps constitué; on
jouissait de certains priviléges, on avait le droit de
porter un certain costume; en un mot, on entrait
dans ce qu'on appellerait aujourd'hui une catégorie
sociale. La chevalerie, si elle était conférée avant
l'âge marqué pour la majorité, donnait la vie civile.
Quelquefois l'investiture chevaleresque précédait cet
âge, quelquefois elle était reçue beaucoup plus tard,
il y a des exemples de personnages qui ne furent créés
chevaliers qu'à cinquante ans ; d'autres le furent dès
le berceau. Ceux-ci étaient des princes et des personnages puissants, et cet abus se rapporte à l'époque
de la décadence de la chevalerie.

Il est si vrai qu'on appartenait à une société particulière quand on avait rang dans la chevalerie, qu'on
pouvait en être exclu, comme on pouvait être exclu
de la cléricature et excommunié de l'Église. Il y avait
des formules terribles pour la dégradation du chevalier; c'était une véritable excommunication chevaleresque. Le moyen âge entourait de symboles ex-
pressifs tous les actes de la vie, toutes les dispositions
de la loi et de la pénalité; de même que lorsqu'il
s'agissait de l'excommunication religieuse on em-
ployait, pour frapper l'imagination, ces moyens si
connus, les flambeaux renversés, les reliques des
saints traînées dans la poussière ou placées sur des
épines, de même, pour dégrader les chevaliers qui

s'étaient rendus indignes de ce titre, on avait recours
à des symboles qui n'étaient pas moins terribles. On
plaçait le chevalier déchu sur un échafaud, on brisait
ses armes pièce à pièce, et l'on en jetait à ses pieds
les débris ; on lui ôtait ses éperons, et ils étaient placés
sur un tas de fumier ; on coupait la queue de son
cheval ; on attachait son bouclier à la queue d'un autre
cheval, qui le traînait dans la poussière. Alors un
héraut d'armes demandait qui était là devant lui ;
trois fois on nommait le chevalier, et trois fois le héraut d'armes répondait : « Cela n'est point ; il n'y a
pas ici de chevalier, il n'y a qu'un lâche et un foi-
mentie. » Enfin l'on emportait le criminel sur une
civière dans l'église, et l'on récitait pour lui les prières
des morts ; car l'honneur était la vie du chevalier, et
le jour où il en était dépouillé, il n'était plus qu'un
cadavre.

Ainsi la chevalerie constituait un état réel, formait
une classe et un corps constitué dans l'État. Il y avait
des règles pour être admis dans ce corps comme il y
en avait pour être admis dans d'autres associations
du moyen âge ; il en était de la chevalerie comme des
diverses corporations dans lesquelles il fallait passer
par un certain noviciat avant d'avoir le titre de maître ;
on prenait ses grades pour être chevalier comme pour
être docteur.

Quant au rapport de la chevalerie comme institution, avec l'autre grande et universelle institution du

moyen âge, avec la féodalité, nous aurons quelques
distinctions à faire et quelques confusions à éviter. La
noblesse féodale a été souvent confondue avec la chevalerie. Il y a pour cela plusieurs raisons : d'abord
cette confusion s'est faite, jusqu'à un certain point,
dans les idées des hommes du moyen âge eux-mêmes.
Le mot *miles*, désignation ordinaire du chevalier,
s'appliquait aussi au noble, au seigneur féodal; d'autre
part, le mot *vassal*, qui exprime la dépendance de
l'homme lige vis-à-vis de son suzerain ; ce mot *vassal*
se prenait pour brave, vaillant, et, par suite, s'appliquait au chevalier. Ainsi, nous voyons que Taille-Fer,
l'ancien jongleur du onzième siècle, chantait à la bataille d'Hastings :

> . . . D'Olivier et des vassaux
> Qui moururent à Roncevaux.

De plus, les auteurs qui ont écrit à une époque où la
véritable chevalerie du moyen âge avait complétement
disparu, où il n'y avait plus qu'une chevalerie de cour,
qui s'était identifiée avec la noblesse, ont souvent pris
l'une pour l'autre. Enfin, ce qui a dû redoubler encore cette confusion, c'est que la chevalerie et la féodalité se faisaient des emprunts réciproques ; la féodalité s'efforçait de se mouler, pour ainsi dire, sur le
type idéal de la chevalerie. La chevalerie, d'autre
part, demandait à la féodalité ses formes, son langage, ses symboles. Il y avait dans la collation de

l'ordre de chevalerie quelque chose d'analogue à l'investiture féodale. Cependant il est certain que les deux choses étaient distinctes dans leur principe : des témoignages positifs l'attestent. On peut prouver, par divers passages tirés des édits de différents souverains, qu'on distinguait *militia*, c'est-à-dire la noblesse, la féodalité armée, de ce qu'on appelait *nova militia*, la nouvelle milice, *honor militaris*, l'honneur militaire, expressions qui désignaient la chevalerie elle-même. Un édit de Frédéric II, qui a pour but de faire de la noblesse une condition de la chevalerie, prouve qu'il n'en était pas ainsi auparavant ; les deux choses, la milice ou la noblesse féodale, et l'honneur militaire ou la chevalerie, y sont opposées nettement l'une à l'autre. Le texte de l'édit porte « que personne dorénavant ne soit élevé à l'honneur militaire (c'est-à-dire ne reçoive la chevalerie), s'il n'est de race noble. » Conrad, fils de Frédéric, écrit aux habitants de Palerme qu'il veut être fait chevalier. Bien qu'en vertu de la noblesse du sang que la nature lui a donnée, les commencements (*auspicia*) de l'honneur militaire ne manquent pas, cependant il désire ceindre le *baudrier de chevalerie* (*militiæ cingulum*). « Comme Notre Sérénité n'a pas encore reçu ce signe que la vénérable antiquité a consacré, nous avons choisi le premier jour d'août pour en décorer notre flanc avec la solennité du noviciat (*tirocinii*). » Ce passage curieux montre qu'on reconnaît une diffé-

rence entre l'honneur militaire, la chevalerie que confère le baudrier, et la noblesse du sang. D'autre part,
Conrad établit que la noblesse du sang est, jusqu'à un
certain point, un commencement de chevalerie, ce
qui ne l'empêche pas de vouloir l'obtenir d'une manière encore plus complète par une admission solennelle. Cet empiètement de la féodalité, qui fit de la
noblesse une condition de la chevalerie, eut donc lieu
d'abord en Allemagne; on le trouve à peu près vers
la même époque en Aragon. Selon Ducange, ce fut au
commencement du treizième siècle que le titre de
chevalier fut donné aux nobles de préférence, en sorte
que *miles* devint synonyme de gentilhomme; il cite
Adrien de Valois, qui dit avoir trouvé la première
trace de cette confusion dans une charte de 1266.
L'opinion de ces savants hommes s'accorde, comme
on voit, avec les faits mentionnés plus haut, et montre
que si la noblesse féodale a absorbé la chevalerie, et
a fini par être une condition de la chevalerie, il n'en
fut pas ainsi dès l'origine.

Jamais la chevalerie, bien que fortement envahie
par la féodalité, ne fut purement aristocratique;
jamais elle ne se recruta exclusivement dans l'aristocratie féodale, et à l'exclusion absolue des classes
bourgeoises et populaires. D'abord il y eut, à toutes
les époques, un certain nombre d'hommes appartenant à ces classes qui furent admis dans la chevalerie;
l'histoire des troubadours mentionne un assez grand

nombre de plébéiens que leur talent poétique éleva
au rang de chevaliers. D'autres causes conduisaient au
même résultat ; dans les moments de détresse, quand
la chevalerie avait été moissonnée par la guerre, on
la recrutait comme on pouvait dans les rangs de
toutes les classes de la société. Ainsi, lorsque la chevalerie de Philippe le Bel eut été presque complète-
ment exterminée par les Flamands, on fit une espèce
de levée en masse ; tout homme qui avait deux fils fut
obligé d'en armer un chevalier, et celui qui en avait
trois d'en armer deux. Frédéric Barberousse faisait
des chevaliers sur le champ de bataille avec des paysans, des soldats de son armée, qui avaient montré
du courage. Les auteurs qui rapportent ce fait le
déplorent comme attestant la décadence de la chevalerie ; mais ceci se passait au commencement du
douzième siècle, à une époque où elle était loin de
son déclin. Dans ces différents cas, les classes non
féodales sont admises à la chevalerie comme par une
sorte d'exception ; mais il y a, au moyen âge, une
véritable chevalerie démocratique. Sur plusieurs points
de l'Europe, la démocratie a participé aux sentiments
et aux mœurs chevaleresques ; M. Fauriel a montré
la présence de cette chevalerie démocratique dans les
républiques italiennes, à Florence en particulier ; il
a montré dans l'histoire des guerres de Florence une
foule de faits qui portent évidemment l'empreinte des
sentiments et des mœurs de la chevalerie. Telles sont

des joutes d'armes sous les murs des places assiégées,
joutes dont les héros sont tout aussi souvent des *popo-
lani* que des *nobili*, et qui ne sont pas plus rares quand
la démocratie a complétement le dessus, quand la
noblesse est chassée de Florence. Il cite aussi l'usage
de la *martinella*, grosse cloche qu'on sonnait quarante
jours avant d'entrer en campagne, pour avertir l'ennemi de se mettre en garde. C'était de ville à ville,
de peuple à peuple, un généreux défi, un véritable
cartel.

Pour prouver que les sentiments chevaleresques
furent le partage de la classe non féodale, il suffirait
de rappeler le grand nombre de troubadours sortis
de cette classe, qui, mieux que personne, ont éprouvé
et exprimé ces sentiments. Bernard de Ventadour
était fils d'un boulanger du château de ce nom ; Pierre
Vidal, d'un corroyeur ; Péguilain, d'un marchand de
draps ; Perdigon, d'un pêcheur ; Arnaud de Marveil,
l'un des troubadours les plus distingués, pour qui
le moyen âge n'a pas toujours été assez juste, était
né de pauvres parents. Dans une pièce de vers, intitulée *l'Enseignement*, est un passage remarquable sur
les *bourgeois :* « Il en est qui ont beaucoup de belles
qualités ; ils sont aimables, bons, joyeux. (*Joyeux* est
toujours employé pour désigner l'exaltation chevaleresque.) Lorsqu'ils ne sont pas trop riches, ils savent
parler poliment ; dans les cours, ils se montrent
agréables et empressés de plaire ; ils s'entendent au

service des dames, à la danse et aux tournois. » Ce
sont toutes les perfections du chevalier que ce troubadour bourgeois prête à la bourgeoisie.

Dans certaines villes d'Allemagne, existait une
grande bourgeoisie en lutte avec la noblesse féodale,
et protégeant souvent contre elle les citadins et les
marchands. C'était ce que l'on appelait des bourgeois
chevaleresques, *ritterliche bürger*. Ils étaient armés
comme les chevaliers dont ils avaient les mœurs, et
même ils fréquentaient les tournois.

Maintenant, si nous examinons les rapports de la
chevalerie, non plus avec l'institution féodale, mais
avec le pouvoir central, le gouvernement, nous serons
frappés d'un fait qui n'a peut-être pas été assez remarqué ; on aperçoit souvent que la chevalerie fait un
certain ombrage à l'autorité ; c'était une puissance
qui avait en elle son principe indépendant ; cette puissance et ce principe pouvaient paraître une cause de
résistance, comme la féodalité, comme le clergé ; de
là un mauvais vouloir caché de l'autorité pour la chevalerie. Depuis que la société, vers la fin du moyen
âge, commençait à devenir de plus en plus régulière,
que la police des États modernes commençait à s'établir et à se fonder, l'esprit indépendant, aventureux,
excentrique, de la chevalerie, pouvait être fort gênant
pour cette police nouvelle et pour le gouvernement
qui tendait à la faire prévaloir. Nous avons vu que,
lorsque Ulric de Lichtenstein s'avise de courir le

monde en dame Vénus pour rompre des lances à tous
venant, la puissance civile montre peu de goût pour
cette singulière manière d'agir, par laquelle le bon
ordre est troublé; que le podestat de Trévise ne se
soucie nullement d'autoriser de pareilles rencontres,
et ne cède qu'à la prière des dames. On pourrait citer
beaucoup d'exemples de cette opposition du gouvernement à la chevalerie, opposition que motivait suffisamment tout ce qu'il y avait d'imprévu, de désordonné dans les inspirations et les habitudes chevaleresques. Cervantes, qui arrive toujours au plus grand
effet comique en laissant l'idée chevaleresque se développer complétement en présence de la société et en
contraste avec elle; Cervantes a eu le sentiment de
cette opposition; et, pour être très-divertissant, il
s'est borné, comme à l'ordinaire, à faire appliquer
par son héros les maximes de la chevalerie dans
toute leur rigueur. Don Quichotte rencontre des galériens, il s'approche d'eux et leur demande si c'est de
leur plein gré qu'on les conduit aux galères ; ces hommes affirment qu'ils n'y vont que parce qu'ils y sont
forcés. « Vous êtes donc des opprimés, des faibles
qu'on accable? dit don Quichotte ; je suis un chevalier ; la chevalerie m'ordonne de prendre parti pour
vous. » Il met la sainte hermandad en fuite et délivre
les galériens qui reconnaissent ce service par une
grêle de pierres. Plus tard on apporte à leur libérateur
un mandat d'amener ; son étonnement n'a pas de

bornes et il s'écrie : « Quel est l'ignorant qui a signé un mandat d'amener contre moi? Qui ne sait que les chevaliers errants sont hors de toute juridiction criminelle, qu'ils n'ont de loi que leur épée, de règlements que leur prouesse, de codes souverains que leur volonté? » En effet, la chevalerie avait ses lois, ses règlements, son code, et si l'on en suivait l'esprit jusqu'aux dernières conséquences, on arrivait comme don Quichotte à délivrer les voleurs et à mettre la maréchaussée en déroute.

Je termine en disant un mot des ordres chevaleresques, institutions particulières au sein de l'institution générale. Ces ordres doivent être divisés en deux classes ; on doit distinguer les ordres sérieux nés la plupart des croisades, ayant un but réel, et dont les principaux sont les templiers, l'ordre de Saint-Jean de Jérusalem, l'ordre des chevaliers teutoniques; et les ordres frivoles, postérieurs aux premiers, et n'ayant aucun but important, tels que l'ordre de la Jarretière, celui de la Toison-d'Or, etc. Quant aux ordres sérieux, ils avaient, outre les règlements généraux que l'usage imposait partout à la chevalerie, des règlements spéciaux. Comme les ordres monastiques, ils avaient une règle et un chef, et, au sein de cette organisation plus forte, plus serrée, déployaient avec d'autant plus d'énergie les qualités chevaleresques. Leur mobile était bien la générosité, la protection des faibles; car ils furent institués pour protéger les pèlerins en Terre-Sainte, et pour secourir ce qui ne pouvait se défendre, le tombeau même du Christ. Leur caractère monastique leur interdisait l'autre mobile de toute chevalerie, l'amour ; dans leur chevalerie religieuse, austère, le culte des dames ne pouvait trouver place, mais ce culte absent fut représenté par un dévouement particulier à la Vierge ; ainsi, les chevaliers de Malte, dernière transformation des hospitaliers de Saint-Jean de Jérusalem, invoquaient la Vierge en recevant leur épée. Les chevaliers teutoniques prenaient le nom de chevaliers de la Vierge ; les terres qu'ils conquéraient sur les infidèles du nord de l'Europe, ils les appelaient terres de Marie ; ils avaient donc aussi leur dame, la dame céleste, *la dame de tout le monde*, comme s'exprime une légende du moyen âge. Ainsi les sentiments fondamentaux de la chevalerie, soumis à une organisation puissante qui participait de la discipline d'un camp et de la sévérité d'une règle, donnèrent au monde le spectacle de la fortune si brillante de ces ordres qui conquirent des provinces, fondèrent des villes, des empires même ; l'ordre des chevaliers teutoniques est devenu, comme on sait, la monarchie de Frédéric.

Les différentes phases de la vie des ordres religieux correspondent aux périodes successives que nous avons signalées dans la vie générale de la chevalerie ; ils commencent par l'enthousiasme le plus pur, le plus désintéressé, par un admirable dévouement de cha-

rité ; les hospitaliers, avant d'être les glorieux chevaliers de Rhodes, et de jouer un rôle dans l'histoire,
furent, comme leur nom l'indique, de simples hospitaliers se consacrant à servir les malades en Palestine.
L'ordre belliqueux des chevaliers teutoniques, qui
conquit une partie du nord de l'Europe, fut fondé par
quelques Allemands de Brême et de Munster, qui se
trouvaient au siége de Saint-Jean d'Acre, et qui, sous
leurs pauvres tentes, couvertes d'une voile de vaisseau,
recueillirent et soignèrent les pestiférés et les blessés.
Les commencements des templiers sont aussi tou-
chants ; mais bientôt se développent dans cet ordre
l'ambition et la cupidité ; la vaillance y subsistant toujours, les passions mondaines, les intérêts mondains
y pénètrent de plus en plus ; l'histoire de l'ordre et sa
fin tragique sont là pour l'attester. L'ordre de Saint-
Jean de Jérusalem n'a pas fini tragiquement comme
les templiers : il a péri dans la frivolité ; ce grand ordre
de Saint-Jean de Jérusalem, et plus tard des chevaliers de Rhodes,

Rhodes des Ottomans le redoutable écueil.

est devenu l'ordre de Malte, qui, à la fin, n'était plus
qu'une décoration insignifiante et une sorte de dé-
bouché pour les cadets de famille. Ce passage du sérieux à l'insignifiant se remarque dans la succession
même des différents ordres, aussi bien que dans l'histoire de ceux que je viens de citer. Ainsi, après les

ordres sérieux sont venus les frivoles ; les princes ont
voulu s'emparer de la chevalerie qui expirait, et faire
d'une puissance indépendante un instrument de leur
propre puissance. Ils ont fondé des ordres dont ils
étaient le centre, dont ils traçaient eux-mêmes les règlements, les statuts, dont ils déterminaient tout le
cérémonial ; ils y ont été conduits par une coutume
du moyen âge ; les grands seigneurs féodaux donnaient à leurs chevaliers leur devise, leur livrée,
c'est-à-dire leurs couleurs. Il en résultait une confra-
ternité qui était dans les mœurs féodales ; entre autres
exemples, on cite celui de Louis II, duc de Bourbon,
qui assembla ses nobles à Moulins, en 1564, et leur
donna pour devise le mot *espérance* ; c'était, en petit,
ce qui fut fait en grand plus tard pour les ordres plus
célèbres, comme ceux de la Jarretière et de la Toison-
d'Or. Dès 1330, Alphonse, roi de Castille, avait fondé
l'ordre de l'Écharpe ; le plus ancien, en France, est
celui de l'Étoile, créé par Jean, en 1351 ; les considé-
rants de l'édit sont curieux : « Les chevaliers, ô douleur ! négligeant la beauté de l'honneur et de la gloire,
se rabaissent au soin de leur utilité privée. » En effet,
au quatorzième siècle, l'enthousiasme s'éteignait, et
l'intérêt personnel remplaçait le dévouement chevaleresque. A la fin de ce siècle, on avait si complétement
perdu les traditions de la chevalerie, que, lorsque
Charles VI la conféra au jeune roi de Sicile et à son
frère, ceux-ci, observant l'ancien cérémonial et s'étant

vêtus simplement, pour marquer qu'ils passaient de
l'état d'écuyer à l'état de chevalier, parurent très-ex-
traordinaires ; on ne savait plus ce qu'était la vieille
chevalerie, quand se fondait le plus ancien de ces
ordres frivoles de la chevalerie de cour. Quelquefois,
en même temps que ces ordres nouveaux étaient une
pompe, une décoration, ils étaient un moyen politique. Ainsi, la Toison-d-Or, qui fut surtout pour la
cour de Bourgogne une occasion de déployer sa magnificence, contient dans ses règlements certains articles qui permettent de voir encore autre chose dans
la pensée du fondateur. L'un des statuts prescrit à tous
les chevaliers de faire connaître au duc de Bourgogne,
qui est le chef né de l'ordre, tout ce qui pourrait con-
cerner la sûreté de sa personne et la sûreté de l'État ;
c'était donc, sous de magnifiques semblants, un moyen
de politique et de police. La même injonction a été reproduite dans les ordres français. Louis XI, en France,
créa son ordre de Saint-Michel par un sentiment de
rivalité à l'égard du duc de Bourgogne, qui avait créé
celui de la Toison-d'Or ; l'ordre de Saint-Michel fut
réuni plus tard à l'ordre du Saint-Esprit, fondé par
Henri III, et tous deux portèrent le nom d'ordres du
roi, nom significatif et convenable à cette chevalerie
toute monarchique.

Enfin, les ordres chevaleresques prirent une dernière forme ; s'éloignant toujours de plus en plus de
leur origine, ils devinrent de simples récompenses

militaires, et n'eurent plus rien des anciens ordres
que le nom. Tel fut l'ordre de Saint-Louis; il périt
avec les autres, au commencement de la révolution,
dans une nuit d'enthousiasme, où tous les débris de la
féodalité tombèrent sous les coups de la noblesse de
France, aux acclamations des Montmorency et des
Clermont-Tonnerre. Mais ce qui est fondé sur une faiblesse si profonde du cœur humain, sur une faiblesse
peut-être plus particulièrement propre à notre caractère national, l'amour des distinctions résista même à
la révolution française et à cet abandon volontaire;
bientôt l'on vit reparaître, en attendant les ordres
proprement dits, les sabres d'honneur, les fusils
d'honneur; puis vint la croix d'honneur, espèce de
chevalerie de l'égalité, qui n'a certes rien de féodal,
mais qui est toujours un ordre, qui a des grades, où
se trouve encore le ruban, dernier vestige de l'ancienne écharpe, et où, à côté du nouveau mot de patrie, figure le vieux mot chevaleresque *honneur*. Cet
ordre est le seul qu'ait épargné la révolution de 1830;
mais remarquez combien les choses ont, pour ainsi
dire, la vie dure, combien elles résistent au temps et
aux événements; le lendemain de cette révolution, la
plus démocratique, la plus populaire qui se soit jamais
faite, on a encore imaginé, je ne dirai pas un ordre,
mais cependant une espèce d'ordre, une décoration,
une croix, qui, je pense, sera la dernière. Aux États-
Unis, sur la terre de l'égalité et de la démocratie, on a

aussi eu l'idée de créer un ordre, et par un bizarre
accouplement de mots, il s'est appelé l'ordre de *Cin-
cinnatus*; il a duré quelque temps, mais il y avait là
un contre-sens trop fort; on en a fait justice : les deux
partis qui ont divisé les États-Unis, le parti fédéral et
le parti démocratique, ont combattu à ce sujet; le
dernier l'a emporté, et a rayé cette anomalie des
mœurs du Nouveau Monde.

J'ai suivi aussi loin que possible cette filiation des ordres chevaleresques pour montrer, par ces exemples,
comment les institutions se conservent, se trans-
forment, se perpétuent, se survivent, et, quand leur
temps est passé, laissent comme un fantôme, qui n'est
pas elles, mais qui porte encore leur nom.

VI

DES RAPPORTS DE LA CHEVALERIE AVEC L'ÉGLISE

Il y a une opposition éternelle et universelle entre
le prêtre et le guerrier; elle se retrouve partout, depuis la grande lutte des brahmanes et des kchatrias,
qui apparaît à l'origine des traditions indiennes, jusqu'aux luttes du clergé et de la féodalité au moyen
âge. La chevalerie eut un double principe d'indépendance et d'opposition vis-à-vis de l'Église. L'opposition
de la chevalerie, encore à son état le plus ancien, fut

cette résistance de l'esprit militaire à l'esprit sacerdo-
tal qui se retrouve partout. A l'époque où la chevalerie
devint moins sévère, moins exclusivement guerrière,
où les influences de la galanterie modifièrent et adou-
cirent sa rudesse primitive, il se trouva encore en elle
un principe d'opposition aux tendances de l'église, et
ce fut cette galanterie elle-même, ce fut cet amour chevaleresque qui constituait une moralité spéciale, qui
avait sa règle indépendante, et parfois rivale de la
règle ecclésiastique. Dans le premier cas, la chevalerie figure vis-à-vis de l'Eglise comme une autre puissance; dans le second, elle figure comme un autre
principe. Les exemples de cette double opposition
abondent soit dans l'histoire de la chevalerie, soit
dans ce qui est encore son histoire, les romans et romances chevaleresques. Ainsi, le type par excellence
de la chevalerie primitive, le Cid, qui est pieux comme
doit l'être un héros castillan, n'en a pas moins quelquefois une certaine velléité d'indépendance, et d'une
indépendance qui se manifeste assez rudement. Dans
le romancero, on le voit dans l'église de Saint-Pierre
de Rome, en présence du pape, briser la chaise d'i-
voire sur laquelle s'est assis l'ambassadeur de France,
et, tirant son épée, parler au saint-père avec une arro-
gance qui l'épouvante un peu.

Ce fait a tellement la portée que je lui donne, que
don Quichotte le cite dans un cas analogue pour s'excuser de s'être attiré les anathèmes ecclésiastiques en

attaquant des religieux, un jour qu'il faisait de l'opposition contre l'Église à sa manière, c'est-à-dire à
grands coups de lance.

D'autre part, les poésies des troubadours nous
montrent souvent l'amour, base de la chevalerie, en
regard et au-dessus du sentiment chrétien. Ainsi,
Peyrol, dans une chanson sur la croisade, établit une
sorte de débat entre lui et l'Amour. Peyrol plaide pour,
et l'Amour contre la croisade. Quelque chose de plus
frappant encore, c'est une pièce attribuée à Bernard
de Ventadour, et qui probablement ne lui appartient
pas. Cette pièce exprime, dans les termes les plus vifs,
à quel point l'idolâtrie de l'amour chevaleresque se
mettait en rivalité avec le culte de Dieu. Le troubadour est parti pour la croisade ; la religion a triomphé ;
l'amant a quitté sa dame et a pris la croix. Mais on
voit d'autant mieux quelles étaient l'énergie et l'audace du sentiment profane en présence du sentiment
religieux. Voici les paroles de ce troubadour : « Certes,
Dieu a bien dû s'émerveiller que j'aie pu m'éloigner
de ma dame, et il doit me tenir en grande grâce pour
avoir voulu la quitter à cause de lui ; car il sait bien
que si je la perdais, jamais je n'aurais de joie, et lui-
même ne pourrait m'en dédommager. » Enfin, dans
une poésie du comte de Poitiers, le comte dit expressément qu'en partant pour la croisade, il faut qu'il re-
nonce à *chevalerie*. Ces exemples peuvent faire sentir
ce qu'il y avait dans les sentiments chevaleresques

d'opposition à ceux que l'Église voulait inspirer.

Que fit l'Église? Ne pouvant annuler cette chevalerie qui lui disputait les âmes, elle voulut s'en emparer et se faire une arme favorable de ce qui était une arme agressive, trouver un appui dans ce qui était un obstacle. D'abord elle s'empara de la chevalerie en la conférant, en transformant l'investiture militaire en une investiture ecclésiastique. Dès le temps des premières croisades, les patriarches de Constantinople et de Jérusalem donnèrent la chevalerie à ceux qui se croisaient. Au treizième siècle, on voit, par une imitation, par une continuation de cet usage, le patriarche d'Aquilée faire des chevaliers avec une solennité tout ecclésiastique : le patriarche disait une messe pontificale, et le nouveau chevalier, d'une main tenant son épée nue, et l'autre main sur l'Évangile, jurait de défendre l'Église, de protéger les veuves et les orphelins, et de servir Jésus-Christ contre les infidèles. Dans ces vœux, l'Église et la religion tenaient, comme on voit, la plus grande place. Au quinzième siècle, le pape Martin V créa un chevalier. La chevalerie, guerrière à son point de départ, et devenue galante par l'action du temps, des dames et des poëtes, reçut l'empreinte de la discipline ecclésiastique dans le mode de son investiture et dans son costume. De là vint la ressemblance, et quelquefois le parallélisme, qui se remarque entre ce qu'on appelait les *deux ordres,* l'ordre clérical et l'ordre chevaleresque. Ce rapprochement était présent

à la pensée des hommes du moyen âge, et se retrouve
dans des traités moins anciens que le moyen âge. On
lit, dans l'ouvrage intitulé l'*Ordre de la Chevalerie* :
« ..... De même que les ornements dont le prêtre est
revêtu quand il chante la messe ont une signification
qui se rapporte à son office, de même aussi l'office de
chevalier, qui a *grande concordance à celui de prêtre*,
a des armes et des vêtements qui se rapportent à la
noblesse de son ordre. »

Un grave et savant évêque, Durand, dans son ouvrage de liturgie, intitulé *Rationale divini officii*, compare les habits épiscopaux avec ceux des chevaliers,
et cherche à établir entre eux une communauté de
symbolisme. La confusion allait si loin, qu'on se servait souvent du même mot pour désigner les deux
ordres, et, comme on disait, les deux milices. Le
moine du Vigeois appelle les prêtres *heroes*, héros,
noms qu'ailleurs il donne aux chevaliers. Un poëte du
quatorzième siècle, dans un zèle singulièrement entendu, pour rapprocher de plus en plus la chevalerie
du clergé, voulait lui imposer le célibat ; sa proposition ne réussit point.

Souvent le chevalier qui se vouait à une entreprise
pour plaire à une dame se rasait et se tonsurait à la
manière des prêtres ; parfois même une dévotion
exaltée transporta au sein de l'Église le cérémonial
de la chevalerie ; le célèbre fondateur des jésuites,
Ignace de Loyola, quand il passa de la milice tempo-

relle à la milice sacrée, voulut solenniser son entrée
dans les ordres comme on célébrait l'admission au
grade de chevalier. Il accomplit la *veille des armes* devant une image de la Vierge.

Tous ces faits montrent l'association et souvent la
confusion de l'idée du chevalier et de celle du prêtre.
On en peut citer encore d'autres exemples assez curieux : tout le monde sait que les chevaliers faisaient
vœu de vaincre un certain nombre d'adversaires et de
les mettre à la disposition de leurs dames. Un Italien
qui avait vaincu un autre chevalier, fit hommage de
son prisonnier, non pas à une dame, mais aux cha-
noines de Saint-Pierre : les dames s'empressaient toujours de rendre le captif à la liberté ; mais les cha-
noines en usèrent moins généreusement, et ce chevalier
passa sa vie dans leur couvent.

A cette confusion, qui produit des accidents si bizarres, tient aussi cet ensemble de préceptes et de
symboles qui accompagnent l'investiture chevaleresque. Rien ne peut donner une idée plus vraie de
ces préceptes et de ces symboles qu'un petit poëme
appelé l'*Ordène de Chevalerie* ; le mot *ordène* vient du
latin *ordinatio*, ordination, terme employé pour désigner l'admission à la prêtrise. Le sujet de ce poëme
est curieux ; c'est Saladin auquel un croisé français
confère la chevalerie. Saladin eut une grande renommée de prouesse et de générosité au moyen âge ; il
fut à sa manière, en Orient et surtout pour les imagi-

nations occidentales, un véritable chevalier; aussi notre auteur l'appelle-t-il un *loyal Sarrasin*. Saladin demande à un chevalier français, Hugues de Tabaries (Tibériade), de lui conférer l'ordre de la chevalerie; Hugues refuse d'abord, et lui dit que cet ordre serait mal placé, car, dit-il

> Vous êtes de mauvaise foi,
> Et n'avez baptême, ni foi.

Mais Saladin insiste; il est vainqueur, il veut être chevalier à tout prix. Hugues se rend, et soumet le prince musulman à un certain nombre de cérémonies symboliques, dont le sens est expliqué dans le poëme, et dont le but est d'enseigner à Saladin les devoirs de la chevalerie. Hugues lui fait d'abord prendre un bain, que l'auteur compare au baptême, et dont le but est de purifier le nouveau chevalier, car comme dit énergiquement le poëte,

> Baigner devez en honnêteté,
> En courtoisie et en bonté.

C'est donc en quelque sorte un baptême chevaleresque. Ensuite, on place Saladin sur un lit de repos, qui représente le paradis. Hugues fait remarquer que les draps de ce lit sont d'une blancheur éclatante, en signe de la pureté prescrite au chevalier; puis il revêt le néophyte d'une robe vermeille, ce qui signifie, lui dit-il, que

> Votre sang devez espandre
> Et la sainte Église défendre.

L'allocution est singulière, adressée à l'ennemi des croisés, mais elle montre à quel point l'auteur de ce petit poëme est sous l'empire des idées ecclésiastiques. Après la robe vermeille on place aux pieds du récipiendaire des chausses brunes, et c'est pour lui rappeler qu'il mourra. Les vers qu'on lui adresse à ce sujet sont aussi lugubres que le terrible *Memento* du mercredi des cendres ; c'est afin, lui dit-on, que vous ayez toujours en mémoire

> La mort et la terre où girez,
> D'où vous istes et où vous irez.

Ensuite on lui enjoint l'observance de toutes les vertus chrétiennes. On lui recommande l'humilité, la pureté à plusieurs reprises, et enfin, après lui en avoir demandé la permission, on lui donne la colée. Puis vient un code abrégé des principaux devoirs du chevalier, qui sont au nombre de quatre : d'abord la loyauté, ensuite le dévouement aux dames, qui dans tout ce poëme figurent peu, mais qui cependant y ont une petite place. Troisièmement, ce qui est plus dans le caractère du morceau, l'abstinence ; le chevalier doit jeûner et faire l'aumône ; il doit aussi entendre la messe chaque jour. L'auteur conclut par un précepte sur lequel il insiste particulièrement ; le chevalier ne doit pas oublier l'offrande :

> Car moult est bien l'offrande assise
> Qui en la table Dieu est mise,
> Car elle porte grant vertu.

Ce qui donne à penser que l'auteur est un prêtre ; on peut le conclure aussi d'un autre passage. Au reste, le poëme tout entier va très-bien à un auteur clerc. Enfin il conclut en énumérant les honneurs qu'il faut accorder aux chevaliers qui défendent la sainte Église et les priviléges dont ils doivent jouir, entre autres celui d'occire quiconque manquerait de respect pour le service divin.

Cette conclusion rappelle le mot naïf de saint Louis quand il conseillait si paternellement au bon Joinville, s'il se trouvait jamais présent à une discussion théologique, de se bien garder de disputer avec les mécréants, mais de leur bouter son épée dans le ventre, aussi fort et aussi avant que possible.

Ce poëme montre à quel point l'Église s'était emparée de la chevalerie. Cependant l'opposition qui était au fond de ces deux institutions ne cessa pas de se produire ; la chevalerie eut toujours une certaine indépendance vis-à-vis de l'Église, et celle-ci conserva toujours une certaine antipathie pour la chevalerie. La chevalerie était par son essence même quelque chose de guerrier et de profane, et l'Église quelque chose de pacifique et de religieux. Il y avait là le germe tantôt d'une lutte sourde, tantôt d'une désaffection marquée. Cervantes, que je cite souvent, car son livre est celui qui, sous une forme plaisante, résume peut-être le plus complétement toute la chevalerie, Cervantes a eu un sentiment très-juste et très-fin de

cette déplaisance que devait inspirer à l'Église le côté
profane des sentiments chevaleresques, cette espèce
d'idolâtrie amoureuse qu'on opposait au culte divin.
Vivaldo dit à don Quichotte : « Une chose qui, parmi
bien d'autres, me choque de la part des chevaliers
errants, c'est que lorsqu'ils se trouvent en quelque
grande et périlleuse aventure où ils courent manifes-
tement le risque de la vie, jamais, en ce moment critique, ils ne se souviennent de recommander leur
âme à Dieu, comme tout bon chrétien est tenu de le
faire en semblable danger ; au contraire, ils se
recommandent à leur dame avec autant d'ardeur et
de dévotion que s'ils en eussent fait leur dieu, et cela,
si je ne me trompe, sent quelque peu le païen. » En
effet, cette préoccupation galante était une infidélité à
l'Église, et Sancho, qui va plus rondement en besogne,
à la suite d'une comparaison assez longue faite par
son maître entre la vie des religieux et celle des chevaliers errants, conclut peu chevaleresquement, comme
à son ordinaire, mais selon l'orthodoxie, qu'il vaut
mieux être un moinillon qu'un chevalier pour aller
en paradis.

Les ordres de Saint-Jean de Jérusalem, les templiers,
les chevaliers teutoniques, telle est la chevalerie entièrement disciplinée par l'Église, qui lui appartient
tout à fait, qu'elle a créée pour son usage. Or celle-là
même lui échappe parfois, bien plus, l'attaque et la
combat. Ainsi les chevaliers de Saint-Jean de Jérusa-

lem, nés de l'Église et de la religion, dès qu'ils eurent,
comme ordre chevaleresque, une certaine existence
propre, ne tardèrent pas à frapper leur mère. Des discussions assez graves s'élevèrent entre eux et l'évêque
de Jérusalem. Guillaume de Tyr rapporte avoir vu
plusieurs flèches tirées par les hospitaliers contre des
prélats, flèches qu'on avait recueillies et suspendues
devant le lieu où Jésus-Christ fut crucifié. Les templiers
devinrent bientôt presque aussi suspects à l'Église
qu'effrayants et dangereux pour le pouvoir civil. Ils
furent soupçonnés d'opinions étranges, peu chrétiennes, et enfin livrés par un pape. Les chevaliers teutoniques abandonnèrent la papauté et le catholicisme,
et finirent par fonder une puissance protestante. Ainsi
la chevalerie des ordres religieux n'a pas toujours été
très-fidèle à l'Église, et l'Église n'a pas été toujours
portée pour elle d'un bien bon vouloir.

Cette antipathie se manifeste dans beaucoup de
choses ; elle est liée souvent à une des inspirations les
plus honorables pour l'Église, à son horreur du sang ;
c'est surtout à cette cause qu'il faut rapporter sa sévérité pour les combats judiciaires et pour les tournois.
Les combats judiciaires étaient, il est vrai, une institution barbare fort antérieure à la chevalerie ; il serait
encore plus déraisonnable de leur donner pour base
des préjugés religieux ; l'Église n'a rien à se reprocher
dans l'établissement du duel judiciaire. Au contraire,
elle l'a combattu à plusieurs reprises, elle l'a quelque-

fois toléré par faiblesse et même consacré dans certains moments ; mais, en général, plus fidèle à son esprit, elle l'a repoussé ; par un côté, cette coutume allait merveilleusement à l'esprit de la chevalerie, car elle prescrivait de protéger qui ne pouvait se défendre. Ainsi, les femmes, les enfants, les vieillards, les tombeaux même avaient un champion qui était presque toujours chevalier. Dans la littérature chevaleresque, cette situation est diversifiée de mille manières dans ces innombrables histoires de princesses délivrées du bûcher par un sauveur inconnu. Le duel judiciaire, antérieur à la chevalerie, fut donc adopté par elle, et l'Église le poursuivit au sein de la chevalerie, qu'elle attaquait en le combattant. Il en fut de même pour les tournois ; ils étaient moins dangereux que le duel judiciaire ; cependant les accidents y étaient assez fréquents ; on en cite un entre autres, en Allemagne, dans lequel il mourut soixante personnes. Les conciles et les papes prononcèrent fréquemment l'excommunication contre les auteurs des tournois, contre ceux qui y assistaient, et refusèrent la sépulture à ceux qui y mouraient. C'était en partie par esprit d'humanité, mais ce n'était pas seulement pour cette raison, car il aurait fallu défendre bien plus sévèrement encore la guerre ; ce n'était pas seulement parce qu'on posait en principe que ceux qui étaient frappés subitement pouvaient mourir en péché mortel, car la même chose aurait pu se dire du trépas trouvé dans une bataille ;

non, dans la colère acharnée dont l'Église fut toujours animée contre les tournois, il y avait autre chose ; il y avait un peu de son antipathie contre tout ce qui était chevaleresque, et qu'elle n'était pas parvenue à s'approprier complétement. C'est ce qui explique comment Innocent III, au concile de Latran, prononce contre les tournois des paroles aussi vives ; il les appelle des jeux abominables, qui sont la mort du corps et de l'âme. Il refuse la sépulture ecclésiastique à tous ceux qui y prendront part. Quelquefois l'Église était obligée de céder aux passions, aux mœurs du temps ; ainsi, en 1175, en Saxe, après un tournoi où seize personnes avaient péri, l'évêque Weichman excommunia tous ceux qui assisteraient à de semblables divertissements. Le fils du margrave de Meissen ayant bravé cette défense et ayant succombé, l'évêque refusa la sépulture dans son église ; toute la famille du prince et toute la noblesse du pays tombèrent aux pieds du prélat, l'assurant que le mort avait pleuré ses péchés. Le prélat se laissa toucher, mais ce fut après que le père et les frères du défunt eurent promis de ne jamais assister à un tournoi, de n'en point souffrir sur leurs terres, de ne permettre à aucun de leurs sujets ou serviteurs d'y assister. Ici l'Église, même en cédant et en pardonnant à la fin, réserve toujours en principe l'inviolable sévérité de ses prescriptions contre les tournois. Mais d'autres fois il fallut composer avec les puissants de la terre ; la chronique de Saint-Denis, citée par sainte Palaye, raconte le fait suivant :

« Le cardinal Nicolas défendit tous tournoiements aux joutes ; et tant contre les souffrants et aydants, et mêmement contre les princes qui en leurs terres les souffraient il jeta grande sentence contre eux, et après ce, soumettait leurs terres à l'interdit de l'Église ; mais après, le pape, *à la requête des fils du roi* et maints autres hommes, dispensa avec eux, parce qu'ils étaient nouveaux chevaliers, pour ce que, pour trois jours devant carême, ils pussent auxdits jeux jouer seulement, et non plus. »

Ainsi, le cardinal Nicolas n'accordait que les jours gras à la chevalerie.

Enfin, ce fut pas seulement la chevalerie qui fut plus ou moins suspecte et déplaisante à l'Église, ce fut aussi la littérature qu'elle inspirait. Je ne parle pas des nombreux troubadours qui passèrent pour hérétiques, bien que quelquefois l'inimitié de l'Église pour la chevalerie pût contribuer à la mauvaise renommée de l'orthodoxie de ces poètes. Il y avait de cette mauvaise renommée d'autres raisons encore meilleures, leurs satires contre le clergé et contre le pape, surtout les sympathies exprimées par un grand nombre d'entre eux pour la cause, nationale en Provence, des Albigeois.

Mais l'Église ne fut pas moins sévère pour les romans chevaleresques que pour les troubadours, et ici sa sévérité s'appliquait directement à la littérature,

expression de la chevalerie. On peut voir combien, au
seizième siècle, les auteurs religieux du temps s'élèvent avec véhémence contre la lecture de ces livres,
qu'ils comparent quelquefois aux productions du protestantisme. M. Viardot, dans la biographie de Cervantes, qui précède sa traduction, cite une demi-dou-
zaine d'auteurs espagnols graves appartenant à l'Église
et condamnant tous la lecture des romans de chevalerie. On doit attribuer, ce me semble, à l'Église les
interdictions qui furent prononcées alors contre cette
classe d'ouvrages par le pouvoir civil; car en Espagne,
à cette époque, c'était l'Église qui, dans toutes les matières qui tenaient à la morale, conseillait et inspirait
ce pouvoir. Ainsi, on peut rapporter à la première le
décret de Charles-Quint qui interdisait les romans de
chevalerie au nouveau monde, défendant qu'ils fussent
lus par aucun Espagnol ni aucun Indien ; interdiction
qui n'était pas, il faut l'avouer, très-nécessaire pour
ces derniers. Les cortès de Valladolid demandèrent
que la même prohibition fût appliquée à l'Espagne, et
Jeanne promit une loi. Dans la requête des cortès est
ce passage curieux, qui montre, dans la dernière ligne
surtout, une espèce de rivalité entre la littérature
théologique et la littérature chevaleresque : les cortès
se plaignent que ces livres tournent la tête aux jeunes
gens et aux jeunes filles, « et, pour remède au mal
susdit, nous prierons Votre Majesté d'ordonner, sous
de grandes peines, qu'aucun livre de ceux-là ne se lise

ni ne s'imprime, et que ceux qui existent aujourd'hui soient rassemblés et brûlés, car, faisant cela, Votre Majesté fera grand service à Dieu, *en ôtant aux gens la lecture de ces livres de vanité, et en les réduisant à lire les livres religieux qui édifient les âmes.* »

Enfin, pour terminer, cette opposition de l'Église à la littérature chevaleresque a été personnifiée d'une manière très-gaie et sous une forme que personne n'a oubliée, dans l'incendie de la bibliothèque de don Quichotte, accomplie par *un curé.*

Dans tout ceci, je n'ai examiné que les rapports extérieurs, pour ainsi dire, de la chevalerie, avec le côté extérieur aussi de la religion, avec l'Église ; c'est l'Église et la chevalerie que nous avons vues, tantôt aux prises, tantôt conciliées par des arrangements plus ou moins heureux. Je n'ai pas parlé du christianisme en tant que principe intérieur de la chevalerie, âme de la vie chevaleresque ; c'est un autre point de vue, ce sont d'autres considérations auxquelles j'arrive. Car il s'agit maintenant, en distinguant les diverses sources de la chevalerie, et si j'osais dire ainsi, les divers ingrédients qui sont entrés dans sa composition, il s'agit de déterminer ce qui appartient au christianisme, ce qui appartient aux mœurs germaniques, ce que peuvent réclamer les influences de la civilisation romaine, en partie conservée dans le midi de la France, et enfin la part qu'on doit faire à l'action des Arabes sur la chevalerie de l'Occident.

VII

DES INFLUENCES QUI ONT PRÉSIDÉ A LA FORMATION DE LA CHEVALERIE

Il semble que notre tâche soit finie ; cependant nous avons encore quelque chose à faire pour connaître à fond la chevalerie : nous avons à rechercher comment elle a été, pour ainsi dire, construite. Après avoir étudié les propriétés visibles d'un corps, on cherche quelle combinaison a pu le produire ; après avoir fait la statistique d'un pays, on remonte aux origines du peuple qui l'habite.

La chevalerie complète, telle qu'elle s'est produite en Europe au moyen âge, ne pouvait exister sans le christianisme. Nous avons bien trouvé la chevalerie quelquefois en opposition, quelquefois même jusqu'à un certain point en guerre avec l'Église ; cependant, malgré ces luttes accidentelles, le principe de la chevalerie comme celui de l'Église était le christianisme. Le conflit de ces deux puissances était la querelle de deux sœurs, car toutes deux avaient la même mère. Les sentiments que nous avons reconnus être la base de la chevalerie ne pouvaient atteindre toute leur portée que par le christianisme. En effet, nous avons vu dans d'autres temps la générosité, le dévouement à la faiblesse, produire des résultats analogues à ceux qui se

montrent dans la chevalerie, mais des résultats partiels,
rares, interrompus. Ces sentiments ont jeté quelques
lueurs et se sont éteints; ils ont eu quelques fruits qui
avortaient rapidement; mais quand ils ont trouvé pour
appui la morale chrétienne, ils se sont développés
d'une manière infiniment plus complète, ils ont enfanté non pas une tentative de chevalerie, mais la chevalerie elle-même. Cette absence de haine au milieu
des combats, cet oubli de soi-même, cet empressement à porter secours aux opprimés, toutes ces vertus
exigées du chevalier sont des vertus chrétiennes.
L'honneur même, qualité qui semble purement mon-
daine, a aussi un côté chrétien; il y a une alliance
intime, profonde, entre l'honneur sans souillure, l'écu
sans tache du chevalier et la conscience sans reproche,
la robe sans tache du néophyte.

L'amour chevaleresque n'a pu exister qu'à l'ombre
du christianisme; le christianisme seul a mis dans le
monde cette union de l'amour et de la pureté que l'antiquité ne connaissait pas. Le stoïcisme était dur, l'é-
picuréisme égoïste et sensuel, le platonisme plus
exalté que tendre. C'est après la prédication de cette
doctrine dans laquelle la charité est la première des
vertus, c'est après qu'ont retenti dans le monde ces
touchantes et sublimes paroles : « Il lui sera beaucoup
pardonné parce qu'elle a beaucoup aimé, » c'est alors
seulement que l'amour a pu être considéré comme le
principe des vertus humaines, et devenir la base d'un

code moral. L'histoire des premiers âges du christianisme offre des exemples d'affections chastes et tendres
qui font pressentir ce sentiment épuré qui sera l'amour
chevaleresque. Ce rapport étrange et attendrissant de
quelques évêques avec les femmes qui avaient été leurs
épouses, et qu'ils nommaient leurs sœurs, fait comprendre qu'on est entré dans une période de l'histoire de
l'âme humaine où quelque chose de semblable à l'idéal
de cet amour pourra exister. Le culte passionné de la
Vierge a montré aussi par avance, dans un sentiment
religieux, une sorte d'anticipation de ce qui sera plus
tard un sentiment humain ; car il suffira d'adresser le
même hommage à un être mortel, de faire descendre
l'objet de l'adoration désintéressée du ciel sur la terre.

Le christianisme a donc été le principe des sentiments de la chevalerie ; non-seulement il a été le principe de ces sentiments, mais quelquefois il a prescrit
directement les vertus chevaleresques. Ainsi le concile
de Clermont, en 1025, décréta que toute personne
noble de plus de douze ans devait jurer l'observation
de certains règlements devant l'évêque du diocèse.
Elle promettait de défendre les faibles, de protéger
les veuves, les orphelins, les femmes mariées et non
mariées, et les voyageurs. Vous voyez le christianisme
introduire dans les mœurs guerrières de l'âge féodal
la chevalerie par la charité. Il faut donc considérer le
christianisme comme la condition essentielle, comme
l'âme même de la chevalerie. Maintenant, parcourons

rapidement les autres éléments qui ont pu entrer dans sa composition.

Après le christianisme, c'est, selon moi, le germanisme qui occupe la place la plus considérable dans la constitution de la chevalerie. Après les sentiments chrétiens, ce sont les sentiments et les mœurs germaniques qui en sont l'âme et la vie ; c'est ce respect, cette adoration des femmes, mille fois citée, et qui fut une préparation lointaine à la chevalerie ; c'est le sentiment du point d'honneur, de l'honneur individuel, sentiment énergique chez les peuples germains, sentiment qui faisait dire, même à leurs ennemis : *Opprobrium non damnum barbarus horrens* ; le barbare craint la honte plus que tous les maux.

La loyauté, la foi à la parole jurée est une vertu chevaleresque par excellence ; c'est encore un apanage des nations germaniques. Certains auteurs allemands ont prétendu que leurs ancêtres étaient des modèles constants de loyauté, et cette exagération patriotique a excité de justes réclamations et de justes attaques. Cependant on ne peut nier qu'il n'y ait chez les nations germaniques un fond de loyauté, de fidélité à la parole donnée et reçue ; la foi germanique n'est pas un mot vide de sens, et bien qu'on la voie disparaître chez les barbares, par suite de cette désorganisation morale qui suit la conquête et qui est produite par elle, on ne peut refuser cette qualité à la race teutonique. Si on remarque chez tous les peuples qui lui appartiennent, un même caractère, il faut bien que ce caractère soit inhérent à cette race ; or, celui-ci se montre partout où il y a des populations d'origine germanique, depuis l'Islande et la Norwége, jusqu'à l'Alsace. Je le retrouve même dans Tacite ; Tacite nous apprend que les Germains, qui poussaient à l'excès la fureur du jeu, jusqu'à jouer leur propre liberté, observaient avec une bonne foi rigoureuse les conventions qu'ils avaient faites. « Celui qui perd, dit-il, se laisse attacher et enchaîner, bien que plus fort et plus jeune, opiniâtreté qu'ils nomment foi et loyauté. » C'est un grand respect pour l'engagement pris, pour la parole donnée. Nous sommes au berceau de la race, et déjà nous rencontrons cette qualité essentiellement chevaleresque et profondément germanique.

L'usage des tournois forme un trait dominant des mœurs chevaleresques ; or, les tournois ont certainement une origine germanique. On a abandonné l'opinion qui les faisait inventer tout juste en 1066 par un nommé Geoffroy de Preuilly. Ce Geoffroy les a régularisés, peut-être, mais il ne les a point inventés ; on trouve avant lui beaucoup de traces de ces divertissements guerriers.

On pourrait citer, d'abord, le paradis scandinave, qui était un tournoi perpétuel. Après le festin, les guerriers se combattaient dans le Valhalla ; c'était une joute à armes tranchantes, car ils se taillaient en pièces. Ces champions immortels avaient le plaisir de

se tuer chaque jour, et chaque jour de recommencer.
Mais des preuves plus positives que celles-là établissent l'existence de jeux guerriers, semblables aux
tournois, chez les peuples germaniques. Déjà, au
sixième siècle, Ennodius en parle dans l'éloge de
Théodoric; au neuvième, Nithart raconte les fêtes militaires qui furent célébrées, en 842, par Louis le
Germanique et Charles le Chauve, après la bataille de
Fontanet. Mais ce n'était là qu'un prélude, pour ainsi
dire, aux vrais tournois; le tournoi ne fut complet et
n'eut son caractère que quand les combats simulés
dont il est question aux époques antérieures, eurent
lieu en présence des dames et en leur honneur. Or,
je ne sache pas de plus anciens témoignages attestant
leur présence, qu'un passage de la chronique de
Monmouth, écrite dans la première moitié du douzième siècle : « Bientôt les chevaliers, donnant le si-
gnal du combat, forment un jeu équestre ; les dames
les regardant du haut des murs, se plaisent à exciter
leur amour. » C'est la première apparition d'une
joute véritable. Ici la galanterie est en jeu et elle fait,
de ce qui n'était auparavant qu'un divertissement
guerrier, un divertissement chevaleresque.

On trouve même dans les usages chevaleresques certains vestiges des anciennes coutumes et de l'antique
religion des peuples germaniques. C'est ainsi que les
brillantes assemblées qu'on appelait *cours plénières*,
et qui étaient toujours une occasion de tournois,

étaient placées d'ordinaire aux fêtes de la Pentecôte. Dans tous les romans de chevalerie, notamment dans ceux qui parlent du roi Arthur, c'est à la Pentecôte qu'ont lieu les cours plénières et les grands tournois qui les accompagnent. Dans l'épopée du Renard, parodie piquante du moyen âge, c'est à la Pentecôte que le roi des animaux tient sa cour plénière et célèbre des fêtes auxquelles tous ses sujets sont convoqués. La Pentecôte était choisie en vertu d'une vieille habitude qu'avaient les peuples germaniques de célébrer le solstice d'été, habitude qui tenait elle-même à la religion solaire de ces peuples. Dans les *Nibelungen*, cette époque est aussi celle qu'Attila désigne aux guerriers bourguignons, pour venir le trouver ; et là, Attila ne parle point de la Pentecôte, mais seulement du solstice d'été (*sonne-vende*). Aux deux solstices se rattachaient, dans le Nord, des solennités païennes que des fêtes chrétiennes ont remplacées. Le solstice d'hiver était, chez les Scandinaves, le moment de réjouissances bruyantes et bizarres, dont il est resté quelques traces dans les usages actuels du Danemark. C'est ce qu'on appelle *iul*, de l'ancien nom païen. L'iul se confond aujourd'hui avec le jour de Noël, comme la Pentecôte avait hérité, au moyen âge, des fêtes du solstice d'été.

Les vœux chevaleresques, dont j'ai cité un exemple assez remarquable, étaient un usage entièrement germanique et lié à la mythologie scandinave. On voit dans l'*Edda* un vœu fait non pas sur un héron, mais sur un sanglier ; ce sanglier est une victime immolée à Bragi, dieu de l'éloquence ; le héros Helgi promet sur le sanglier, comme les chevaliers sur le héron, d'accomplir une aventure. Évidemment, ce vœu, consacré par la religion scandinave, est le type primordial des vœux chevaleresques.

Enfin, ce qui dans la chevalerie est incontestablement germanique, c'est l'institution elle-même, c'est le fait de l'investiture des armes, par laquelle celui qui a ceint l'épée entre dans une certaine classe, prend place parmi l'élite des guerriers. Ceci eut lieu de tout temps chez les Germains ; Tacite nous montre le jeune homme recevant solennellement le bouclier et la framée : *Scuto framæaque juvenem ornant*. Ici, ce sont les parents qui, au nom de la patrie, de la communauté, lui confèrent les armes ; puis on voit cette coutume se perpétuer de siècle en siècle, et aboutir à l'investiture chevaleresque. Paul Warnfried parle d'un roi lombard qui ne voulut pas permettre que son fils s'assît à sa table avant qu'il eût reçu les armes de la main d'un roi étranger. On donnait à cette cérémonie la forme d'adoption ; ainsi Théodoric adopta le roi des Hérules par la lance, le bouclier et le cheval ; c'est de là qu'est venu le vieux mot français *adouber* chevalier (*adoptare*). En ceignant l'épée, le guerrier prenait rang parmi les classes sociales qui comptaient dans l'État. Ceindre l'épée était devenu, sous la seconde race, le signe de la capacité politique ; les princes mêmes tenaient à honneur d'accomplir cette formalité, d'être enrôlés dans la classe vaillante ; Charlemagne ceignit l'épée à son fils Louis le Débonnaire, et celui-ci à son fils Charles le Chauve. Cette collation des armes est le principe de l'*ordination* chevaleresque, et il est purement germanique. Il en est de même de certaines cérémonies employées pour conférer l'ordre de la chevalerie, par exemple de la colée. Dans un auteur du neuvième siècle, il est dit que Charlemagne, parmi les priviléges qu'il concéda aux Frisons, reconnut au gouverneur le droit d'élever à la milice en donnant un soufflet selon l'usage ; ce soufflet est l'analogue de la colée, et a comme elle son principe dans le vieux symbolisme des coutumes et du droit germanique.

On voit à quel point les sentiments, une portion des mœurs, et surtout l'institution de la chevalerie, sont germaniques. Mais ici une grande difficulté se présente. Comment se fait-il que dans l'intervalle qui s'écoule entre la conquête, au commencement du cinquième siècle, et l'aurore de la chevalerie au moyen âge, pendant plusieurs siècles on ne voit pas ces sentiments se reproduire. Peut-être ne serait-il pas impossible, même à cette époque de barbarie, d'en suivre la trace. Admettons qu'il faille y renoncer : les analogies établies plus haut n'en seront pas moins réelles ; il sera seulement plus difficile de les expliquer. J'ai cherché

ailleurs à établir que certaines qualités fondamentales
d'une race pouvaient être pendant un certain temps
à l'état latent, pouvaient être masquées par des circonstances contraires, puis reparaître et se développer
plus tard dans des conditions plus favorables. Certainement les Germains de Tacite sont à quelques égards
plus semblables aux chevaliers que les Francs de Gré-
goire de Tours ou les Goths de Jornandès. L'état de
conquérant a transformé ces tribus à la fois guerrières
et patriarcales en bandes d'envahisseurs et de pillards.
Cet état violent et désordonné a fait prévaloir tous les
instincts brutaux et a étouffé pour un temps les instincts meilleurs. Les sentiments chevaleresques dont
le principe existait dans les bois de la Germanie, et
qui semblent disparaître ensuite du sol occupé par les
Germains, ont dormi pendant plusieurs siècles; il a
fallu que des circonstances heureuses vinssent les réveiller. Ils ont dû ce réveil aux influences de la culture latine, conservée dans l'Europe méridionale, et
notamment dans le midi de la France. Car, même en
admettant comme moi que la chevalerie est surtout
germanique, qu'elle a son fond dans les sentiments,
dans les mœurs et dans l'institution germanique (et
pour ce dernier point il n'y a pas de doute possible),
il faut reconnaître qu'elle apparaît d'abord non pas en
Germanie, non pas au nord de l'Europe, mais dans
le midi, mais en Provence ; elle y apparaît avec un ac-
compagnement de galanterie ingénieuse et de poésie

délicate qu'elle doit à la civilisation au milieu de laquelle elle se produit. Mais de ce qu'elle se produit au sein de cette civilisation, il ne s'ensuit pas qu'elle en soit sortie; le terrain sur lequel elle fleurit n'est pas le terrain où sa semence a germé.

Ceci nous conduit à examiner les influences de la civilisation romaine sur la chevalerie.

La civilisation romaine, à l'époque où elle fut importée dans les Gaules et dans le reste de l'Occident par la conquête, n'a pu préparer en rien la chevalerie : le génie romain était sans analogie avec le génie chevaleresque, était même dans une opposition éclatante avec lui ; ce n'est pas la générosité qui caractérisait les institutions et les instincts de Rome, elle n'usait pas de ce moyen dans ses rapports avec ses ennemis. Caton s'écriait chaque jour : « Il faut détruire Carthage. » Scipion affamait froidement Numance. Toujours désir implacable de la destruction de l'ennemi, jamais un mouvement généreux qui conseillât de l'épargner. Quant aux mœurs chevaleresques, il est simple qu'elles fussent étrangères à la vie romaine; l'austérité de la Rome républicaine, la corruption de la Rome impériale, repoussaient également la courtoisie et la galanterie. De plus, il était impossible que la politique de Rome, si jalouse de l'autorité de l'État, souffrît au sein de l'État et au-dessus de lui, une autre société indépendante, ayant son principe, ses règles, son existence à part. A Rome,

il n'y avait rien et il ne pouvait rien y avoir de semblable à la chevalerie.

Le génie romain n'a donc eu directement aucune
action sur elle, et n'a pu la préparer en aucune manière. Mais la civilisation latine a agi indirectement
sur le développement chevaleresque, en aidant la renaissance de cette culture méridionale, à l'ombre de
laquelle la chevalerie devait s'épanouir. La chevalerie
ne serait jamais sortie des ruines mortes de la civilisation romaine, elle a son origine dans des sources
plus vivantes, dans les sources germaniques ; mais
pour fleurir, elle avait besoin d'être abritée par ces
ruines, ce n'est que là qu'elle pouvait atteindre à
toutes ses délicatesses et à toutes ses nuances : il
fallait qu'elle trouvât, déjà disposées à quelque adou-
cissement, les mœurs qu'elle devait achever de polir,
et c'est précisément ce qu'elle rencontra dans le midi
de la France, dans le pays où s'était le mieux conservée
et où renaissait le plus hâtivement la civilisation antique. Ainsi, cette civilisation ne fut pas le principe,
mais l'auxiliaire du développement chevaleresque ; elle
ne fut pas le sol, elle fut le toit.

Quant aux influences des Arabes sur le moyen âge,
je crois qu'elles ont été souvent exagérées en ce qui
concerne la scolastique, l'architecture, la poésie
chevaleresque et la chevalerie elle-même. L'antipathie
des écrivains du dernier siècle pour le christianisme
a contribué à cette exagération ; Voltaire et Gibbon

étaient charmés que les peuples chrétiens dussent tout
aux musulmans. J'aurai plus tard l'occasion de débattre cette question dans toute son étendue ; aujour-
d'hui je me borne à rechercher quelles ont été les influences arabes sur la chevalerie, à les reconnaître et
à les limiter.

J'ai déjà dit que chez les Arabes, même avant Mahomet, on pouvait surprendre quelques tendances
chevaleresques, là comme dans beaucoup d'autres
pays et dans beaucoup d'autres temps, là peut-être
d'une manière plus frappante qu'ailleurs. J'ai cité le
roman d'*Antar* rédigé peu après l'hégire, mais d'après
des traditions plus anciennes que l'hégire, et présen-
tant un tableau altéré des anciennes mœurs du désert ;
j'ai dit que, dans tout l'ensemble de la vie d'Antar,
dans ses sentiments et dans ses exploits, il y avait
quelque chose de chevaleresque, mais cette chevalerie
est encore bien rude, et l'on sent le Bédouin à côté du
preux. Ainsi l'héroïne, la belle Ibla, demande à Antar
que le jour de ses noces une amazone célèbre tienne
la bride de son cheval, et que la tête d'un fameux
guerrier soit suspendue au cou de cette femme ; cela
est bien farouche et rappelle presque ces Abungs de
Sumatra qui font la cour aux jeunes filles en déposant
des crânes à leurs pieds. Il faut convenir que d'autres
passages plus chevaleresques se font remarquer dans
le roman d'*Antar;* mais, malgré les analogies que ces
passages peuvent offrir avec les romans de l'Occident,

il me paraît impossible de voir dans *Antar* et dans
les mœurs arabes primitives la source de la chevalerie
européenne, et sur ce point je ne puis être d'accord
avec le spirituel auteur de quelques articles publiés
dans la *Revue française* de 1830. M. Delécluse, entraîné
par l'intérêt que lui inspirait un ouvrage dont il révélait l'existence à la généralité des lecteurs, a été jusqu'à voir dans le roman d'*Antar* « l'arsenal où les
Occidentaux ont puisé toute la chevalerie d'alors. »
Outre les raisons qui m'empêchent d'admettre que la
chevalerie chrétienne et occidentale ait eu une autre
origine que le christianisme et l'Occident, il me semble impossible qu'un livre probablement ignoré au
moyen âge, que les scènes de la vie arabe primitive
qu'il représente et que l'Occident n'a guère pu connaître, aient enseigné la chevalerie à l'Europe. Ce
n'est qu'après que l'islamisme a été introduit chez les
Arabes que cette nation s'est trouvée en contact avec
les nations europénnes. Tout ce que la chevalerie
orientale a pu exercer d'influence sur la chevalerie de
l'Occident appartient donc nécessairement à l'époque
musulmane ; c'est la chevalerie musulmane qu'il faut
opposer et comparer à la chevalerie chrétienne ; ce
sont les rapports de ces deux chevaleries, leurs rencontres, leur influence réciproque, qu'il faut suivre
et déterminer.

Il y a entre la chevalerie musulmane et la chevalerie chrétienne une différence fondamentale, et qui, à

elle seule, suffirait pour empêcher de croire que la seconde ait pu naître de la première : c'est que la chevalerie musulmane se compose uniquement de mœurs et de sentiments, et ne s'est jamais réalisée en institution, indépendamment de la chevalerie occidentale. Il n'y a pas eu là, comme en Occident, un ordre, une classe à part, donnant à ce fait vague de la chevalerie réduite aux mœurs et aux sentiments, une réalité sociale.

La seule institution qui, chez les populations musulmanes établies en Espagne, ressemblait à un ordre de chevalerie, c'étaient les *Rabits* chargés de défendre les frontières contre les Castillans. Ces Rabits étaient réunis en corps, et soumis à une règle austère ; leur existence était, jusqu'à un certain point, analogue à celle des templiers, et comme ils sont antérieurs à ceux-ci d'une centaine d'années, on pourrait être tenté de voir là l'origine des ordres religieux et militaires, d'autant plus que parmi les premiers établissements des templiers, les plus célèbres étaient situés vers les Pyrénées ; il peut donc sembler naturel de faire venir les templiers chrétiens des Rabits musulmans ; cependant lorsqu'on se reporte aux origines de l'ordre du Temple, on trouve qu'il est né, non pas en Espagne, mais à Jérusalem. Quand les neuf gentilshommes français qui le fondèrent dans cette ville et firent vœu de protéger les pèlerins qui allaient visiter le saint sépulcre, obtinrent de Baudoin II la première maison de

leur ordre, située auprès du temple, ils obéissaient à
une inspiration de charité et d'enthousiasme chrétien,
et ne songeaient nullement à imiter les Rabits musulmans d'Espagne, qu'ils ne connaissaient probablement
pas, et qu'ils étaient loin de prendre pour modèle.

Ainsi la chevalerie musulmane, dans ce qu'elle a
de plus semblable aux institutions de la chevalerie
d'Occident, n'a pu lui fournir son point de départ, pas
plus qu'on ne saurait dire que les croisades aient été
entreprises à l'imitation de la *guerre sainte* des musulmans. Bien des fois la guerre sainte a été procla-
mée chez les Arabes d'Espagne, et plus d'une croisade musulmane dirigée contre les chrétiens avant la
première croisade chrétienne, mais ce n'est pas à des
sources musulmanes que les chrétiens ont puisé leur
chevalerie ou leurs croisades.

La chevalerie musulmane et la chevalerie chrétienne
se sont rencontrées trois fois dans l'histoire moderne,
d'abord en Espagne après la conquête. Ici tout l'avantage est du côté de la première ; on peut même dire
qu'elle existe à une époque où la chevalerie chrétienne
n'existe pas encore ; car cette époque est bien plus
pour l'Espagne un âge héroïque qu'un âge chevaleresque. Dès le neuvième siècle, les conquérants arabes
en sont aux dernières délicatesses, aux dernières élégances, et parfois, on peut le dire, aux dernières mi-
gnardises de la poésie chevaleresque, quand les chré·
tiens des Asturies sont encore les rudes descendants

des compagnons de Pélage, et dignes de porter le nom de *peaux d'ours* que se donnent ceux-ci dans les vieilles histoires.

Pendant ce temps, sous Abderam, la galanterie la plus délicate pénètre jusque dans les harems; ce prince composa des vers pleins de grâce et mêlés d'une certaine dévotion tendre, pour s'excuser d'avoir paré d'un collier précieux une belle esclave. Dans le même siècle, un autre roi maure, Mohamed, parle de son cœur blessé par l'amour *contre lequel sa cuirasse ne le défend pas.* Pendant ce temps, la chrétienté était loin de cette grâce et de ces raffinements, qui semblent devancer la poésie des troubadours. Au neuvième siècle, au lieu d'imaginer rien de semblable, à la cour de Charles le Chauve, Hukbald écrivait ce pédantesque et bizarre poëme dont chaque vers commence par un C. En Espagne, si l'on oppose les deux chevaleries et ceux qui les représentent, le contraste sera presque aussi grand ; le héros chrétien, c'est le Cid. Eh bien ! le poëme qui le peint avec des couleurs si naïves, ne le représente pas écrivant des vers gracieux et galants, comme ceux que je viens de citer ; le Campeador ne sait que monter sur son cheval Babieca, prendre des deux mains sa grande épée et pourfendre les Sarrasins. Vouloir faire sortir la sévère chevalerie castillane des commencements gracieux de la chevalerie arabe, ce serait faire naître un chêne d'une fleur : le chêne ne naquit pas de la fleur, mais la fleur fut sus-

penduc au chêne. On peut toujours reconnaître que la
chevalerie castillane avait reçu en naissant le contact
de sa gracieuse aînée. Le héros chrétien et castillan
porte lui-même au front quelque reflet de la chevalerie musulmane. Plusieurs choses sont arabes chez le
Cid, entre autres son nom ; et quand on ouvrit son
tombeau, on trouva, dit on, son corps enveloppé dans
une étoffe de l'Orient.

Les deux chevaleries se rencontrèrent une seconde
fois aux croisades, personnifiées, l'une dans Richard
Cœur de Lion, et l'autre dans Saladin ; le contraste
qu'elles offraient alors a été heureusement exprimé
par Walter Scott, dans son roman de *Richard en Palestine*. A ce moment, toutes deux se reconnaissent,
pour ainsi dire, se saluent et s'honorent ; la gloire de
Melek-Rik est populaire parmi les musulmans ; la
chrétienté s'empare de Saladin et en fait un chevalier.
Cet échange d'admiration manifeste les sentiments de
bienveillance que les chrétiens et les mahométans
sont étonnés de se porter ; en se voyant de plus près,
la haine et le fanatisme qui les avaient armés les uns
contre les autres se sont effacés peu à peu. Une tolérance presque philosophique s'établit ; on peut voir,
dans un poëme du moyen âge, *le Dit du Sarrazin*, à
quel point les discussions théologiques sont devenues
courtoises entre les interlocuteurs musulmans et chrétiens. Joinville cite des chevaliers français qui prennent les mœurs de l'islamisme ; enfin, cette espèce

d'alliance de fraternité, entre les deux civilisations, excita les plaintes de plusieurs graves personnages de ce temps.

Des deux rencontres dont je viens de parler ont dû naître quelques influences de la chevalerie musulmane sur la chevalerie chrétienne; il était impossible qu'il n'en fût pas ainsi; mais ces influences ne portent pas sur le fond. La chevalerie occidentale était constituée de toute pièce; elle a pu emprunter à sa rivale quelques derniers raffinements, quelques élégances tardives, rien de plus. La générosité, l'amour, l'honneur, existaient; ils ont pu se nuancer, se raffiner sous l'inspiration arabe, mais ils n'ont pas été créés par elle; elle n'a pas non plus donné à la chevalerie occidentale ses jeux, ses fêtes, ses tournois, que celle-ci possédait de tout temps, et qui remontent, comme nous l'avons vu, aux anciennes coutumes germaniques; elle ne lui a pas donné l'institution chevaleresque, dont l'origine est également germanique; elle n'a rien apporté de fondamental, mais seulement ce qui était pour ainsi dire de luxe, comme les armoiries. Ce n'est pas qu'on ne trouve, dans beaucoup de siècles et chez beaucoup de peuples, l'usage de désigner les guerriers par quelques signes; cet usage est dans les *Sept Chefs devant Thèbes* d'Eschyle, et dans les sagas des anciens Scandinaves; mais il est partout en Orient; Joinville indique quelque chose de pareil en Égypte; au Japon, chaque famille porte ses armoiries sur ses vêtements ; chez les Persans, il y a des exemples d'armoiries et même d'armes parlantes ; et les armoiries chevaleresques, par la nature même des objets qu'elles représentent et des figures qui les composent, semblent indiquer une origine orientale. Les lions, les licornes, les têtes de Maures, attestent des emprunts faits à l'Orient ; mais ce n'est là qu'un accessoire bien léger et une parure de la chevalerie. Son armure a donc été trempée par la Germanie, bénie par le christianisme, et blasonnée par l'Orient.

Enfin les deux chevaleries, la musulmane et la chrétienne, se sont rencontrées une troisième fois sous les murs de Grenade, où les Maures sont restés quatre siècles après que le reste de la Péninsule était délivré. Pendant ce long espace de temps, la haine s'était tempérée par les relations des deux peuples, et il s'était opéré comme une fusion entre les deux chevaleries. Plusieurs passages de l'histoire de Conde, histoire écrite uniquement d'après des documents arabes, montrent que vers la fin de l'existence du royaume de Grenade, dans le quinzième siècle, les rapprochements des guerriers mauresques et des guerriers chrétiens étaient perpétuels. « En ce temps (en 1417), les chevaliers de Castille et d'Aragon avaient la coutume d'aller à la cour du roi maure de Grenade, pour y traiter de leurs contestations, et le faisaient juge de leurs différends ; le roi leur donnait le champ pour leurs défis et leurs combats d'honneur, et il était si

grand pacificateur, qu'à peine le combat commencé,
il les déclarait bons chevaliers et les faisait s'en
retourner amis, et partir, unis et honorés de sa
cour. »

Vous voyez la cour du roi maure servir d'asile et
de champ de combat aux guerriers chrétiens, et ce
roi lui-même devenir l'arbitre de leurs différends, et
en quelque sorte le juge de leur honneur. Un ouvrage
qui peint avec une assez grande fidélité cette chevalerie, moitié chrétienne, moitié musulmane, c'est le
livre de Perez de Hita, sur les guerres civiles de Grenade. L'auteur assure qu'il a puisé dans des histoires
et des romances arabes, et cite quelques-unes de ces
dernières, qui ont évidemment un caractère mauresque. C'est de cette histoire romanesque et poétique,
mais basée sur des traditions qui ne sont pas entièrement fictives, qu'a été tiré à peu près tout ce qu'on
sait sur les fameuses querelles des Zegris et des Abencerrages. Ce livre montre les chrétiens et les Maures
aux prises, mais sans mélange d'aucune inimitié de
nation et de religion. Chaque jour les chevaliers castillans viennent adresser des défis aux hidalgos maures
(*los hidalgos moros*). Ces défis donnent lieu à de beaux
combats dans la vega de Grenade, tandis que les dames
mauresques les regardent du haut des tours de l'Al-
hambra. Les discours que s'adressent les combattants
avant de croiser la lance et le glaive sont toujours
d'une extrême courtoisie ; ils s'applaudissent d'avoir

à combattre un si vaillant adversaire, qui relèvera leur victoire s'ils doivent vaincre, et honorera leur défaite s'ils doivent succomber. En un mot, tout, dans ces rapports guerriers, respire la plus aimable courtoisie, nul sentiment de haine n'existe entre les deux peuples; il y a au contraire respect mutuel et souvent bons offices réciproques. La plus brillante tribu parmi les Maures de Grenade, celle des Abencerrages, est célèbre par sa charité pour les captifs chrétiens; et quand la tribu de Gomez, ennemie des Abencerrages, les accuse à ce sujet, ils répondent que les chrétiens en font autant pour les musulmans prisonniers. Malgré cette harmonie et cette bonne intelligence des deux chevaleries, on reconnaît toujours les caractères particuliers à chacune d'elles. Ainsi les Maures ont bien, comme les chrétiens, des joutes à fer aigu et souvent mortelles; mais les joutes véritablement mauresques, ce sont les jeux de bague et le divertissement des cannes (*la fiesta de las canas*). L'élégant jeu de bague consistait à enlever, au grand galop du cheval, des anneaux suspendus à un arbre. Nous en voyons chaque jour la parodie dans un amusement très-vulgaire. La course des cannes était une sorte de tournoi dans lequel les lances étaient remplacées par de longs roseaux; on ne pouvait donc se faire aucun mal, et ce n'était qu'une occasion de montrer l'agilité des chevaux et l'adresse des cavaliers. C'est le *djerrid*, encore en usage chez les Turcs de Constantinople.

A Grenade, la chevalerie mauresque n'a pu rien prêter à la chevalerie chrétienne ; au contraire, elle s'est évidemment formée d'après elle. La chevalerie chrétienne n'a pu rien emprunter à la chevalerie grenadine, car elle ne lui a pas survécu, et la fin du quinzième siècle, qui vit la destruction du royaume des Maures, a vu la chevalerie mourir en Europe. Cette période brillante de Grenade n'a donc pu être une inspiration de la chevalerie, car elle fut son dernier souffle.

Pour achever de déterminer le rôle que, dans ma pensée, jouent les différents éléments dont se compose la chevalerie : l'élément chrétien, l'élément germanique, l'élément romain et l'élément arabe, qu'on me permette d'employer une métaphore et de me représenter la chevalerie comme un grand arbre : sa racine est chrétienne ; le sol dans lequel elle plonge est le christianisme, base de la civilisation moderne ; le tronc, les branches et la séve qui les anime sont germaniques. Ce tronc et ces branches ont été comme engourdis, comme recouverts d'une croûte glacée qui, pour un temps, a suspendu et paralysé la végétation, qui a engourdi la séve dans les rameaux, et cela pendant les siècles qui ont suivi la conquête germanique et par un effet de cette conquête. Pour que la séve qui était au cœur de l'arbre circulât de nouveau, il a fallu qu'il fût transporté dans un climat plus doux, sous un ciel meilleur. Il a trouvé ce ciel et ce terrain plus

favorables dans le midi de la France ; là il a enfoncé
ses racines parmi les cendres encore tièdes et doucement réchauffées de la civilisation romaine ; il a étendu
ses rameaux vers ce soleil qui ne s'était pas couché,
qui avait toujours laissé un crépuscule errer sur les
ruines. Alors la séve s'est ranimée, elle a circulé de
nouveau , les branches se sont couvertes de feuillage
et de fleurs, mais il manquait encore à ces fleurs un
certain éclat de couleur et un dernier parfum. C'est
cet éclat et ce parfum que les brises de l'Orient lui ont
apportés.

———

Tels sont, ce me semble, les divers éléments qui ont
concouru à produire ce grand fait de la chevalerie,
qui est une portion considérable de la civilisation
moderne.

Du sein de la barbarie du onzième siècle surgit tout
à coup un élan sublime dont nous avons dû chercher
les causes cachées, mais qui semble jaillir par enchantement des ténèbres, comme une lumière qui perce
la nuit. Les sentiments les plus purs, les plus délicats, les plus exaltés, se manifestent dans les âmes
livrées jusqu'alors aux passions violentes et brutales :
par eux se forme tout un système de moralité, dont la
base est le dévouement, le désintéressement, l'enthou-

siasme ; par eux se fonde une religion de l'amour et
de l'honneur, religion que personne n'a prêchée, qu'on
dirait naître d'elle-même ; un esprit inconnu crée des
sentiments nouveaux, enfante des mœurs, des institutions, une poésie nouvelle.

La chevalerie a établi au moyen âge, entre les différents peuples, une fraternité, une unité qui fut une
préparation à la grande association européenne vers
laquelle nous marchons. Un chevalier n'était plus un
Français, un Anglais, un Espagnol ou un Allemand, il
était *un chevalier* ; il y eut là comme une grande franc-
maçonnerie héroïque qui rapprochait toutes les nations.
Eh bien ! pensez-vous qu'à cette époque de morcelle-
ment, de division, ce ne fût pas un fait important que
cette confrérie universelle qui ralliait les plus nobles
âmes dans le culte commun des plus généreux sentiments ?

Ce n'est pas tout, l'influence de la chevalerie sur
les imaginations et les âmes se continue lors même que
la chevalerie cesse d'exister ; cette influence survit au
moyen âge. Supprimez la chevalerie de l'histoire, et
vous serez étonné du vide qu'elle laissera dans la littérature, dans les arts, dans la vie tout entière des nations modernes.

Avec elle vous aurez supprimé une partie de Dante
et tout Pétrarque, Cervantes, l'Arioste, le Tasse, Calderon, Lope de Vega ; vous aurez retranché de notre
gloire dramatique la plupart des chefs-d'œuvre de

Corneille et de Racine, vous aurez enlevé à Voltaire
Zaïre et *Tancrède*.

Le siècle de Louis XIV n'a pas su combien ce moyen
âge qu'il connaissait peu a fourni de matériaux à ses
œuvres immortelles ; il n'a pas su par quel chemin lui
est arrivé cet ensemble de sentiments, d'idées, de
poésie qu'il a mis si admirablement en œuvre ; il est
naturel aux grands siècles comme aux grands artistes
de s'ignorer eux-mêmes, de ne vouloir connaître que
l'inspiration qui les conduit, de ne pas savoir, et de ne
pas se soucier de savoir à quelle source puise leur
génie. Souvent les critiques n'ont pas mieux compris
le grand siècle qu'il ne s'était compris lui-même ;
mais ils n'avaient pas la même excuse, car à lui il appartenait de produire, à eux d'expliquer. Ainsi l'on
a reproché à l'âge classique de notre littérature de
n'être qu'une contre-épreuve affaiblie de l'antiquité,
de n'avoir pas de vie propre, d'originalité nationale, de
s'être séparé du moyen âge, d'avoir renoncé aux traditions de la poésie chrétienne ; d'autre part, certains
défenseurs maladroits de la gloire de nos plus grands
hommes ont accepté cet injuste reproche et ont fait
une louange de ce qui était une calomnie. Ces critiques
ont répondu que le dix-septième siècle n'avait pas
besoin de l'inspiration moderne, qu'il a imité les anciens et les a reproduits, et que c'était là ce qu'il y
avait de mieux à faire. Si le dix-septième siècle avait
seulement reproduit l'antiquité, il ne serait pas placé

aussi haut dans l'histoire des grands siècles littéraires.
Ce que le siècle de Louis XIV a emprunté à l'antiquité,
comparé à ce qui lui est propre et à ce qu'il a puisé
dans les sentiments que le moyen âge avait créés, est,
selon moi, peu de chose. Certaines formes de langage;
quelques détails, quelques vers traduits ou imités,
ont trompé les critiques : mais au fond, l'inspiration,
la vie de notre littérature du dix-septième siècle est
moderne, nationale, et en très-grande partie chevaleresque. La substance, l'étoffe de notre grande poésie
dramatique, c'est surtout la poésie chevaleresque
du moyen âge arrivée par des canaux obscurs aux
mains de Corneille et de Racine, et par eux élevée à la
hauteur de l'art, encadrée par Corneille dans la grandeur romaine, ornée par Racine d'emprunts faits à la
grâce et à l'élégance grecque. Dans le dix-huitième
siècle, l'homme le moins sympathique au moyen âge,
Voltaire, est pourtant celui de nos poëtes qui, le premier, a mis en scène le moyen âge sous son propre
nom; le premier, Voltaire, nous a présenté des héros
chevaleresques avec leurs costumes et non sous le
manteau grec, ou la toge romaine.

La Révolution, qui a frappé le passé, a frappé tout
ce qui venait de lui, dans la littérature et dans la société, et la chevalerie comme le reste. Après la Révolution, une voix s'est élevée encore; celui dont le génie
ranimait, dans le monde de la religion et de l'imagination, les traditions du moyen âge, a fait entendre

comme un harmonieux écho de la poésie chevaleresque dans *le Dernier des Abencerrages*. Depuis, on
n'a tenté en ce genre que d'impuissants efforts. L'Empire, quand les idées aristocratiques et féodales sont
venues à la suite des idées militaires, a cherché à
raviver les traditions chevaleresques ; il n'en est résulté que quelques romances. La Restauration a fait
un effort en faveur de la littérature chevaleresque,
effort artificiel et intéressé qui n'a rien produit de remarquable. Enfin, depuis 1830, il n'y a pas eu, que
je sache, un essai, grand ou petit, célèbre ou obscur,
de littérature chevaleresque ; c'est que cette littérature a besoin de cet ensemble d'idées, de sentiments,
de mœurs, qui constituait la chevalerie et qui s'efface
chaque jour davantage. Tout ce qui tient au passé s'y
enfonce avec une effrayante rapidité ; nous sommes
comme sur le chemin de fer ; sans éprouver aucune
secousse, sans nous apercevoir, pour ainsi dire, que
nous marchons ; tout à coup, les objets qui étaient là
tout proche ont disparu ; ainsi disparaît rapidement
et sans secousse ce qui subsiste encore du passé.
Les derniers restes de la chevalerie se sont abîmés
dans ce grand naufrage ; elle-même ne trouve plus
d'expression dans la littérature. Nous sommes donc
arrivés à la fin de cet immense et glorieux développement de la poésie chevaleresque dont nous observions
tout à l'heure le point de départ et les commencements.

Ce qui se passe dans la littérature à cet égard tient

à ce qui se passe au fond de la société. On ne saurait
nier que certains sentiments qui ont fait faire de
grandes choses, qui ont été pendant des siècles le principal mobile des actions et de la conduite des hommes,
perdent de leur empire. Notre âge est peu chevaleresque, il faut le dire; le calcul positif l'emporte sur
l'exaltation désintéressée. Sans doute de nouveaux
principes de moralité sociale, sans doute des sentiments que nos pères ne connaissaient pas ou connaissaient à peine, paraissent devoir remplacer l'ancienne
conscience de la société française : ce qui s'appelle
patriotisme, ce qui s'appellera un jour humanité,
pourra tenir lieu peut-être avec avantage de ce qui
s'appelait l'honneur chevaleresque. Mais en attendant,
ce moment est triste; l'enthousiasme est rare, s'il
ne manque pas tout à fait. De là résulte une grande
défaillance dans beaucoup d'âmes, de douloureuses
langueurs, une certaine inertie dans la vie morale,
et une lacune funeste dans l'inspiration poétique. Si
Dante revenait à la lumière, il est à craindre qu'il ne
nous plaçât dans l'enfer des tièdes; mais cet état
des âmes, que je souhaite avoir exagéré, ne peut
durer longtemps. L'homme ne saurait vivre courbé
sur sa tâche comme un forçat enchaîné à son labeur,
sans que rien l'élève et le soutienne au-dessus de la
vie commune. Ayons donc confiance, l'enthousiasme
et la poésie renaîtront, ou le genre humain mourra;
et le genre humain ne mourra pas.

Mais qui nous rendra la poésie? Quel enthousiasme nouveau remplacera cette forme évanouie de l'enthousiasme de nos pères? Quelle sera la chevalerie de l'avenir? Quelle institution viendra relever cette société qui languit et qui voudrait vivre, qui est fatiguée de ce qu'elle connaît et tourmentée de ce qu'elle attend? Où trouver cette puissance de dévouement que la chevalerie a excitée durant des siècles? Où est le principe qui doit nous régénérer? On ne le sait; on s'interroge, on cherche avec un mélange d'inquiétude et d'espoir, de confiance et de découragement; on regarde à l'horizon, on se demande d'où partira ce souffle vivifiant qui retrempera les âmes. Oh! qu'il vienne enfin ce souffle, du Nord ou du Midi, de l'Orient ou de l'Occident, qu'il descende sur nous! qu'il ranime le monde!

J'appelle moyen âge, dans l'histoire de la littérature française, les douzième, treizième et quatorzième siècles. Ces trois siècles me paraissent constituer une époque distincte, séparée de ce qui la précède et de ce qui la suit. Le commencement de cette époque est marqué en Europe par une crise sociale, de laquelle sortent tout à la fois les communes, l'organisation complète de la féodalité et de la papauté, les idiomes modernes de l'Europe, l'architecture appelée gothique. Les croisades sont la brillante inauguration du moyen âge.

En France, le moyen âge a son commencement, son milieu et sa fin. Le douzième siècle forme la période ascendante; dans le treizième est le point culminant, et le quatorzième voit commencer la décadence. La première période aboutit à Philippe Auguste; la seconde est signalée par le règne de saint Louis, dont les lois et les vertus représentent la plus haute civilisation du moyen âge; la troisième période, celle de la décadence, commence à Philippe le Bel et expire dans les troubles et l'agonie du quatorzième siècle.

La littérature elle-même suit un mouvement pareil, et offre trois périodes correspondantes aux trois périodes historiques que je viens d'indiquer. Dans la première, qui est la période héroïque, on trouve les chants rudes, simples, grandioses, des plus vieilles épopées chevaleresques; en particulier, la *Chanson de Roland*. On trouve Villehardouin au mâle et simple récit. La seconde, plus polie, plus élégante, est représentée par celui qui en est l'historien, ou plutôt l'aimable conteur, Joinville; c'est le temps des fabliaux, c'est le temps où naissent les diverses branches du *Roman de Renart*, c'est-à-dire ce que la littérature française a produit de plus achevé, comme art, au moyen âge. La troisième est une ère prosaïque et pédantesque; à elle la dernière partie du *Roman de la Rose*, recueil de science aride, dans lequel il n'y a de remarquable que la satire, la satire toujours puissante contre une époque qui approche de sa fin. Au quatorzième siècle, la prose s'introduit dans les romans et dans les sentiments chevaleresques, l'idéal de la chevalerie décheoit et se dégrade; enfin, cette chevalerie artificielle, toute de souvenirs et d'imitations, dont l'ombre subsiste encore, reçoit un reste de vie dans la narration animée, mais diffuse et trop vantée, de Froissart.

Aux trois phases littéraires, on pourrait faire correspondre trois phases de l'architecture gothique : celle du douzième siècle, forte, majestueuse; celle du treizième, élégante, et qui s'élève au plus haut degré de perfection; et, enfin, celle du quatorzième siècle, surchargée d'ornements et de recherche.

Après avoir déterminé, dessiné, pour ainsi dire, le contour de la littérature française au moyen âge, et en avoir esquissé les principales vicissitudes, je vais présenter une vue rapide de ses antécédents, de ses rapports avec la littérature étrangère contemporaine, et enfin, de ce qui la constitue elle-même, des grandes sources d'inspiration qui l'ont animée et qui lui ont survécu.

La littérature française du moyen âge n'a guère que des antécédents latins. Les poésies celtique et germanique n'y ont laissé que de rares et douteux vestiges; la culture antérieure est purement latine. C'est du sein de cette culture latine que le moyen âge français est sorti, comme la langue française elle-même a émané de la langue latine. Il est curieux de voir les diverses portions de notre littérature se détacher lentement et inégalement du fonds latin, selon qu'elles en sont plus ou moins indépendantes par leur nature respective.

Il est des genres littéraires qui n'ont pas cessé d'être

exclusivement latins, même après l'avénement de la langue et de la littérature vulgaires. Telle est, par exemple, la théologie dogmatique, qui n'a pu déposer, au moyen âge, son enveloppe, son écorce latine. Le latin était une langue pour ainsi dire sacrée; et il faut aller jusqu'à l'événement qui a clos sans retour le moyen âge, jusqu'à la réforme, pour trouver un traité de théologie dogmatique en langue française; il faut aller jusqu'à l'*Institution chrétienne* de Calvin.

La prédication se faisait tantôt en latin pour les clercs, tantôt en français pour le peuple. C'est dans l'homélie, le sermon, que la langue vulgaire a été employée d'abord, et cet emploi remonte jusqu'au neuvième siècle; mais le latin, comme langue de l'Église, comme langue de la religion, semblait si approprié à la prédication, que longtemps après cette époque on le voit disputer la chaire à l'envahissement de la langue vulgaire; et quand celle-ci s'en est emparée, il résiste encore. Le latin macaronique des sermons du quinzième siècle, l'usage qui existe de nos jours, en Italie, de prononcer un sermon latin dans certaines solennités, enfin, jusqu'aux citations latines si souvent répétées dans nos sermons modernes, sont des témoins qui attestent avec quelle difficulté, après quels efforts de résistance longtemps soutenue, le latin a fait place à la langue française dans la prédication. Des compositions d'un autre genre, appartenant de même à la littérature théologique, se sont continuées en latin, et en même temps ont commencé à être écrites en français ; telles sont les légendes, traduites en général d'après un original latin, mais qui, dans ces traductions, prennent assez souvent une physionomie nouvelle, et même une physionomie un peu profane, tournent au fabliau populaire, parfois même au fabliau satirique.

Il est une autre portion de la littérature du moyen âge dans laquelle on voit aussi le français venir se placer à côté du latin, sans le déposséder entièrement : c'est tout ce qui se rapporte à la littérature didactique, soit morale, soit scientifique. Dans cette dernière viennent se ranger les recueils de la science du moyen âge, qui portaient le nom de *Trésors*, d'*Images du monde*, de *Miroirs*, de *Bestiaires*, etc. Ces recueils étaient originairement en latin ; quelques-uns pourtant ont été rédigés ou en provençal ou en français. Le *Trésor* de Brunetto Latini fut écrit en français par ce réfugié toscan, à peu près en même temps que Vincent de Beauvais, confesseur de saint Louis, publiait en latin sa triple encyclopédie.

Quant à la philosophie proprement dite, elle a été, comme la théologie dogmatique, constamment écrite en latin au moyen âge ; et de même qu'il faut aller jusqu'à Calvin pour trouver un traité français de théologie dogmatique, il faut aller encore plus loin, il faut aller jusqu'au grand novateur en philosophie, jusqu'à Descartes, pour trouver l'emploi de la langue française dans des matières purement philosophiques. Le premier exemple qu'on en peut citer, est le *Discours sur la méthode*; les *Méditations* elles-mêmes ont été écrites d'abord en latin, et traduites, il est vrai, presque aussitôt en français.

L'histoire a commencé, au moyen âge, par être une traduction de la chronique latine. Les deux grands ouvrages qui portent le nom de *Roman de Brut* et de *Roman de Rou*, ne sont que des translations en vers, l'un d'une chronique, l'autre de plusieurs. L'histoire fait un pas de plus; elle devient vivante, elle est écrite immédiatement en langue vulgaire, sans passer par la langue latine, et ceci a lieu dans le midi comme dans le nord de la France, en provençal et en français, en vers et en prose, presque simultanément : en vers provençaux dans la chronique de la guerre des Albigeois, si pleine de feu, de mouvement, de vie, si fortement empreinte des sentiments personnels du narrateur, et, en prose française, dans l'Histoire de Villehardouin, marquée d'un si beau caractère de vérité, de gravité, de grandeur.

Les deux successeurs de Villehardouin, Joinville et Froissart, bien que d'un mérite inégal, continuent à mettre la vie dans l'histoire, en y introduisant l'emploi de la langue vulgaire, et en l'animant de leur propre individualité; entre leurs mains l'histoire passe de l'état de chronique latine, à celui de mémoire français.

La plupart des autres genres de littérature n'ont pas une origine aussi complétement latine que ceux dont

je viens de parler. Ainsi, la poésie lyrique des troubadours et des trouvères, et surtout la portion de cette
poésie qui roule sur les sentiments de galanterie chevaleresque, n'a pas une source latine ; cette poésie est
née avec la galanterie chevaleresque elle-même, et
l'expression n'a pu précéder le sentiment. Cependant
on trouve encore des liens qui rattachent à la latinité
les chants des troubadours et des trouvères. La rime
qu'ils emploient a commencé à se produire insensiblement dans la poésie latine des temps barbares. Enfin,
le personnage même des troubadours procède des jon-
gleurs, et ceux-ci sont, comme leur nom l'indique,
une dérivation de l'ancien *joculator*, qui faisait partie,
aussi bien que les *histrions* et les *mimes*, d'une classe
d'hommes consacrée aux jeux dégénérés de la scène
romaine.

Il va sans dire que la poésie épique, chevaleresque,
n'a rien à faire non plus avec les origines latines ; elle
est dictée par les sentiments contemporains : ce qu'elle
raconte en général, c'est la tradition populaire telle
qu'elle s'est construite à travers les siècles et par le travail des siècles ; il faut excepter cependant les poëmes
qui ont pour sujet des événements empruntés aux fables de l'antiquité : la guerre de Troie, par exemple,
telle qu'on la trouvait dans les récits apocryphes de
Darès le Phrygien ou de Dictys de Crète ; la guerre de
Thèbes, l'expédition des Argonautes, telles qu'on les
trouvait dans Ovide ou dans Stace. Là le moyen âge a

eu devant les yeux des modèles latins, mais là encore
la donnée populaire, nationale, moderne, a puissamment modifié, ou plutôt a complétement transformé
la donnée antique. Si les hommes du moyen âge n'é-
taient pas tout à fait étrangers aux aventures de la
guerre de Troie, de la guerre de Thèbes ou à l'expédition des Argonautes, ils ne pouvaient comprendre l'antiquité dans son esprit, dans son caractère, dans ses
mœurs. Le moyen âge, en donnant le costume et les
habitudes chevaleresques à des guerriers grecs ou
troyens, les enlevait en quelque sorte à l'antiquité, et
se les appropriait par son ignorance.

Les poëmes dont Alexandre est le héros, bien que ce
personnage appartienne à l'histoire ancienne, ne doivent pas cependant être confondus avec les précédents,
car cet Alexandre n'est ni celui d'Arrien, ni celui de
Quinte-Curce; c'est un Alexandre traditionnel et non
historique, c'est celui que racontent les *Vitæ Alexandri
Magni*, écrites d'après les originaux grecs, et contenant, non pas l'histoire, mais la tradition orale sur
Alexandre, formée après sa mort dans les provinces
qu'il avait soumises. Ainsi, l'Alexandre des épopées
du moyen âge n'appartient pas à l'antiquité, mais à la
légende comme Charlemagne ou Arthur. Pour ces
derniers, le fait est incontestable, et ce n'est pas de
l'histoire qu'ont pu passer dans le domaine de la poésie chevaleresque ces deux noms qu'elle a tant célébrés. Quant aux chroniques dans lesquelles Charlema-

gne figure d'une manière plus ou moins analogue à celle dont il figure dans les romans de chevalerie, c'est comme dans la chronique du moine de Saint-Gall, un récit fait d'après les traditions vivantes, ou, comme dans la chronique de Turpin, un récit fait d'après des chants populaires. Ces chroniques ne peuvent donc pas être considérées comme une source latine à laquelle auraient puisé les poëmes de chevalerie sur Charlemagne, mais comme un intermédiaire qui aurait recueilli avant eux des chants et des récits plus anciens. La chronique de Geoffroy de Monmouth, dans laquelle sont racontés de fabuleux exploits d'Arthur, ne peut pas être envisagée non plus comme la source des poëmes chevaleresques sur ce personnage et les héros de son cycle, car elle ne contient que quelques germes des événements qu'ont développés, multipliés, variés à l'infini ces poëmes.

Les fabliaux n'ont pas un original latin ; ils sont, en général, rédigés d'après la transmission orale, et appartiennent à cette masse de contes, d'histoires qui circulent d'un bout du monde à l'autre; c'est dans cette circulation que les a trouvés la poésie française du moyen âge, c'est là qu'elle les a recueillis pour leur donner son empreinte. Il n'en est pas de même de l'apologue ; bien qu'il soit aussi de nature cosmopolite, et qu'il voyage, ainsi que le conte, de pays en pays, de siècle en siècle, l'apologue n'est arrivé au moyen âge que par l'intermédiaire des fabulistes latins.

Il faut faire une exception pour l'apologue par excellence, le *Roman de Renart*. Celui-ci est sorti d'une
donnée populaire, et bien qu'il ait été mis en latin de
très-bonne heure, et que le monument peut-être le plus
ancien qu'on en possède, soit latin, il n'en est pas moins
certain que ce monument lui-même suppose des originaux antérieurs en langue vulgaire. La poésie satirique ne procède pas non plus du latin, les *Bibles* sont
nées à l'aspect des désordres du temps ; elles sont nées
ou de l'indignation sévère, ou de la joyeuse humeur
que ces désordres ont fait naître dans les âmes des
auteurs ; elles ne sont pas le résultat d'une savante
imitation de Perse ou de Juvénal.

Pour la poésie dramatique en langue vulgaire, sa
partie religieuse, le *mystère* et le *miracle*, se rattachait
aux mystères latins antérieurs, qui eux-mêmes étaient
une partie du culte, et tenaient à cet ensemble de représentations théâtrales que l'Église avait empruntées
originairement au paganisme. Le drame bouffon, la
farce, appartiennent plus en propre au moyen âge,
mais encore ici il y a un certain rapport de filiation
entre les acteurs des tréteaux du moyen âge et les derniers histrions de l'antiquité.

Tels sont les divers points par où la littérature nouvelle tient à la littérature latine antérieure, et par où
elle s'en détache. On voit que les genres littéraires qui
existent au moyen âge, à la fois en latin et en français,
et qui n'existent alors en français que parce qu'ils

ont existé auparavant en latin, sont ceux qui contiennent une espèce d'enseignement : ainsi tout ce qui tient à la théologie, jusqu'aux légendes et aux mystères, qui en sont comme la partie épique et dramatique, tout ce qui tient aux *moralités*, jusqu'à l'apologue; — tandis que ce qui est purement d'imagination, d'inspiration spontanée, sans but ou religieux, ou moral, ou scientifique, ne procède pas de la littérature latine, mais de soi-même, et appartient en propre au moyen âge français. Ainsi, la poésie lyrique, la poésie épique, les fabliaux, la satire, sont des genres dont on peut dire :

Prolem sine matre creatam

qui n'ont pas d'antécédents latins, d'origine latine, qui surgissent spontanément dans la langue vivante et populaire du moyen âge.

Passons du rapport du moyen âge français avec la culture latine qui l'a précédé, à ses rapports avec les littératures étrangères contemporaines. Les influences qu'il a pu recevoir, si on ne considère que l'Europe, sont à peu près nulles. Au moyen âge, nous avons beaucoup donné et très-peu reçu; si l'on tient compte de quelques traditions galloises qui ont dû se glisser en s'altérant beaucoup dans les romans de chevalerie, de quelques traditions ou plutôt de quelques allusions aux traditions germaniques qui y tiennent fort peu de place, on a évalué à peu près complétement tout ce

que nous pouvons devoir aux autres nations européennes. En revanche, nous avons reçu beaucoup de
contes de l'Orient, nous, comme tous les autres peuples
de l'Europe, peut-être plus qu'aucun autre, et en outre
c'est très-souvent par nous que la transmission s'est
opérée. L'Espagne, où les points de contact établis avec
les Arabes, soit directement, soit par l'intermédiaire
des juifs convertis, ont dû amener de fréquentes communications entre l'Orient et l'Occident; l'Espagne est
à peu près le seul pays de l'Europe qui ait pu, au
moyen âge, je ne dis pas nous communiquer quelque
chose du sien, mais agir sur nous indirectement, en
important dans notre littérature des emprunts faits à
l'Orient. A cela près, nous avons été constamment le
véhicule par lequel les contes orientaux, transformés
par nous en fabliaux, ont été disséminés dans le reste
de l'Europe; en sorte que, lors même que ce n'est pas
nos propres créations que nous répandons autour de
nous, nous sommes encore propagateurs en transmet-
tant ce qu'on nous a transmis. Ainsi, la collection des
Gesta Romanorum, dans laquelle se trouve un assez
grand nombre d'apologues et de contes orientaux qui
ont eu cours en Europe au moyen âge, cette collection
a été rédigée par un Français.

Il faut remarquer que cette portion de la littérature
du moyen âge est peut-être la plus piquante, mais à
coup sûr est la plus frivole, et, sauf quelques influences de la poésie arabe sur la poésie provençale qui por-

tent plus sur la forme que sur le fond, c'est à peu près tout ce que la France doit aux Arabes. On a beaucoup vanté l'influence des Arabes sur la civilisation du moyen âge : c'est surtout dans le dernier siècle que cette théorie a trouvé faveur. Son succès provenait en partie, je pense, d'une certaine hostilité au christianisme, en vertu de laquelle les hommes du dix-huitième siècle étaient très-heureux de pouvoir attribuer une portion de la civilisation chrétienne aux ennemis de la foi ; l'on s'est exagéré, en conséquence, à dessein et à plaisir l'influence des Arabes. J'ai eu occasion[1] de la restreindre pour la chevalerie, qui n'est pas et ne saurait être musulmane par son origine, mais qui est chrétienne et germanique ; le christianisme et le germanisme forment, selon moi, la chaîne et la trame de ce tissu ; les Arabes y ont ajouté la broderie. Il en est de même de la rime, qu'il n'est pas besoin de faire venir d'Arabie, puisqu'on la voit naître naturellement et par degrés de la poésie latine dégénérée. Il en est de même de la scolastique, qu'on a dit être due aux Arabes, tandis qu'une étude plus approfondie de l'histoire de la philosophie dans les siècles qui ont précédé ceux qui nous occupent maintenant, a montré que jamais la dialectique d'Aristote et ceux de ses ouvrages qui la contiennent n'ont disparu de l'Europe, et n'ont cessé d'y être plus ou moins connus. Il en est de même encore de l'architecture du moyen âge ; après l'avoir appelée go-

[1] Voir le travail précédent sur la chevalerie.

thique, on a voulu la faire arabe. Je crois volontiers qu'on a trouvé des ogives dans des mosquées très-anciennes et jusque dans les ruines de Persépolis, de même que l'on en trouve en Italie dans les monuments étrusques ; mais l'ogive n'est pas l'architecture gothique ; cette architecture se compose de tout ce qui lui donne son caractère, et, prise dans son ensemble, elle porte trop évidemment le sceau de la pensée religieuse des populations chrétiennes, pour qu'on puisse chercher son origine hors du christianisme.

Si les influences que nous avons reçues au moyen âge sont bientôt énumérées, il n'en est pas de même de celles que nous avons communiquées ; le tableau des secondes serait aussi vaste que le tableau des premières est restreint. Nos épopées chevaleresques, provençales et françaises, ont été le type des épopées chevaleresques de l'Angleterre et de l'Allemagne, qui n'en sont en général que des traductions, tout au plus des reproductions un peu modifiées ; et il en a été ainsi non-seulement pour notre héros national, Charlemagne, mais même pour des héros qui ne nous appartiennent pas par droit de naissance, comme Arthur ou Tristan. Ces personnages, empruntés aux traditions étrangères, ont été plus tôt célébrés par notre muse épique qu'ils ne l'ont été dans les autres pays de l'Europe et dans la patrie même de ces traditions[1].

[1] Les publications importantes que prépare M. de la Villemarqué restreindront peut-être cette assertion. (*Note de l'auteur.*)

Les nouvelles italiennes ne sont pas, pour la plupart, empruntées à nos fabliaux ; un très-grand nombre d'entre elles a pour base des anecdotes ou locales ou puisées aux sources les plus variées. Il en est cependant plusieurs, et des plus remarquables, qui n'offrent que des versions à peine altérées de nos fabliaux, soit dans Boccace, soit dans ses prédécesseurs ou ses continuateurs, soit enfin dans son imitateur anglais Chaucer. Quand la Fontaine a retrouvé chez Boccace des sujets qui étaient originairement français, il n'a fait que reprendre notre bien. Dépouillant ces récits enjoués de l'enveloppe quelque peu pédantesque dont Boccace les avait affublés, il leur a rendu, comme par instinct, leur caractère primitif. Avec beaucoup d'art et de finesse, il a reproduit, en l'embellissant, la naïveté de ses modèles, qu'il ignorait.

Maintenant que nous avons vu d'où venait le moyen âge français, quels étaient ses rapports avec les autres littératures, il nous reste à l'étudier en lui-même, à le considérer dans. les quatre grandes inspirations qui ont fait sa vie, dans les quatre tendances principales qui le caractérisent; c'est l'inspiration chevaleresque, l'inspiration religieuse, la tendance par laquelle l'esprit humain aspire à l'indépendance philosophique; enfin, c'est l'opposition satirique qui fait la guerre à tout ce que le moyen âge croit et révère le plus.

L'inspiration chevaleresque fut plus puissante en-

core au moyen âge qu'on ne le pense d'ordinaire. La
chevalerie n'est pas seulement une institution; c'est
un fait moral et social immense, c'est tout un ordre
d'idées, de croyances, c'est presque une religion. La
chevalerie est née de l'alliance du christianisme avec
certains sentiments terrestres de leur nature, mais
élevés et pénétrés de l'esprit chrétien. Ayant prise sur
les âmes par ces sentiments naturels qu'elle respec-
tait, mais qu'elle épurait et qu'elle exaltait, elle a
lutté avec avantage contre la barbarie, contre la violence des mœurs féodales; elle a fait énormément
pour la civilisation intérieure, pour ce qu'on pourrait appeler la civilisation psychologique du moyen
âge. Aussi les idées, les mœurs chevaleresques tien-
nent-elles une place immense dans la littérature de ce
temps. Non-seulement elles animent et remplissent
la poésie épique et la poésie lyrique, mais elles se
font jour dans des genres de littérature très-diffé-
rents, et dans lesquels on s'attend bien moins à les
rencontrer, jusque dans les traductions de la Bible.
Certaines portions de l'Ancien Testament ont été trans-
formées, pour ainsi dire, en récits chevaleresques;
tels sont les livres des Rois et le livre des Machabées.
L'esprit chevaleresque s'est insinué dans les légendes,
particulièrement dans celles où la vierge Marie joue
le principal rôle. Les chevaliers ont pour Notre-Dame
une dévotion analogue à celle qu'ils ont envers la
dame de leurs pensées; Notre-Dame les aime, les

protége, et va au tournoi tenir la place de l'un d'eux, qui s'était onblié au pied de ses autels. La chevalerie pénètre même les fabliaux railleurs, et jusqu'au roman satirique de *Renart*. Les héros quadrupèdes de ce roman sont représentés chevauchant, piquant leurs montures, et portant le faucon au poing, tant était inévitable et invincible la préoccupation de l'idéal chevaleresque. La chevalerie a envahi le drame, composé primitivement pour les clercs et pour le peuple. Il n'y a pas de drame chevaleresque au moyen âge, parce qu'il n'y a pas, pour les représentations théâtrales, de public chevaleresque. Mais l'empire des idées et des sentiments de la chevalerie est si fort, que, même dans ce drame, qui n'est pas fait pour les chevaliers, l'intérêt chevaleresque a souvent remplacé et effacé presque entièrement l'intérêt religieux, comme on peut le voir dans les *miracles* du quatorzième siècle.

C'est surtout l'inspiration religieuse qu'on s'attend à trouver développée énergiquement au moyen âge, et je puis dire que j'ai été bien surpris, quand, après deux années passées à étudier l'histoire de la littérature et de l'esprit humain à cette époque, je suis arrivé à ce résultat inattendu, que l'inspiration religieuse tient dans la poésie de ces siècles de foi une place assez médiocre. En général, tout ce qui appartient à la littérature religieuse est traduit du latin en français, et par conséquent froid ; ce qui n'est pas traduit n'est guère plus animé. Il n'y a aucune com-

paraison entre la langueur de la poésie religieuse et
l'exaltation de la poésie chevaleresque, la verve de la
poésie satirique. Si l'on excepte quelques légendes,
comme l'admirable récit du *Chevalier au Barizel;* si
l'on excepte quelques accents religieux assez profonds
dans la poésie des troubadours, et quelques traits
d'un christianisme qui ne manque ni de naïveté ni
de grandeur, dans les plus anciennes épopées carlo-
vingiennes, on ne découvre, en général, rien de bien
saillant dans la poésie religieuse de la France au moyen
âge. Où est-elle donc, cette inspiration religieuse? Je
la trouve ailleurs, je la trouve dans les sermons latins
de saint Bernard, dans les ouvrages mystiques de saint
Bonaventure, dans l'architecture gothique; mais je la
cherche presque inutilement dans notre littérature, et
même dans la littérature nationale des autres pays de
l'Europe. Quelle est la grande œuvre de l'Allemagne
au moyen âge? Quel est son produit littéraire le plus
éminent? Les *Nibelungen,* poëme païen pour le fond,
chevaleresque pour la forme. Le christianisme, qui
est, pour ainsi dire, appliqué à la surface, n'a pas
pénétré à l'intérieur, n'a pas modifié les sentiments
de fougue et de férocité barbare, qui sont l'âme de
cette terrible épopée. En Espagne, quel est le héros
du moyen âge? C'est le Cid; mais le Cid des romances,
et surtout celui du vieux poëme, est un personnage
héroïque plutôt que religieux. Dans le poëme, il s'allie
avec les rois maures; dans les romances, il va à Rome

tirer l'épée au milieu de l'église Saint-Pierre et faire
trembler le pape. En Angleterre, quel est l'ouvrage
le plus remarquable du moyen âge? C'est le très-jo-
vial et passablement hérétique recueil de contes de
Cantorbéry. En Italie, il y a Dante qui, à lui seul, rachète tout le reste, qui a élevé au catholicisme un
monument sublime; mais hors la poésie de Dante et
quelques effusions mystiques, comme celles de saint
François d'Assise, je vois bien dans Pétrarque l'expression de l'amour chevaleresque élevée à la perfection de l'art antique, je vois bien dans Boccace des
plaisanteries folâtres et des narrations badines; mais
je ne vois pas que la poésie catholique, la poésie religieuse, tienne plus de place en Italie que dans le reste
de l'Europe.

Il est difficile de s'expliquer un semblable résultat.
Faut-il dire que précisément parce que l'Église avait
une autorité supérieure à toute autre autorité, le
moyen âge, dans tout ce qui n'a pas été écrit par une
plume sacerdotale, a été porté à faire acte d'opposition
à l'Église, au moins de cette opposition qui se trahit
par l'indifférence? Quand les clercs écrivaient, ils
écrivaient en latin; ceux qui écrivaient dans la langue
vulgaire n'étaient pas, en général, des clercs, mais
des individus sortis, ou des rangs du peuple, ou des
rangs de l'aristocratie féodale, deux classes d'hommes
qui chacune avait sa raison pour être en lutte avec
l'Église : la première par un instinct de résistance dé-

mocratique contre le pouvoir régnant, la seconde par
une jalousie aristocratique d'autorité. Il serait arrivé
ici le contraire de ce qui se passe dans l'apologue du
Peintre et du Lion, ce seraient les lions qui auraient
été les peintres.

Quoi qu'il en soit des causes qui ont restreint au
moyen âge l'inspiration religieuse, ce fait se rattache
à un autre fait remarquable, au mouvement latent et
comprimé, mais réel, de l'esprit vers l'indépendance
de la pensée. Je ne parle ici que de ce qu'il y a de sérieux dans ce mouvement ; le tour de la satire viendra
tout à l'heure.

Le premier signe de ce qu'on peut considérer comme
une tendance de l'esprit à s'émanciper du joug de
l'autorité, ce sont les traductions de la Bible en langue
vulgaire ; ces traductions furent, dès le principe, sus-
pectes à l'autorité ecclésiastique, et on les voit depuis
se renouveler de siècle en siècle, toutes les fois qu'il
y a quelque part une tentative d'insurrection contre
cette autorité. Non-seulement la translation de la Bible
dans une langue vulgaire soumettait les livres saints
au jugement particulier de tous les fidèles, mais aussi
à cette translation se joignit bientôt quelque chose de
plus que la traduction pure et simple ; des interprétations, d'abord morales seulement, puis allégoriques,
mirent sur la voie de ce que l'Église voulait éviter, et
de ce que la réforme a proclamé depuis, l'examen individuel de l'Écriture.

Si, au sein même de la littérature théologique, si, dans les traductions de la Bible, on surprend déjà ce qu'on peut appeler une aspiration à l'indépendance intellectuelle, à plus forte raison en surprendra-t-on aussi le principe dans la littérature didactique et philosophique, rivale de la littérature théologique.

Parmi les traités de morale qui eurent le plus de vogue au moyen âge, quelques-uns étaient, pour le fonds, purement ou presque purement païens, comme les prétendus apophthegmes de Caton, la *Consolation* de Boëce. L'Église devait se défier de la moralité puisée à ces sources profanes. Il y avait aussi des livres de morale pratique dont les principes, pour n'être pas païens, n'étaient pas beaucoup plus acceptables par l'Église; c'étaient les traités qui avaient pour base les axiomes et en quelque sorte le code de la morale chevaleresque, de cette morale en partie différente de la morale dogmatique du christianisme, et par là suspecte à l'Église.

Dans la littérature scientifique, dans ces *Trésors*, ces *Images du monde*, ces encyclopédies en prose et en vers qui contenaient le dépôt confus de toutes les connaissances du temps, il y en avait aussi une portion dont la foi pouvait s'alarmer. Là se trouvaient des idées sur la structure du monde, sur la disposition des êtres, qui étaient empruntées soit à l'antiquité, soit aux Arabes, soit même aux Juifs, et qui ne s'accordaient pas avec la science ecclésiastique. C'é-

tait donc, dans les deux cas, un commencement d'indépendance, un effort de la pensée pour suivre sa
voie, pour se soustraire insensiblement au joug de
l'autorité; elle était donc par là sur le chemin qui
devait conduire à la réforme. La littérature philosophique du moyen âge, celle qui n'a guère été écrite
qu'en latin, contenait plus qu'aucune autre des germes d'indépendance, et elle a toujours, à diverses
reprises, encouru les censures de l'Église. De là les
persécutions contre Aristote, esprit libre, païen, et
par conséquent dangereux; bien qu'on cherchât dans
ses livres sa dialectique, qui n'était qu'un moyen,
bien plus que ses conclusions métaphysiques, le seul
fait d'un moyen, d'un instrument indépendant de
l'Église, lui faisait ombrage. Les divers corps au sein
desquels a fleuri la philosophie du moyen âge ont partagé les mêmes disgrâces. L'université de Paris a provoqué souvent les défiances de Rome. Quand les frères
mineurs se sont emparés de l'enseignement, ils n'ont
pas tardé à devenir suspects à leur tour. Enfin, même
dans les ouvrages en langue vulgaire, comme dans la
deuxième partie du *Roman de la Rose*, s'est montrée
une extrême hardiesse, une extrême liberté de pensée,
et jusqu'à une sorte de naturalisme et même de matérialisme prêché hautement, et mis dans la bouche
de *Genius*, prêtre de la nature, qui arrive à certaines
conséquences exprimées fort grossièrement, et assez
semblables à ce qu'on a voulu établir, dans ces der-

niers temps, sous le nom de réhabilitation de la chair.

Un autre résultat auquel conduit l'étude impartiale et un peu approfondie du moyen âge, c'est que l'opposition satirique occupe dans la littérature de ce temps une place infiniment plus considérable qu'on ne serait porté à le croire. Je ne sache pas une époque dans laquelle la raillerie, la satire, ait joué un aussi grand rôle que dans ce moyen âge, qu'on s'est plu quelquefois à représenter comme une ère de sentimentalité et de mélancolie.

La satire n'est pas seulement dans les poëmes satiriques proprement dits; elle se trouve partout : dans les poëmes moraux les plus lugubres comme les vers de Thibaut de Marly sur la mort, parmi lesquels l'auteur a soin d'intercaler une satire contre Rome; dans les légendes, empreintes d'une dévotion ascétique, comme celle de l'évêque Ildefonse et de sainte Léocadie, légende que son pieux auteur interrompt brusquement pour adresser à l'Église romaine la plus véhémente des invectives.

Dans les fabliaux, la satire perce à chaque vers; elle semble s'être concentrée dans le *Roman de Renart* pour se développer ensuite dans les plus vastes proportions, embrasser toute la société du moyen âge et se prendre corps à corps avec ce qui dominait cette société, avec l'Église.

Toutes les fois que la satire apparaît dans notre littérature française du moyen âge, c'est toujours avec

beaucoup de verve et d'énergie, avec un charme de
naturel et un bonheur d'expression que les autres
genres littéraires sont loin d'offrir au même degré.
Autant, comme je le disais, ce qui se rapporte à la
poésie religieuse est, en général, pâle, décoloré, languissant, autant ce qui appartient à l'ironie, à la satire, est vif et inspiré. Ce déchaînement satirique est
un grand fait historique, car dans cette portion si
riche, si ardente de la littérature du moyen âge, est
le principe de la ruine et de la fin de la civilisation
du moyen âge. Chaque époque vit de sa foi; et son
organisation repose sur sa foi. Mais chaque époque a
la formidable puissance de railler ce qu'elle croit, ce
qu'elle est, et par là de se désorganiser elle-même.
Pour les croyances, pour les formes sociales, comme
pour certains malades, le rire c'est la mort! c'est ce rire
qui a tué le moyen âge, car de lui sont nées les deux
forces destructives du seizième siècle, très-différentes
l'une de l'autre par leur nature, mais qui avaient
toutes deux pour caractère commun de combattre la
société du moyen âge, en combattant l'Église sur laquelle reposait tout l'édifice de cette société; ces deux
forces sont le protestantisme et l'incrédulité, les deux
grands marteaux du seizième siècle! Ce sont eux qui
ont frappé sur l'édifice et qui l'ont brisé, c'est par
eux qu'un autre temps, une autre civilisation, ont été
possibles. Eh bien, tout cela a commencé par le sar-
casme du moyen âge; et comment l'Église aurait-elle

pu tenir, quand on avait ri pendant trois siècles des
reliques, des pèlerinages, des moines et du pape,
quand les mêmes attaques se continuaient renforcées
par la vigueur nouvelle que l'esprit humain puisait
dans le commerce de l'antiquité? Ainsi, aux limites
d'une époque déjà parcourue, on pressent par avance
ce qui va agiter, ébranler la société et la pensée humaine dans les temps qui suivront.

Ces quatre grandes tendances, qui ont fourni à la
littérature autant d'inspirations et de directions fondamentales, n'ont pas cessé après le moyen âge; elles
se sont prolongées dans les siècles postérieurs, elles
ont duré jusqu'à nous. L'inspiration chevaleresque a
produit le roman et une grande partie de notre art
dramatique; l'inspiration religieuse n'a pas tari, le
siècle de Louis XIV est là pour l'attester; elle n'a
pas même tari de nos jours, Dieu soit loué! J'en
atteste le génie de Chateaubriand, les belles pages de
Ballanche, les beaux vers de Lamartine. La tendance
qui porte invinciblement l'esprit humain à s'émanciper de ce qui le domine et le contient, à chercher en lui-même, à ses risques et périls, son principe et sa raison; cette tendance n'a pas péri, et il
faut l'accepter, car elle ne périra pas. Enfin, la puissance satirique, cette puissance plus souvent mauvaise
que bonne, mais qui est pourtant dans les desseins
de la Providence, car elle a sa place dans le monde,
car elle y agit, y combat, y détruit toujours; cette

puissance dévorante n'a pas péri non plus, et le dernier siècle n'en a que trop largement usé.

Je m'arrête, ce n'est pas encore le temps de faire l'histoire des quatre derniers siècles; seulement, avant de quitter les trois siècles du moyen âge, j'ai voulu montrer déjà vivantes les tendances dont les combinaisons et les luttes formeront, en très-grande partie, la vie complexe des siècles modernes. En arrivant à ces siècles plus connus, ou du moins plus étudiés, peut-être sera-t-il possible de donner encore à des études venues après des travaux justement admirés, quelque intérêt de nouveauté, non par la ressource facile et misérable du paradoxe, mais par la rigueur du point de vue historique; peut-être comprendra-t-on mieux le développement de l'esprit moderne, après en avoir surpris l'embryon dans les flancs vigoureux du moyen âge. Tout se tient dans l'histoire, et l'on ne peut s'arrêter en chemin; il faut suivre le mouvement et le flot des âges, il faut aborder avec eux. On consent à se plonger longuement et courageusement dans de grandes obscurités, mais on ne veut pas y rester enseveli, on veut arriver au présent, à l'avenir; ce n'est que pour cela qu'on se résigne au passé. Étudier le passé c'est le seul moyen de comprendre le présent et d'entrevoir autant que possible l'avenir. On ne sait bien où l'on va que quand on sait d'où l'on vient. Pour connaître le cours d'un fleuve, il faut le suivre depuis sa source jusqu'à son embouchure; pour s'orienter, il faut savoir où le soleil se lève, et dans quel sens il marche; c'est ce que nous savons déjà : nous avons traversé cette longue nuit du moyen âge, qui s'écoule entre deux crépuscules, entre les dernières lueurs de la civilisation ancienne et la première aube de la civilisation moderne.

Et maintenant, nous poursuivons notre chemin comme le voyageur qui s'éveille après la nuit et reprend sa route, éclairé par le soleil qu'il a vu se lever sur les montagnes.

POÉSIE DU MOYEN AGE

LE ROMAN DE LA ROSE

On l'a dit : rien n'est nouveau que ce qui est oublié.
Cet axiome paradoxal devient plus vrai chaque jour.
D'une part, la nouveauté se fait rare dans les conceptions de l'esprit ; de l'autre, l'étude retrouve, à chaque
heure, dans les époques les plus obscures, dans les
livres les moins lus, beaucoup d'opinions et de passions, de vérités et d'erreurs, dont notre époque
voudrait revendiquer la découverte. Par ce double
progrès de la stérilité des esprits et de l'étendue des
connaissances, les richesses du présent diminuent, et
la valeur du passé augmente, ou plutôt le passé tend
sans cesse à effacer et absorber le présent. Il faut bien

admettre cette compensation, tout insuffisante qu'elle est, et se consoler comme on peut de l'originalité douteuse de tant d'œuvres contemporaines, en rendant leur originalité véritable à d'anciennes productions ignorées ou méconnues de nos jours. Si, par malheur, tel livre qui se donne pour contenir le secret des choses révélé hier à son auteur est trop semblable à celui dont Lessing disait : Il y a dans cet ouvrage des choses neuves et des choses vraies, mais les choses neuves ne sont pas vraies et les choses vraies ne sont pas neuves, en revanche dans tel écrit négligé du moyen âge sont enfouies des idées qu'on n'y soupçonnerait pas.

C'est ainsi qu'ayant eu la patience de lire un livre autrefois fameux, mais rarement ouvert depuis trois siècles, un livre qui passe en général pour ne renfermer qu'une allégorie galante assez fade, le *Roman de la Rose*, j'ai été surpris d'y trouver, avec les fadeurs qui n'y manquent point, un mouvement d'idées scientifiques et philosophiques et une veine de satire assez remarquables pour me donner la confiance d'en entretenir le lecteur, me hâtant de profiter pour une telle entreprise, car c'en est une, de lire et d'analyser le *Roman de la Rose*, du répit, bien passager sans doute, que nous donnent en ce moment les chefs-d'œuvre.

Pendant longtemps, on n'a guère connu de notre poésie française du moyen âge que le *Roman de la Rose*, et encore n'en connaissait-on que le nom. Depuis une vingtaine d'années, de nombreux monuments de notre vieille littérature ont été publiés ; mais, quoique plusieurs soient, à beaucoup d'égards, fort supérieurs au *Roman de la Rose*, aucun n'a encore conquis l'espèce de notoriété attachée depuis des siècles à cet ouvrage. D'autre part, tout en continuant de le citer souvent, on ne l'a pas lu davantage. En donner une analyse détaillée, c'est donc le publier pour ainsi dire. C'est entretenir le plus grand nombre des lecteurs d'un sujet qui sans leur être nouveau leur est étranger. C'est satisfaire cette curiosité qu'inspire le nom souvent répété d'un personnage inconnu ; c'est faire peut-être chose agréable à ceux qui aiment à savoir ce dont ils parlent, et qui mettent volontiers une idée sous un mot.

Le *Roman de la Rose* est l'œuvre de deux auteurs et se compose de deux parties très-distinctes. Dans la première, Guillaume de Lorris eut pour but de représenter tous les effets et tous les accidents de l'amour, d'en faire un traité complet sous une forme allégorique, comme l'indiquent les deux vers placés en tête du poëme :

> Ci est le *Roman de la Rose*,
> Où l'art d'amour est toute enclose.

Il ajoute :

> La matière est bonne et neuve.

Bonne, soit ; mais neuve, c'est autre chose. L'auteur

n'acheva pas son poëme, qui, lui mort, fut repris et continué dans un esprit entièrement différent par Jean de Meung.

Ces deux portions du *Roman de la Rose* forment véritablement deux poëmes, et le premier est souvent la contre-partie ou la parodie du second. Il y a entre l'un et l'autre quarante ans de distance, et tout l'intervalle qui sépare un interprète ingénu des maximes délicates de l'amour chevaleresque encore dans sa fleur au commencement du treizième siècle, et un poëte de la fin de ce siècle qui met à la place des grâces un peu mignardes de son devancier un incroyable mélange de brutalité, de pédanterie et de verve. C'est dans cette seconde partie que le lecteur trouvera ce que je lui ai promis plus haut ; mais, pour y arriver, il faut qu'il ait une idée de l'ensemble, et pour cela il doit consentir à traverser avec moi ce labyrinthe allégorique ; je tâcherai de ne l'arrêter que sur des passages qui lui plairont par la grâce de l'expression, ou qui l'intéresseront par la hardiesse de la pensée ou l'audace de la satire.

Guillaume de Lorris, auteur de la première partie du *Roman de la Rose*, commence son récit en nous disant qu'au vingtième an de son âge il eut un songe. « Il y a bien cinq ans, dit-il, c'était en mai,

> Quand toute chose s'égaie[1].
> Quand l'on ne voit buisson ni haie

[1] Quand il a été nécessaire, pour être compris, de traduire le

Qui en mai parer ne se veuille
Et couvrir de nouvelle feuille.

Il me semblait en mon songe être au matin. Je me
levai et m'en allai par les vergers en fleurs, écoutant
le chant des oiselets. Bientôt je rencontrai une eau
qui bruissait claire et fraîche à travers une prairie.
Côtoyant sa rive, je vis un grand verger enceint d'un
mur à créneaux sur lequel était *pourtraites* Haine,
Félonie, Vilenie, Convoitise, Avarice, Envie, Vieillesse. »

Ici j'interromps le récit de l'auteur pour faire une
observation que je crois essentielle. Si le poëme était
composé au point de vue de la morale chrétienne,
l'avarice et l'envie se trouveraient en la compagnie des
autres péchés mortels. Au lieu des péchés mortels,
l'auteur voit ici représentés les vices opposés aux qualités qui formaient le chevalier accompli : haine, contraire d'amour, félonie de loyauté, vilenie de noblesse,
convoitise de tempérance, avarice de largesse, envie
de générosité, et enfin vieillesse, qui *n'est point un
vice*, est mise là comme étant le contraire de jeunesse,
qui, dans le langage systématique des troubadours,
exprimait non-seulement un des âges de l'homme,

vieux français du *Roman de la Rose* en français moderne, je l'ai traduit, mais j'ai cherché à garder le plus possible de la vieille langue,
en ne remplaçant que ce qui était tout à fait inintelligible, et j'ai
essayé de reproduire l'effet du vers primitif en conservant, au
prix de quelques légers changements, le nombre des syllabes qui le
composent.

mais la disposition morale qui le rend propre aux sentiments et aux vertus chevaleresques [1].

A côté des images principales, le poëte en a placé deux autres, *Papelardie* et *Pauvreté*. Papelardie est synonyme d'hypocrisie. Jean de Meung, dont la satire est l'élément, n'aura garde d'oublier ce personnage et nous y ramènera. Guillaume de Lorris, porté aux sentiments doux et nullement agressif de sa nature, n'a pu se défendre pourtant de placer là cette allusion aux faux dévots, tant ce genre de raillerie que l'on rencontre avec quelque surprise jusque dans les sermons et les légendes, était naturel au moyen âge, surtout en France. Papelardie est la grand'mère du bon M. Tartufe ; elle dit comme lui *ma haire et ma discipline :*

> Et si avait vestu la haire.

Guillaume de Lorris, arrivé au pied du mur où les images sont peintes en or et en azur comme dans les vignettes d'un missel, entend d'innombrables oiseaux chanter derrière la muraille du verger. Il voudrait bien la franchir, mais point de pertuis, point d'échelle pour y pénétrer ; enfin il trouve un petit guichet fermé ; quand il a frappé longtemps, une noble et gente pucelle vient lui ouvrir, c'est Oiseuse (Oisiveté),

---

[1] Voyez à ce sujet le curieux travail de M. Fauriel sur l'origine de l'épopée chevaleresque au moyen âge. (*Histoire de la poésie provençale.*)

Qui la gorgette eut aussi blanche
Comme est la neige sur la branche
Quand il a fraîchement neigé.

D'après le nom de la dame, on ne doit pas s'étonner qu'elle soit fort parée, car Oiseuse n'est guère *embe-soignée*, et n'a rien à faire que de *s'atourner noble-ment*.

Oiseuse est l'amie de Déduit (Plaisir). C'est Déduit, dit-elle, qui a fait planter ce beau jardin, et y a fait apporter des arbres de la terre aux Sarrasins. Le luxe *horticole* du moyen âge allait-il donc jusqu'à importer en Europe des arbres exotiques[1]? Le poëte, apprenant que Déduit est là s'ébattant au chant des rossignols, a grande envie d'entrer dans le délicieux verger; il y entre en effet, et se croit dans le paradis terrestre.

---

[1] Du reste, ce n'est pas le seul trait de la description du verger enchanté qui fasse penser à l'Orient. Ailleurs, Lorris dit qu'il est clos de canneliers, de girofliers,

Et d'oliviers et de cyprès,
Dont il n'y a guère ici près.

L'idée du *verger de la Rose* pourrait avoir été elle-même transplantée de l'Orient dans l'Occident. Les jardins de roses sont célèbres en Orient. Il en est souvent question dans la poésie persane. *Jardin de Roses (Gulistan)* est le nom d'un recueil poétique de Sadi. M. Rei-naud, dans sa docte description des *monuments arabes, persans et turcs* du cabinet de M. le duc de Blacas, parle d'un poëme arabe dont le sujet est fort analogue à celui du *Roman de la Rose* (t. II, p. 472). Le *Rosen-Garten* (jardin des roses) de la poésie germanique, où combattent Dietrich et ses héros, n'aurait-il pas aussi été ap-porté de l'Orient, en même temps que par les croisades en venaient des ornements pour l'architecture du moyen âge?

Mille oiseaux y chantent ; on dirait des voix d'anges ou
de sirènes. Mais sa joie est encore augmentée quand
il voit Déduit et sa gent baller *mignotement*[1]. C'est
Liesse qui menait la danse. Courtoisie invite le poëte
à pénétrer dans le jardin. Au lieu de s'empresser de
céder à cette invitation, il se met à décrire les personnages du ballet, car il a la rage de décrire, et ne tient
que trop ce qu'il a promis.

> Tout ensemble dire ne puis,
> Mais tout vous conterai par ordre.
> Que l'on n'y sache que remordre.

Déduit et Liesse formaient un couple charmant.
Tous deux bien s'entr'aimaient, car il était beau, elle
était belle,

> Bien ressemblait rose nouvelle
> A sa couleur. . . . . .
> Elle eut la bouche petitete
> Et pour baiser son ami prête.

Enfin le poëte aperçoit le dieu Amour portant une
robe *ouvrée de fleurs* ; sur sa tête était une couronne
de roses dont les rossignols qui voletaient à l'entour

[1] L'auteur leur fait chanter des notes lorraines :

> Parce qu'an (on) set (sait) en Loheregne (Lorraine)
> Plus cointes notes (jolis airs) qu'en nul regne (royaume).
> (Vers 755-4.)

Cette supériorité des airs lorrains était-elle un effet de l'école de
chant établie à Metz par Charlemagne, et une preuve que cet établissement avait fructifié?

faisaient tomber les feuilles. Auprès du dieu, qui est représenté comme un chevalier, un seigneur féodal, était son écuyer Doux-Regard portant les deux arcs de l'Amour, car il en a deux, et Voltaire n'a pas les honneurs de l'invention pour ce vers qui commence une tirade assez précieuse de *Nanine* :

> Vous le savez, l'amour a deux carquois.

Chacun de ces arcs avait cinq flèches[1]. C'étaient d'une part Doux-Regard, Beauté, Courtoisie, Franchise, etc.; de l'autre, Orgueil, Honte, Vilenie, Désespérance et Nouveau-Penser, plus dangereux en amour que tout le reste. Lorris revient ensuite à la troupe dansante, il y découvre *dame Beauté :*

> Tendre eut la chair comme rosée.
> Simple fut comme une épousée
> Et blanche comme fleur de lis.

A côté de Beauté sont Richesse et Largesse

> . . . . . Qui n'avait joie de rien
> Comme de pouvoir dire : Tiens !

Franchise, Courtoisie, Jeunesse, et chacune a près d'elle son ami. L'auteur, charmé de tout ce qu'il voyait, s'en allait gaiement par le verger, quand *Amour* l'aperçoit, ordonne à Doux-Regard de tendre son arc, de lui donner ses cinq bonnes flèches, et il se

---

[1] Cama, le Cupidon de la mythologie indienne, a aussi cinq flèches, qui représentent les cinq sens.

met à suivre l'arc au poing le pauvre Lorris, qui prend la fuite, mais que son trouble n'empêche pas de décrire en plusieurs pages les beautés du verger. Toujours fuyant, il rencontre sous ses pas la fontaine où mourut le beau Narcisse, ce qui lui donne occasion de raconter l'histoire d'Écho, *une haute dame* dont Narcissus causa la mort [1], puis il avise près de la *fontaine d'Amour* des *rosiers chargés de roses*. Un bouton le tente par sa fraîcheur et son parfum ; il étend la main pour le saisir. A ce moment, le dieu Amour, qui l'épiait toujours, lui décoche une flèche qui entre par l'œil et va au cœur. Le blessé ne peut retirer de son cœur la pointe acérée, qui avait nom Beauté. Cependant il s'avance de nouveau vers le bouton, dont *la vue et le parfum sans plus* allégeaient sa douleur ; mais Amour lui a bientôt lancé successivement quatre autres flèches.

Après avoir épuisé son carquois, Amour s'élance vers son ennemi, accablé de ses coups, et s'écrie : « Vassal, tu es pris ; rends-toi. » L'Amant se rend volontiers à un tel vainqueur. Il fait plus, il se voue à son service corps et âme ; il devient son homme lige et lui promet foi et hommage dans les formes de la

---

[1] Cette fontaine d'Amour a des propriétés merveilleuses. Au fond de l'eau sont placés deux cristaux qui embellissent de mille reflets tous les alentours. Qui se regarde dans ce miroir ne peut se défendre d'aimer. Il y a peut-être là une vague notion du prisme et la première idée d'une métaphore bien souvent répétée depuis, *le prisme de l'illusion*.

féodalité. Amour requiert *hostages* ; mais l'Amant lui
repart : Qu'en avez-vous besoin? mon cœur est à vous,
nul ne peut vous en dessaisir.

> Et sur tout ce, si rien doutez,
> Faites-y clef et l'emportez.

L'Amour trouve bon l'expédient, car, dit-il,

> Il est assez maître du corps,
> Qui a le cœur en sa commande (à ses ordres) ;
> Outrageux est qui plus demande.

L'auteur nous apprend alors comment Amour ferma
d'une petite clef

> Le cœur de l'Amant par tel guise (en telle façon)
> Qu'il n'entama point la chemise.

Il nous fait part ensuite des *commandements* qu'A-
mour lui signifia, car l'Amour avait les siens comme
l'Église. Ici est un petit traité complet de morale
amoureuse. Amour interdit la médisance et prescrit la politesse. « Sers et honore toutes les femmes,
dit-il ; garde-toi d'orgueil, et ne néglige pas ton
accoutrement. » Le dieu entre à ce sujet dans quelques détails qui peuvent nous éclairer sur la toi-
lette des élégants du treizième siècle et sur les travers
des *beaux* d'alors. « Que tes souliers ne soient pas tellement étroits qu'on demande par gausserie comment
ton pied y est entré et comment il en sortira. » L'Amour
recommande à son serviteur d'être joyeux. Le mot

joie, dans le langage établi par les troubadours, exprimait l'exaltation et les vertus chevaleresques[1].
Amour ajoute : « Sois leste à pied et à cheval, brise
des lances, chante et danse dans l'occasion ; garde-toi
d'avarice, ne divise pas ton cœur, mais place-le tout
entier au même lieu, et, quand tu l'auras donné, ne
le retire plus ; alors tu connaîtras les peines d'amour ;
loin de ta dame, tu enverras ton cœur vers elle ; puis
tu la chercheras, et souvent en vain ; si tu es assez
heureux pour approcher d'elle, tu n'oseras lui adresser
la parole, et, quand elle ne sera plus là, tu te repen-
tiras de ton silence. Alors tu reviendras vers sa demeure, tu tourneras mille fois à l'entour en ayant
bien soin qu'on ne te devine. Si tu aperçois ta dame,
tu changeras de couleur, tout ton sang frémira, tu
demeureras sans voix et sans pensées, et si tu parviens
à ouvrir la bouche, sur trois choses que tu voudrais
dire, tu en oublieras deux. Ce sont les faux amants
qui, maîtres d'eux-mêmes, expriment ce qu'ils veulent
exprimer ; la nuit venue, ton mal seras encore plus
grand,

> Car, quand tu penseras dormir,
> Tu commenceras à frémir,
> A tressaillir, à demener (t'agiter),
> Sur le côté à te tourner.
>
> . . . .
>
> Comme fait qui a mal aux dents. »

[1] C'est de là qu'est venu probablement par opposition le sens
du mot *tristo* en italien, qui veut dire un lâche, un pervers.

L'Amour continue à peindre à l'amant l'agitation
de ses nuits avec assez de vérité et de chaleur. « Puis,
ajoute-t-il, ne pouvant dormir, tu te lèveras, tu iras
par la pluie ou par la gelée

> Vers la maison de ton amie
> Qui sera peut-être endormie,
> Et à toi ne pensera guère ;

tu resteras à sa porte, tu prêteras l'oreille ; si elle se
réveille, n'oublie pas qu'elle t'entende gémir et te
plaindre ; puis, baise la porte et retire-toi avant le
jour, de peur qu'on ne te voie. »

On ne peut prescrire une conduite plus exemplaire
pour un amant. L'auteur a mis là toute l'essence de
la morale galante de son temps. Il l'expose avec le sérieux d'un prédicateur convaincu ; mais, malgré ce
sérieux, l'humeur narquoise de la Muse française au
moyen âge s'échappe à la fin du morceau dans ces
vers railleurs :

> Tous ces venirs, tous ces allers,
> Tous ces veillers, tous ces parlers,
> Font des amans dans leurs houseaux
> Cruellement maigrir les peaux.

Il n'en est pas de même des faux amoureux,

> Qui vont les dames trahissant,
> Qui disent pour les engager
> Perdre le boire et le manger,
> Et que je vois, les enjoleurs.
> Plus gras qu'abbés ou que prieurs.

Le pauvre amant tout épouvanté des peines et des tourments qu'Amour lui annonce, se récrie à ses paroles, et demande

> Comment homme, s'il n'est de fer.
> Peut vivre un mois en tel enfer.

Amour alors le réconforte en lui annonçant les biens qui *solacent* ceux qui le servent ; c'est Espérance courtoise, c'est Doux-Penser, Doux-Parler et Doux-Regard. Au sujet de Doux-Parler, le dieu cite deux jolis vers d'une chanson, composée, dit-il, par une dame qui *savait d'amour* :

> Vrai Dieu, celui-là m'a guérie,
> Qui m'en parle, quoi qu'il m'en die.

Ce *quoi qu'il m'en die* est d'une assez grande délicatesse, et n'a d'autre inconvénient que de faire penser au *charmant quoi qu'on die* de Trissotin. J'espère cependant qu'on ne confondra pas mon admiration avec celle de Bélise et de Philaminte.

Ces instructions données, Amour disparaît, et l'Amant recommence à convoiter le bouton défendu par la haie épineuse. Comme il se *pourpensait* s'il essayerait de la franchir, il vit venir vers lui un beau varlet (jeune homme), on l'appelait Bel-Accueil et il était fils de Courtoisie. Son nom n'est point trompeur, car il invite l'Amant à franchir la haie pour sentir l'odeur des roses, l'engageant à se garder de folie, et à cette condition lui offrant ses services ; mais un autre personnage moins gracieux déconforte le pauvre Amant. C'est Dangier, dont le nom exprime à la fois l'idée de péril et d'obstacle. Dangier était le gardien, le cerbère des roses, et il avait avec lui Male-Bouche (mauvaise langue), Honte et Peur ; la généalogie de Honte est ingénieuse, elle a Raison pour mère, et pour père Méfait ; Raison n'a jamais laissé Méfait approcher d'elle, mais elle a conçu Honte par la seule vue du monstre. Chasteté ayant fort à faire pour se défendre de Vénus,

> Qui nuit et jour souvent lui emble (dérobe)
> Boutons et roses tout ensemble,

demanda à sa mère de lui prêter Honte pour les défendre, et lui adjoignit Jalousie et Peur.

Cependant l'Amant, encouragé par Bel-Accueil, raconte les terribles blessures qu'Amour lui a faites et son grand désir de s'emparer du bouton de rose ; Bel-Accueil l'écoute gracieusement, lui donne même une feuille du rosier, mais n'a garde de lui accorder ce qu'il demande. Tout à coup Dangier s'élance, pareil à ces géans hideux qui, dans les romans de chevalerie, veillent à la garde d'une belle. Il tance rudement Bel-Accueil, qui s'enfuit, puis chasse l'Amant et le repousse en dehors de la haie. Celui-ci commence à éprouver ces peines qu'Amour lui a promises. A cette heure, dame Raison descend de sa tour, et débite à l'Amant un sermon dans lequel elle lui reproche d'avoir suivi Oiseuse et d'avoir écouté Amour. Elle le menace de Dangier et de Honte, de Peur et de Mauvaise-Langue. C'est la thèse contraire à la thèse chevaleresque. Au lieu d'être principe de tout bien, Amour est ici cause de tout mal.

> Qui aime ne sçauroit bien faire
>
> . . . .
> La peine en est démesurée,
> Et la joie a courte durée;
> Qui joie en a, bien peu lui dure,
> Et l'avoir c'est grande aventure.
>
> . . . .
> Or, mets l'amour en nonchaloir
> Qui te fait vivre et non valoir.

Ces derniers vers sont énergiques, ils seraient bien placés dans la bouche de don Diègue parlant à Rodrigue.

Mais l'Amant ne se laisse point persuader, et maintient les saines doctrines amoureuses. Il a baillé hommage au dieu Amour; il lui appartient, il doit lui demeurer fidèle; il voudrait mourir avant qu'Amour l'accuse de fausseté et de trahison; il s'écrierait volontiers comme le Cid :

> L'infamie est pareille et suit également
> Le guerrier sans courage et le perfide amant.

Raison est obligée de se *départir*, car elle voit bien qu'elle ne gagnera rien par ses discours

L'Amant tout affligé se souvient alors qu'Amour lui a dit de chercher un compagnon pour lui confier ses peines; il le trouve, ce compagnon loyal qui s'appelle Ami. C'est le type du confident, de ce personnage obligé des romans de chevalerie, et qui, comme tant d'autres choses, a passé de ces romans dans notre tragédie, où sa présence, quelquefois assez fastidieuse, ne s'explique et ne se justifie un peu que par cette origine. Dans le roman de *Cléopâtre*, le prince Tiridate ne fait jamais un pas sans être accompagné de ses deux confidents.

Ami relève le courage de l'Amant en lui donnant l'espoir qu'il pourra attendrir le terrible Dangier. Bien humblement il s'en va vers le félon qu'il trouve l'air farouche et menaçant,

> En sa main un bâton d'épine.

L'Amant lui *crie merci*, proteste qu'il ne fera jamais rien qui lui déplaise :

> Souffrez que j'aime seulement.

Dangier a de la peine à s'adoucir, enfin il répond brusquement :

> Si tu aimes que m'en chaut,
> Ça ne me fait ni froid ni chaud.

Aime tant qu'il te plaira, mais n'approche pas de mes roses. — Les choses vont ainsi pendant quelque temps; l'Amant regarde les roses par-dessus la haie qu'il n'ose franchir; ses plaintes et ses soupirs n'attendrissent point l'impitoyable gardien.

Cependant voilà que de fortune Dieu amène deux personnes disposées à venir en aide à l'Amant : c'est Franchise et Pitié. Elles supplient Dangier de se relâcher un peu de sa rigueur et de permettre que le pauvre déconfit ait encore compagnie de Bel-Accueil. Tout farouche qu'il est, Dangier ne peut rien refuser à *des dames*, ce serait trop grande vilenie. Aussitôt Franchise va chercher Bel-Accueil et le ramène. Bel-Accueil prend de nouveau l'Amant par la main et le conduit dans le pourpris d'où il avait été chassé. Il trouve la Rose plus épanouie qu'elle n'était avant et plus vermeille; il voudrait bien en avoir un baiser savoureux. Bel-Accueil, qui a peur de Chasteté, refuse, mais Vénus vient à son aide. Dame Vénus était au moyen âge autre chose qu'un être mythologique. En Allemagne, *frau Venus*[1], était un personnage populaire; espèce de diable féminin, Circé moderne, type des Alcines et des Armides, elle avait sa montagne, *Venus-Berg*, et dans cette montagne un séjour enchanté vers lequel on était attiré par des chants délicieux, et d'où l'on ne pouvait plus sortir après qu'on s'était hasardé d'y pénétrer[2]. Vénus figure ici parmi

---

[1] Voir Grimm, *Deutsche Sagen*.

[2] Ailleurs le moyen âge s'était approprié la divinité païenne et en avait fait un personnage un peu différent. Pour un poëte

les personnages allégoriques du *Roman de la Rose*, et peut passer elle-même, ainsi qu'Amour, pour un personnage allégorique. Elle prend le parti de l'Amant et Bel-Accueil octroie le baiser désiré ; mais Mauvaise-Langue, qui représente les médisants dont se plaignent si souvent dans leurs poésies lyriques les troubadours et les trouvères, Mauvaise-Langue va réveiller Jalousie, qui se lève furieuse et gourmande Bel-Accueil de ses complaisances. Aussitôt Honte survient, portant voile comme une nonnain, et parlant bas à cause de son trouble ; elle dit à Jalousie de ne pas croire légèrement Mauvaise-Langue, parce qu'il est coutumier

De raconter fausses nouvelles.

Elle convient que Bel-Accueil est trop obligeant, sa mère Courtoisie lui a enseigné à bien *accueillir* les gens, mais il n'a aucune intention coupable. Jalousie ne se laisse pas désarmer, et proteste qu'elle fera élever une forteresse pour défendre les rosiers et les roses, qu'elle y placera une tour, et dans cette tour enfermera prisonnier le traître Bel-Accueil. Peur tremble, comme on peut croire, et avec Honte sa cousine va réveiller Dangier, qui commençait à som-

espagnol du quatorzième siècle, Vénus n'est pas la mère de l'Amour, mais son épouse :

Segnora dona Venus muger de don Amor.
(*L'Archiprêtre de Hita*, copl. 559.)

meiller ; elles lui reprochent sa négligence et sa paresse, et le pauvre Amant voit devant lui une perspective plus triste que jamais.

> Or (maintenant) reviendront pleur et soupir
> Et longue pensée sans dormir.

En effet, Jalousie construit sa forteresse, qui est
décrite avec détail et accompagnée de tous les accessoires d'une place forte du moyen âge. Jalousie y met
garnison ; Honte, Peur, Mauvaise-Langue, gardent les
portes ; Bel-Accueil demeure prisonnier dans la tour,
où une vieille surveillante l'épie et le guette incessamment, et l'Amant se désespère.

Ici s'arrête le récit de maître Guillaume de Lorris.
On ne saurait nier qu'en dépit de la fadeur inévitable
dans un récit de galanterie allégorique, celui-ci
n'offre un assez grand nombre de traits ingénieux et
délicats. A ceux que j'ai cités dans le courant de la
narration on pourrait en ajouter d'autres, par exemple,
la peinture d'Avarice, près de laquelle étaient suspendus son voile et sa robe, *qui avait bien vingt ans*, et
qu'elle tardait à mettre de peur de l'user, tandis
qu'elle nouait bien fort sa bourse de manière qu'il
fallût beaucoup de temps pour l'ouvrir.

L'ordre dans lequel les divers incidents du poëme
se succèdent est heureux : il y a de la finesse dans le
rôle de Bel-Accueil, qui encourage et qui retient, de
Dangier, que désarment Franchise et Pitié, mais qui,

réveillé par Jalousie, revient plus redoutable, de Honte, qui blâme tout bas Bel-Accueil en l'excusant. L'apparition de Raison est bien placée dans le moment où l'Amant lui donne beau jeu par sa déconvenue. C'est l'heure des réflexions. Enfin Vénus arrive assez à propos pour attendrir et enflammer un peu Bel-Accueil. Ces êtres allégoriques ont assez de vie et d'*individualité*. On peut voir en eux comme les types des différents personnages des romans de chevalerie. Bel-Accueil enfermé dans sa tour n'est-il pas semblable à une châtelaine sensible et opprimée? et Dangier, le brutal Dangier, avec son visage terrible et sa massue, n'est-il pas le gardien farouche de la captive ou son époux félon? Mauvaise-Langue et Jalousie ne sont-ils pas aussi des personnages obligés des romans de chevalerie? ne représentent-ils pas ces déloyaux qui troublent presque toujours par leur malice le bonheur des amants? On peut donc considérer cette première partie du *Roman de la Rose* comme une sorte de résumé allégorique et abstrait des poëmes chevaleresques du moyen âge. Les mêmes types se sont conservés ensuite non-seulement dans la littérature romanesque, mais dans la littérature dramatique. Dangier est l'idéal des tuteurs depuis le seigneur de la Souche jusqu'au docteur Bartolo. Ami n'est-il pas, comme je l'ai dit, le confident obligé de tous les héros tragiques de notre scène? et serait-ce trop pousser les choses de dire que Bel-Accueil s'appellera un jour Célimène?

Mais, sans aller si loin, il est certain que cette manie de mettre l'amour en allégorie ne s'est pas arrêtée là. Le poëme de Guillaume de Lorris n'est rien, à cet égard, en comparaison de l'*Horloge amoureuse* de Froissart. Dans cette allégorie technique, les êtres moraux représentés par les personnages du *Roman de la Rose* sont figurés par les diverses parties de l'horloge. Doux-penser, Doux-Parler sont des pièces d'horlogerie. Désir est une roue; Beauté, un plomb; Plaisance, une corde. La tradition de l'amour chevaleresque, un peu surannée à la fin du quatorzième siècle, s'engrène, pour ainsi parler, assez étrangement dans les progrès que faisait la mécanique au pays tout mercantile et à l'époque déjà un peu industrielle de Froissart.

Enfin, plus tard la science de la galanterie a été figurée par une allégorie d'un nouveau genre, par une allégorie géographique dans la fameuse carte de Tendre de mademoiselle de Scudéry. Il y a déjà dans le *Roman de la Rose* quelque peu de cette géographie allégorique. Ami enseigne à l'Amant la marche à suivre pour s'emparer du *chastel* où Bel-Accueil est enfermé :

> Le chemin a nom Trop-Donner.
> Folle Largesse le fonda.
>
> . . . .
>
> Largesse laisserez à destre (droite),
> Et tournerez à main senestre (gauche).

N'est-ce pas comme les recommandations faites à ceux qui voyagent dans le pays du Tendre? « Prenez bien garde et consultez soigneusement la carte, car, si vous vous trompiez de chemin, et si, au lieu de passer par le village de Petits-Soins, qui est à droite, vous passiez par celui de Négligence, qui est à gauche, vous pourriez vous trouver tout à coup au bord du lac d'Indifférence. »

Si nous ne savons rien de Guillaume de Lorris, dont l'œuvre vient de passer devant nos yeux, nous n'en savons pas beaucoup plus sur Jean Clopinel, son continuateur, né à Meung-sur-Loire. Une anecdote grossière d'après laquelle, menacé de la vengeance des femmes qu'il avait outragées dans ses écrits, il ne leur aurait échappé qu'en disant à la moins chaste de frapper la première, n'a aucune authenticité, et a été prêtée à différents personnages [1] qui n'y ont peut-être pas plus de droit les uns que les autres. Il semble que ce ne soit rien autre chose qu'une parodie de la scène sublime de l'Évangile dans laquelle Jésus-Christ sauve la pécheresse en disant à ceux qui la voulaient lapider : « Que celui de vous qui est sans péché jette la première pierre. » Attribuée à Jean de Meung, cette réponse prouve seulement l'opinion qu'on avait de sa présence d'esprit et de son mépris pour les femmes.

On raconte aussi qu'en mourant Jean de Meung laissa aux jacobins de Paris, sous la condition d'être

---

[1] On prête cette réponse à un troubadour nommé Guillaume de Bargenon, dans le *Cento Novelle antiche*, livre antérieur à celui de Jean de Meung.

enterré par eux, un coffre qui était censé contenir tout
son avoir, et que l'enterrement fait, le coffre, ayant été
ouvert, se trouva ne renfermer que des ardoises couvertes de figures de géométrie, dernière espièglerie
faite par notre poëte aux moines, qu'il avait tant at-
taqués dans ses vers. Tel était l'homme, telle était du
moins l'opinion qu'on avait de lui. Fausses ou vraies,
ces deux anecdotes montrent ce dont on le croyait capable. Jean de Meung était donc un gausseur sans respect pour les femmes et pour les religieux. Il y paraîtra dans son livre.

De plus, Jean de Meung était un homme docte. Guillaume de Lorris, par le tour de ses idées, se rattache
aux trouvères des douzième et treizième siècles, dont
il a recueilli les traditions de galanterie ingénieuse et
délicate. Jean de Meung appartient déjà à la classe des
versificateurs érudits du quatorzième siècle. Le quatorzième siècle, aube de la Renaissance, dont le quinzième siècle fut l'aurore, vit naître en France un assez
grand nombre de traductions des auteurs latins. Jean
de Meung traduit, entre autres ouvrages, la *Consolation*
de Boëce et le traité de Végèce sur l'*Art militaire*, souvent traduit et mille fois copié au moyen âge, probablement à cause de son titre et parce que *de re militari*
se rendait par *livre de chevalerie*. Il a composé aussi
un poëme *théologique* intitulé le *Trésor*, et un poëme
moral et satirique intitulé le *Testament* [1].

<hr>

[1] Lui-même nous donne la liste de ses écrits dans la préface

Tout cet ensemble de compositions et de traductions place Jean de Meung auprès des poëtes savants du quatorzième siècle. On doit s'attendre à trouver dans son œuvre l'alliance de la satire, à laquelle le portait son naturel, avec le savoir, ou du moins la prétention au savoir, qui était dans ses habitudes. Tel sera en effet le double caractère de la continuation du *Roman de la Rose*. Cette continuation paraît avoir été une des premières productions de son auteur. On peut y reconnaître un amusement de la jeunesse d'un savant grivois [1].

Le style de Jean de Meung forme un parfait contraste avec celui de Guillaume de Lorris. Autant celui-ci était coulant, parfois faible à force d'être doux, languissant à force d'être langoureux, autant le langage de Jean de Meung est rude, vif, emporté, en quelques

qu'il a mise en tête du *Confort de Boëce*. Il avait encore traduit *les Merveilles d'Irlande*, — ouvrage légendaire sans doute, où devait figurer le Purgatoire de saint Patrice, — et les Épîtres d'Héloïse et d'Abeilard. La traduction de Boëce fut le dernier de ses ouvrages et postérieur à la composition du *Roman de la Rose*, au moins au passage où il dit que celui qui translaterait le *Confort de Boëce*, bonne œuvre ferait. Le codicile de Jean de Meung est une courte pièce de vers assez édifiante, qu'il ne faut pas confondre avec son *Testament*. On a joint aux œuvres poétiques de Jean de Meung quelques poésies alchimiques qui ne sont pas de lui.

[1] *L'Amour*, tom. II, pag. 305, dans un passage curieux, où il prophétise la naissance du *Roman de la Rose*, parle de Guillaume de Lorris comme vivant et de Jean de Meung comme n'étant pas né; d'autre part, celui-ci dit avoir entrepris sa continuation quarante ans après la mort de Guillaume (pag. 304) : il avait donc moins de quarante ans quand il a écrit.

endroits âpre, lourd, obscur. Le mérite de la première partie du *Roman de la Rose*, c'était la grâce et la finesse ; le mérite de la seconde, c'est la vigueur et l'audace. C'est un joyeux moine qui prend la parole après un troubadour dameret. On croit voir l'aimable Jehan de Saintré remplacé ainsi qu'il le fut dans le cœur de la Dame des Belles Cousines par un rival robuste et gaillard comme Damp abbé.

Je vais continuer l'analyse du *Roman de la Rose*. Les difficultés augmentent en avançant, car Jean de Meung, au lieu de suivre, comme son devancier, le fil du récit, s'en écarte sans cesse pour aller chercher une foule de narrations, d'enseignements, de digressions épisodiques ; bien souvent il oublie son sujet pour traiter de tous les sujets ; il intercale des allégories dans les allégories, des histoires dans les histoires[1]. Jean de Meung a dit :

> Bon fait prolixité fuir.

Jamais auteur n'observa plus mal son propre précepte ; mais, parmi cette multitude d'épisodes, nous trouverons des passages beaucoup plus curieux et même des morceaux de poésie beaucoup mieux frappés que tout ce qu'a pu nous offrir le doucereux Guillaume de Lorris. Selon M. Leroux de Lincy, ce dernier avait ter-

---

[1] Cette surabondance de digressions et d'épisodes a encore été augmentée par les interpolations des copistes, interpolations dont se plaint Étienne Pasquier.

miné le poëme et lui avait donné un dénoûment heureux. Amour *emblait* les clefs de la tour où nous avons laissé Bel-Accueil et les remettait à l'Amant [1]. S'il en est ainsi, Jean de Meung a retranché le dénoûment pour pouvoir continuer à sa manière l'œuvre de Lorris, ou plutôt pour rattacher un poëme de sa façon à un poëme dont la renommée était établie ; il a fait comme ces empereurs romains qui coupaient la tête à une statue d'Apollon et de Mars et la remplaçaient par leur propre effigie.

Au moment où commence le récit de Jean de Meung, l'Amant est au pied de la tour où Bel-Accueil est enfermé. Ce ne sont plus les molles effusions et les tendres désespoirs auxquels Lorris nous avait accoutumés ; Jean de Meung s'annonce par un accent plus résolu. Le désespoir ne va point à l'humeur délibérée du joyeux continuateur ; au contraire, il se réconforte par l'espérance. Sur ces entrefaites reparaît Raison, personnage qui semble de son goût plus qu'il n'était

---

[1] Un passage du *Roman de la Rose* est contraire à cette opinion. Jean de Meung (vers 10586, tom. II, pag. 503, édition de Méon) dit positivement que Guillaume de Lorris s'est arrêté aux vers qui terminent son récit, là où il s'interrompt dans l'édition de Méon. Ceci prouve que Jean de Meung n'a pas eu connaissance du dénoûment attribué à Guillaume de Lorris par M. Leroux de Lincy. Peut-être ce dénoûment a été ajouté dans le manuscrit où il se trouve par un auteur inconnu, qui l'a donné comme de Lorris, à moins qu'on ne suppose que Jean de Meung, en le passant sous silence, ait voulu anéantir le souvenir d'un dénoûment que tout son ouvrage avait pour but de remplacer.

du goût de Lorris. Il l'appelle l'*avenante*, la *belle*, et
l'écoute avec beaucoup de complaisance et de patience,
car elle parle longtemps. Raison, qui discourt comme
un scolastique, étale une longue suite d'antithèses sur
l'amour et conclut par ces deux vers d'une concision
énergique :

> Si tu le suis, il te suivra,
> Si tu le fuis, il te fuira.

L'Amant, au lieu de défendre Amour attaqué par Raison, se borne à prier celle-ci de le *définir*, et Raison
répond par une dissertation sur toutes les sortes d'a-
mour. Évidemment Jean de Meung ne laisse accuser
l'Amour que parce qu'il faut bien suivre la donnée du
poëme : attendez un peu, il montrera plus que de l'indulgence à cet égard. Du reste, à ce propos, il parle
de l'amitié, de la fortune, des vers dorés de Pythagore,
des marchands, des médecins, des mauvais prédica-
teurs, des avares, et paraît beaucoup moins occupé
d'attaquer le dieu Amour que de conseiller la modération des désirs et une sagesse pratique dans le goût
d'Horace. La raison est ici le bon sens profane et positif exposant des maximes sensées, qui n'ont rien à
faire ni avec la théologie d'une part, ni de l'autre avec
la morale chevaleresque. Il y a des vers spirituels sur
l'argent, sur Pécune, qui se venge :

> Des serfs qui la tiennent enclose ;
> En paix se tient et se repose,

Et fait tous les méchants veiller
Et soucier et travailler.

Il y a des vers hardis sur le roi, qui n'est pas le maître
de ses hommes, mais plutôt est leur, qui leur appartient :

. . . . Car, quand ils voudront,
Leur aide au roi retireront;
Et le roi tout seul restera
Sitôt que le peuple voudra.

Raison revient à parler de l'amour, mais cet amour
n'est pas le dieu de Guillaume de Lorris ; c'est l'amour
universel, l'amour abstrait. Il faut l'entendre un peu
largement, dit Raison ; et, usant des termes de l'école,
il faut, dit-elle, aimer *en généralité* et laisser *spécialité*.
Une véritable discussion scolastique s'engage entre
Raison et l'Amant, devenu dialecticien. — Lequel vaut
mieux, dit-il, de cet amour dont vous parlez ou de la
justice?

RAISON.
La bonne amour mieux vaut.
L'AMANT.
Prouvez.
RAISON.
Volontiers.

Et l'argumentation s'engage dans les formes. Raison
fait son syllogisme, et l'Amant dit encore :

Prouvez, avant d'aller plus loin.

Raison finit par engager l'Amant à la prendre pour son amie. Il sera comme les philosophes de l'antiquité, comme Socrate, qu'Apollon déclara le plus sage des hommes, comme Héraclite et Diogène. Il sera au-dessus des caprices de la fortune. Raison parle de Néron, de Crésus, de Mainfroi et de Conradin, de Priam, de Darius, et de Sisygambis. Le souvenir de la Rose n'apparaît que de loin en loin au milieu de cette érudition. Mais l'Amant se lasse bientôt des discours de Raison et le lui confesse ingénument. Raison, piquée, le quitte ; il se ressouvient alors d'Ami, son confident. Ami, qui a de l'expérience, lui promet qu'il reverra Bel-Accueil :

> Puisque tant s'est abandonné,
> Que le baiser vous fut donné,
> Jamais prison ne le tiendra.

Ami conseille à l'Amant de rendre ruse pour ruse, car la morale de Jean de Meung ne connaît guère les scrupules. Voici de ses maximes : « On doit mener en l'embrassant son ennemi pendre et noyer par de douces paroles, par des caresses, si on n'en peut venir à bout autrement. » Et plus loin :

> Promettez fort sans délayer (tarder)
> Comment qu'il aille du payer.

« Agenouillez-vous, dit-il, les mains jointes, et pleurez ; et si vous ne pouvez pleurer véritablement, simulez les larmes, écrivez, gagnez les portiers du castel. » La

suite des conseils d'Ami est pleine de décision et d'énergie, l'auteur n'a rien d'un Céladon transi. Souvent il
traduit l'*Art d'aimer* d'Ovide et lui emprunte par
exemple la recommandation que fait celui-ci d'avoir
soin de perdre quand on joue avec ce qu'on aime. En
somme, ses leçons sont fort différentes des enseignements délicats que le dieu Amour donnait à Guillaume
de Lorris. L'Amant résiste un peu à ces doctrines, il
rougirait de montrer une déférence hypocrite pour ses
ennemis; il veut les combattre en face. Mais Ami lui
propose d'autres moyens de succès, qui peuvent se
ramener aux *arguments irrésistibles* de Basile, dont
la théorie, comme on voit est ancienne. Nous n'en
sommes pourtant pas revenus aux vertus chevaleresques parmi lesquelles nous avons vu, dans la première
partie, Largesse, comme il convenait, figurer au premier rang. Ami conseille une générosité très-pru-
dente : Faites, dit-il, de *beaux petits dons raisonnable-
ment ;* ces beaux petits dons, qui ne ruinent pas, sont
par exemple des fruits dans leur primeur, et si vous
les avez achetés dans la rue, ajoute le subtil conseiller,
dites qu'ils vous ont été donnés et qu'ils viennent de
bien loin. Ami ajoute : Il ne faut pas trop se fier à la
beauté, car, comme le dit Jean de Meung, avec une
grâce qui ne lui est pas ordinaire, beauté ne dure
guère.

> Sitôt a faite sa vesprée (soirée),
> Comme florettes en la prée (la prairie).

Il faut avoir du sens : le sens fait compagnie à l'homme
jusqu'au bout, et s'accroît avec les ans. Ici est inter-
calée sans beaucoup d'à propos une peinture de l'âge
d'or toute païenne, et dans laquelle sont nommés
comme des êtres réels

> Zéphirus et Flora sa femme,
> Qui des fleurs est déesse et dame.

Alors l'amour était libre et le mariage n'existait pas.
De là Jean de Meung prend occasion d'attaquer le mariage, et allègue l'autorité de plusieurs auteurs, entre
autres d'Héloïse refusant à Abeilard de l'épouser.
L'humeur misogyne du poëte, après s'être ainsi
déployée à grand renfort d'exemples, finit par se résumer dans ces deux vers :

> Mieux m'eût valu m'être allé pendre,
> Le jour où je dus femme prendre.

Cette déclamation antiféminine se soutient avec
assez de verve pendant environ neuf cents vers. Elle
est placée dans la bouche d'un mari jaloux, et se termine par une grêle de coups. Ami, continuant son
discours et revenant à l'âge d'or, dont l'imprécation
du jaloux contre les femmes l'a beaucoup écarté, raconte l'origine de la royauté dans ces vers assez
crus :

> Un grand vilain entre eux élurent
> Le plus ossu de quant qu'ils furent.

La hardiesse tant vantée du vers de Voltaire :

Le premier qui fut roi fut un soldat heureux,

doit s'humilier devant celle de Jean de Meung. Au fond
c'est la même idée.

Par la bouche du confident, le poëte continue à
donner aux hommes des conseils sur la manière de
s'assurer le cœur des femmes, tous dictés par le
même esprit satirique ; il affirme, il est vrai, ne point
parler des bonnes, mais il ajoute qu'il n'en a pas
encore trouvé une. L'immense discours d'Ami se termine enfin, et l'Amant se met en campagne pour aller
pratiquer le conseil qu'on lui a donné de s'aider de
Richesse ; Richesse le reçoit d'un air superbe, comme
une dame accoutumée à commander, et lui fait une
peinture du château de Folle-Largesse et de ceux qui
l'habitent, que termine assez spirituellement cette
pensée : Je les y convoie joyeusement, dit Richesse ;

Mais l'auvreté les reconvoie
Froide, tremblante et toute nue :
J'ai l'entrée, et elle a l'issue.

Richesse fait aussi une peinture affreuse de Pauvreté
et de Faim, sa chambrière, qui éveille Larcin, son
fils, quand il sommeille, et l'excite au mal. C'est le
malesuada fames de Virgile traduit par une allégorie
qui ne manque pas de vigueur. L'Amant, qui est
brouillé avec Richesse, ne peut rien obtenir d'elle, et
il est de nouveau prêt à se désespérer, quand Amour

vient lui rendre courage. Mais il commence par tancer
son vassal, qui a prêté l'oreille à Raison, son ennemie.
L'Amant se hâte de promettre qu'il ne l'écoutera plus;
Amour, content de lui, promet d'entreprendre le
siége du château ou Bel-Accueil est enfermé. En
effet,

> Toute sa baronie il mande,
> Les uns *prie,* aux autres *commande.*

Distinction qui devait trouver son application dans les
mœurs féodales.

Avec les personnages obligés qui accompagnent
toujours Amour, comme Oiseuse, Noblesse-de-Cœur,
Franchise, Largesse, Courtoisie, paraissent ici quelques personnages nouveaux, Bien-Céler, Abstinence-
Contrainte, Faux-Semblant, qui les amène, et Barat
(le Dol), qui eut pour mère Hypocrisie. Ces personnages
sont odieux à l'auteur, et Amour a de la peine à les
souffrir en sa présence. Ils sont entièrement étrangers
aux idées de galanterie sur lesquelles roulait la donnée
primitive du poëme; mais Jean de Meung, qui se soucie
peu de galanterie, et qui a maille à partir avec l'Église,
a eu soin de les introduire, et ne les oubliera pas.

Amour harangue ses barons, et, dans cette harangue, Jean de Meung fait prédire la composition du
Roman de la Rose et sa propre naissance ; les barons
répondent aux exhortations de leur chef en exposant
le plan de la bataille. Faux-Semblant et sa compagne

attaqueront la porte de derrière, que Mauvaise-Langue
tient et garde avec ses Normands ou ses Flamands,
selon les inimitiés nationales des copistes du manuscrit. Courtoisie et Largesse montreront leur prouesse
contre la vieille qui garde Bel-Accueil; Déduit et Bien-
Céler, c'est-à-dire Plaisir et Mystère, iront briser la
cervelle à Honte : mais surtout que Vénus soit présente
à l'assaut.

> Il serait bon qu'on la mandât,
> Car la besogne en amendât.

Les barons exigent qu'Amour reçoive en grâce
Faux-Semblant; Amour y consent, et le fait son *roi
des ribauds*. Puis il demande à ce personnage, que
le poëte n'a pas amené là sans intention, en quel
lieu il habite. Après quelques façons, Faux-Semblant déclare qu'il faut le chercher dans *le monde* et
dans *le cloître*, mais plutôt dans le second que dans
le premier, parce qu'il s'y peut mieux céler. Après
avoir protesté qu'il ne veut pas blâmer la vie monastique, et qu'il ne parle que des faux religieux, protestation assez semblable à celle d'Ariste dans le *Tartufe*,
il fait la peinture de ceux avec qui il vit d'ordinaire. Ce
sont ceux

> Qui les mondains honneurs convoitent.
> . . . .
> Les grandes affaires exploitent,
> Qui cherchent les grandes pitances,
> Et pourchassent les accointances

> Des hommes puissants, et les suivent,
> Se font pauvres et pourtant vivent
> De bons morceaux délicieux,
> Et boivent les vins précieux ;
> Qui la pauvreté vont prêchant,
> Et les richesses vont pêchant.

Et il ajoute ce vers prophétique de la réforme :

> Par mon chef grand mal en viendra.

Il poursuit :

> La robe ne fait pas le moine.
>
> . . . .
>
> Les œuvres regarder devez
> Si vous n'avez les yeux crevés.

Faux-Semblant, qui est ici l'interprète de la pensée
de l'auteur, conclut qu'on peut se sauver sans prendre
l'habit religieux. Presque toutes les saintes, dit-il,

> Qui par l'Église sont priées,
> Chastes vierges ou mariées
> Qui maints beaux enfants enfantèrent.
> Les habits du siècle portèrent.
> Et en ces vêtements moururent,
> Qui saintes sont, seront et furent.
>
> . . . .
>
> Car bon cœur fait la pensée bonne,
> Robe ne l'ôte ou ne la donne.

Bientôt Faux-Semblant rentre dans son caractère,
et se peint dans les vers suivants pleins d'une remarquable verve :

Tantôt chevalier, tantôt moine,
Tantôt prélat, tantôt chanoine,
Une fois clerc, une autre prêtre,
Tour à tour ou disciple ou maître,
Ou châtelain ou forestier ;
Bref je suis de tous les métiers ;
Ici prince, là je suis page,
Je sais parler tous les langages.

. . . .

Ou bien je prends robe de femme
Et je suis demoiselle ou dame ;
D'autres fois je suis religieuse,

. . . .

Je suis nonnain, je suis abbesse,
Je suis novice ou bien professe
Et vais par toutes régions,
Courant toutes religions [1],
Mais de religion sans faille (faute)
Je prends le grain, laisse la paille.

Faux-Semblant continue sur ce ton, puis il adresse au dieu Amour, entouré de sa baronnie, et représentant ici le pouvoir civil, un défi au nom du pouvoir ecclésiastique, qui, dit-il, *m'a délié de tous mes liens,* défi dans lequel il est difficile de ne pas reconnaître une allusion aux démêlés contemporains de la tiare et de la couronne. Faux-Semblant exprime énergiquement son défaut de charité pour les malheureux :

Quand je vois tous nus ces truans
Trembler sur leurs fumiers puans,
De froid, de faim crier et braire,

[1] Tous les ordres monastiques.

Ne m'entremets de leur affaire.
S'ils sont à l'Hôtel-Dieu portés,
N'y seront par moi confortés
Que d'une aumône toute seule.

Puis Faux-Semblant, devenant, comme il l'a été plus haut, l'interprète des idées philosophiques de l'auteur, s'élève contre la mendicité. « Les apôtres ne mendiaient pas, dit-il ; il faut savoir quitter l'oraison pour travailler. L'aumône est pour les faibles et les esclaves. Celui qui mange l'aumône à leurs dépens mange sa damnation. » Que dira-t-on de plus énergique au dix-huitième siècle contre les ordres mendiants? Du reste, si Jean de Meung avait devancé les philosophes, saint Augustin, qu'il cite, l'avait devancé lui-même dans son *Traité du travail des moines.* Faux-Semblant appuie sa doctrine de l'autorité du docteur Guillaume de Saint-Amour, célèbre au treizième siècle, pour avoir écrit et professé, au sein de l'Université, contre les ordres mendiants, ce qui achève de dessiner l'intention du poëte et de le rattacher au mouvement de réaction qu'avaient amené les exagérations de la doctrine de pauvreté absolue, et le fanatisme de quelques franciscains qui se croyaient appelés à fonder un nouveau christianisme, et annonçaient un nouvel évangile, l'évangile éternel, l'évangile du Saint-Esprit, selon lequel saint Jean devait remplacer saint Pierre, et les moines se substituer au clergé et au pape. Faux-Semblant revient ensuite à des invectives contre ceux qui veulent l'empêcher de mendier, et termine par ces vers très-expressifs :

> Trop a (il y a) grant peine en laborer (à travailler),
> J'aim'mieux devant les gens orer (prier)
> Et affubler ma renardie
> Du manteau de papelardie.

La Fontaine n'eût pas désavoué ces deux derniers vers. Enfin, Faux-Semblant répond avec l'impudence audacieuse d'un don Juan du moyen âge à l'Amour qui lui dit :

> Donc ne crains-tu pas Dieu ! — Non certes.

Et après cette profession d'impiété, Faux-Semblant ose déclarer qu'il s'est fait ordonner prêtre, et ajoute :

> Suis le curé de tout le monde,
> De l'apostole (du pape) en ai la bulle.

Puis, parlant évidemment au nom des ordres mendiants, Faux-Semblant s'exprime comme plus tard il eût pu le faire au nom de l'ordre qui les remplaça au seizième siècle. « Je confesse les empereurs et les rois, les reines et les grandes dames. Je m'enquiers de toutes leurs actions ; ceux que nous savons être contre nous, nous les haïssons fortement, et nous nous accordons pour les combattre. Celui que l'un de nous hait, les autres le haïssent : s'il a quelque succès, nous le diffamons traîtreusement ; nous coupons les échelons de l'échelle par laquelle il peut monter. Si

l'un de nous a fait quelque bien, nous le tenons pour
l'œuvre de tous.

> Nous sommes, ce vous fais savoir,
> Ceux qui ont tout sans rien avoir.

Peut-on mieux résumer la toute-puissance des ordres
mendiants? Encore aujourd'hui, dans certaines parties
de l'Italie, tandis que la plupart des ordres religieux
les mieux dotés déclinent, les franciscains seuls sont
florissants. Ils ont tout parce qu'ils n'ont rien.

Après cette longue dissertation satirique, dans laquelle l'auteur s'est complu à faire parler Faux-Semblant, il revient à l'action qu'on a un peu oubliée.
Faux-Semblant qu'Amour a fait son roi des ribauds,
se concerte avec sa fidèle compagne, Abstinence-
Contrainte, pour exécuter ce qui convient fort à leur
caractère, une feinte, un coup de main perfide aux
dépens de Mauvaise-Langue qui, à la tête de ses sou-
dards normands ou flamands, garde la tour où Bel-
Accueil est emprisonné.

> Ils ont par accord devisé
> Qu'ils s'en iront en tapinage (tapinois),
> Ainsi qu'en un pèlerinage
> En bonne gent piteuse et sainte.

Abstinence-Contrainte *s'atourne* comme une béguine,

> Son psautier mie n'oublia.

Faux-Semblant, de son côté, prends des habits de
moine.

A son col portait une Bible.

Il a glissé dans sa manche un rasoir d'acier,

> Qu'il fit forger à une forge
> Que l'on appelle coupe-gorge.

Son rasoir dans sa manche, Faux-Semblant, qui s'appellera un jour Jacques Clément, s'approche avec sa compagne du pauvre Mauvaise-Langue, qui est aussi un bon père, car il s'est fait *jacobin*. Les deux traîtres le saluent bien humblement, et lui eux.

> Sire, dit Contrainte-Abstinence,
> Pour faire notre pénitence
> Nous sommes venus pèlerins.
>
> . . . .
>
> Presque toujours à pieds allons,
> Moult avons poudreux les talons ;
> Tous deux nous sommes envoyés
> Parmi ce peuple dévoyé
> Pour donner l'exemple et prêcher.

« Accordez-nous le gîte, nous voulons vous convertir, et s'il ne vous déplaît, vous faire un bon sermon en peu de paroles. »

Mauvaise-Langue écoute un long discours de dame Abstinence-Contrainte contre le mensonge et la médisance ; elle lui reproche le tort qu'il a fait par ses méchants rapports au pauvre Bel-Accueil. Après elle, Faux-Semblant prend la parole et affirme que l'Amant est un grand ami de Mauvaise-Langue et ne se sou-
-cie point de Bel-Accueil. Mauvaise-Langue est con-

vaincu par les discours des deux traîtres. « Que me
conseillez-vous de faire ? leur dit-il. » Faux-Semblant
reprend : « Frère, confessez-moi vos péchés, je vous
donnerai l'absolution, car je suis prêtre aussi bien
que moine. » Mauvaise-Langue alors se baisse,

Et s'agenouille et se confesse.

Mais le confesseur prend son pénitent à la gorge, lui
coupe la langue avec son rasoir et l'étrangle après,
comme Renard, dans le poëme de ce nom, croque l'é-
pervier, qui l'avait prié d'ouïr sa confession, au chapitre intitulé : *Comment Renard mangea son confesseur*. Les soudoyés Normands, qui étaient ivres,
sont égorgés dans cette surprise. Courtoisie et Largesse se précipitent dans la tour. La vieille qui garde
Bel-Accueil consent à parlementer. Les assaillants
lui demandent avec force douces paroles qu'elle permette à Bel-Accueil de s'ébattre un petit avec eux,
ou au moins d'adresser une parole au pauvre Amant.
Ils accompagnent ce discours de cadeaux et de pro-
messes, et finissent par prier la vieille de remettre
à Bel-Accueil, de la part de l'Amant, une couronne
de fleurs nouvelles. La vieille le ferait volontiers,
n'était la peur qu'elle a de Jalousie et de Mauvaise-
Langue. Ils lui apprennent que ce dernier est hors
d'état de nuire. Alors elle consent à laisser entrer
l'Amant, pourvu que ce soit avec grand mystère. Elle
s'en va trouver son captif, lui porte la couronne de

fleurs et les respects de l'Amant, dont elle loue la discrétion, le courage et la libéralité. « Prenez, dit-elle, ces fleurs qui flairent mieux que baume. » Bel-Accueil, tout tremblant et tout agité, les voudrait bien prendre, mais ne l'ose faire. Il a peur de Jalousie, qui, si elle voit les fleurs, le tuera. Que ferai-je si elle me demande d'où elles me viennent?

> Réponses aurez plus de vingt,

dit la vieille, qui paraît connaître les ressources de l'esprit féminin. Bel-Accueil prend la couronne de fleurs, la pose sur ses blonds cheveux, se mire et se remire. La vieille, profitant de la complaisance avec laquelle Bel-Accueil contemple sa propre beauté, commence à lui prêcher une étrange doctrine qu'elle a soin de corroborer par l'histoire de sa vie. Cette vieille a été jeune, et lors a mené joyeuse vie; elle regrette pourtant comme *la Grand'Mère* de Béranger, le *temps perdu*[1]; mais les regrets n'y font rien,

> Mais rien n'y vaut le regretter.

Elle offre à Bel-Accueil de le faire profiter de son ex-

---

[1]
Quel dolor au cuer (cœur) me tenoit
Quand en pensant me souvenoit
Des biaux dits, des doux aisiers (contentements)
Des doux déduits, des doux besiers.
Et des très-douces acolées,
Qui s'en ierent (sont) sitôt volées (envolées),
Volées, voire (vraiment), et sans retor.

périence. D'abord elle raye des commandements de l'Amour celui qui prescrit la générosité et celui qui veut qu'on n'aime qu'en un lieu. « Gardez-vous, dit-elle, de donner votre cœur ou de le prêter, mais vendez-le au plus haut prix possible, et chaque jour enchérissez. »

> Surtout observez ces deux points :
> A donner ayez clos les poings,
> Et à prendre les mains ouvertes.

Après avoir prêché à Bel-Accueil les avantages qu'on trouve à aimer les hommes riches quand ils ne sont point avares[1], pour le dissuader de n'avoir qu'un seul ami, elle lui raconte l'histoire de Didon et de Phillis, qui moururent pour avoir été abandonnées l'une par Énée, et l'autre par Démophon ; elle lui cite encore comment Œnone fut délaissée de Pâris, et Médée trahie par Jason. Puis elle adresse à Bel-Accueil un long discours, qui est un traité complet de coquetterie imité d'Ovide, mais accommodé aux mœurs du quatorzième siècle et entremêlé d'une morale fort équivoque, dont la conclusion est nettement exprimée dans ces quatre vers :

> Si elle veut mon conseil avoir,
> Ne tende à rien hors qu'à l'avoir (la richesse);

[1] Il ne faut pas oublier que, malgré son nom masculin, Bel-Accueil, dans le *Roman de la Rose*, est la personnification d'une qualité essentiellement féminine, la disposition à plaire et à se laisser aimer.

> Folle est qui son ami ne plume
> Jusques à la dernière plume.

Nous voilà bien loin de la théorie délicate de l'amour chevaleresque enseignée par Guillaume de Lorris. Au reste, Jean de Meung, par l'organe de la vieille, a déclaré qu'il rejetait plusieurs articles du décalogue amoureux prêché par son devancier. Nous avons passé de la profession de foi orthodoxe en matière de galanterie à l'hérésie et au blasphème. Mais il y a manière de plumer, ajoute sagement la vieille ; ses instructions entrent à cet égard dans des détails qui montrent que l'auteur avait une grande connaissance des ruses féminines, et qui pourraient mériter à son livre l'éloge que Boileau a fait des contes de Boccace :

> Des malices du sexe immortelles archives.

La vieille raconte à Bel-Accueil l'histoire des filets de Vulcain, et dans cette histoire intercale une théorie de la communauté des femmes dont une secte récente pourrait adopter l'exposition très-franche. Elle s'élève contre la loi

> Qui les ôte de leur franchise
> Où Nature les avait mises,
> Car Nature n'est pas si sotte
> Que de faire naître Marotte
> Tant seulement pour Robichon,
>
> . . . .
> Ni Robichon pour Mariette.

Ni pour Agnès ni pour Perrette,
Mais nous a faits, beau fils, n'en doutes,
Toutes pour tous et tous pour toutes,
Chacune pour chacun commune,
Et chacun commun pour chacune.

Bel-Accueil, après quelques façons, cède au discours de la vieille, et permet à l'Amant de venir le trouver dans la tour. Celui-ci y pénètre en effet. Il y trouve Amour et Doux-Regard, et enfin Bel-Accueil lui-même, fort disposé à lui complaire. Mais Dangier, Peur, Honte, accourent encore une fois et le repoussent. Ici Jean de Meung montre peu d'invention, car il se borne à reproduire une imagination allégorique assez simple de Guillaume de Lorris. Les trois personnages battent l'Amant, qui leur crie merci, et demande a être mis en prison avec Bel-Accueil; mais Dangier répond sagement que ce serait enfermer le renard dans le poulailler. Heureusement pour le pauvre Amant, Amour vient à son aide avec tous ses barons. Un assaut en forme est donné à la tour. La victoire était incertaine, quand Vénus arrive en auxiliaire, portée sur son char, que traînaient huit colombes.

L'auteur suspend tout à coup son récit pour parler de Nature. Durant cent pages environ, la Rose, Bel-Accueil, l'Amant, le combat, sont oubliés, et tout cet espace est rempli par une digression de près de cinq mille vers, et qui forme comme un poëme scientique et philosophique introduit dans le corps de la narration allégorique. C'est ainsi qu'un traité de métaphysique panthéiste, le *Bhagavadgîtâ*, inséré dans le corps du *Mahâbhârata*, l'une des deux grandes épopées de l'Inde, interrompt le récit précisément de la même manière, c'est-à-dire au moment où va commencer un combat.

Cette partie de l'ouvrage de Jean de Meung est la plus curieuse ; car c'est là qu'oubliant complétement le sujet primitif du poëme, dans une composition qui forme un tout à part du reste et qui est entièrement sienne, il a déposé tout ce qu'il avait et voulait montrer de connaissances dans la physique, l'astronomie et l'alchimie, et de plus un système de philosophie matérialiste d'une hardiesse souvent incroyable, et qu'on ne s'attend pas à rencontrer au moyen âge. Il montre d'abord Nature qui s'occupe, dans sa forge, à fabriquer les moyens de continuer les espèces, pour résister à la Mort. L'auteur peint avec une remarquable énergie la grande chasse de la Mort, qui poursuit les êtres avec sa massue, et la fuite des êtres qui s'efforcent de se dérober à ses coups. Les uns montent leurs grands destriers, un autre met sa vie sur un bois flottant,

> Et même au regard des étoiles
> Sa nef, ses avirons, ses voiles.

Mais la Mort les atteint et les immole tous. Cette Mort

ressemble à la terrible vieille qui, ses grandes ailes
éployées et sa terrible faux à la main, fond comme
un oiseau de proie sur les chevaliers montés aussi sur
leurs grands destriers, dans la sublime fresque de
l'Orcagna qu'on admire à Pise au *Campo Santo*. Cependant la Mort, qui anéantit les individus, ne peut détruire les espèces. Le phénix qui meurt sur son bûcher
est l'image de la destruction et de la reproduction perpétuelle, de la palingénésie incessante des êtres. L'Art
à genoux devant Nature la prie de lui enseigner à faire
œuvre semblable à la sienne. Jean de Meung appelle
comme Dante l'Art le *singe de la Nature;* mais, dit-il
avec une véritable profondeur, il ne peut produire de
créations vivantes qu'en faisant si bien qu'elles semblent naturelles [1].

L'alchimie non plus ne peut rien créer ; elle ne peut
que transformer les espèces ou les ramener à leur nature première. L'idée de la transmutation des corps,
fondée sur l'unité de leur substance, est fort clairement énoncée par Jean de Meung, qui affirme que l'alchimie est un art véritable. Il cite à l'appui de sa théorie erronée un fait très-réel, et dont on niait l'existence il y a moins d'un siècle, les pierres qui tombent
de l'atmosphère :

---

[1] Ce passage est curieux pour l'état des arts à la fin du treizième siècle. Jean de Meung connaît des représentations de chevaliers armés en guerre, de dames bien parées, d'animaux, de
fleurs, en métal, en cire, des tableaux sur bois et sur muraille.

Car l'on peut bien souvent voir
Des vapeurs les pierres choir.

Revenant à la question de la nature et de l'art, il
s'élève avec une vigueur de pensée vraiment singulière
à la théorie du beau absolu, réalisé dans la nature,
mais inaccessible aux efforts de l'art humain. Quand
Zeuxis, dit-il, et tous les maîtres qui ont jamais existé
comprendraient toute la beauté de la nature et s'ef-
forceraient de la rendre,

> Plutôt pourraient leurs mains user
> Que si grande beauté pourtraire :
> Nul, hormis Dieu, ne le peut faire ;
> Car Dieu, le beau outre mesure (l'infiniment beau),
> Lorsque Beauté mit en nature,
> Il en fit une fontaine
> Toujours coulant et toujours pleine,
> De qui toute beauté dérive ;
> Mais nul n'en sait ni fond ni rive.

Ces idées ont une grandeur qui étonne. L'expression
large et simple rappelle les beaux vers philosophiques
de Dante ; il est rare que Jean de Meung et en général
les poëtes français du moyen âge s'élèvent jusque-là.

Puis l'auteur a une conception bizarre et hardie :
il suppose que Nature va se confesser à son propre
prêtre. Ce prêtre, qui se nomme Genius, récite éter-
nellement devant elle, *au lieu d'autre messe*, le texte
de son livre, qui contient les types des existences pas-
sagères. Genius s'assied sur une chaise à côté de son

autel; Nature se met à genoux devant son prêtre et
commence son étrange confession. Cette confession est
un discours de près de trois mille vers sur la métaphysique, la physique, l'optique, l'astronomie. C'est une
petite encyclopédie insérée par Jean de Meung dans
son poëme allégorique. Mélange incroyable de théologie chrétienne, d'idées platoniciennes, d'argumen-
tations scolastiques, de notions remarquables sur certains points de la physique, et d'opinions sur la société,
singulières pour le temps, ce morceau est un des plus
curieux témoignages de la vigueur intellectuelle et de
la science confuse du moyen âge; en voici les traits
principaux : Dieu, source de tout bien, a créé l'univers, dont la forme préexistait dans sa pensée de toute
éternité, d'après un type pris en lui-même par un acte
libre de sa volonté bienfaisante. Au commencement
son œuvre était une masse informe et confuse; il la
divisa en parties et l'ordonna par le nombre et la figure.
Les substances, selon leur poids, se distribuèrent dans
les régions haute, basse, ou moyenne de l'étendue.
« Dieu les soumit à mon gouvernement, dit Nature;
je suis sa chambrière, son connétable et son vicaire.
Il me confia la chaîne d'or qui enserre les quatre
éléments, il me prescrivit de les garder et de continuer
les formes; à eux d'obéir à mes lois. Toutes les créa-
tures s'y assujettissent, hors une seule... Je ne me
plains pas du ciel qui tourne sans repos emportant les
étoiles dans son cercle poli, je ne me plains pas des

planètes qui suivent leurs cours et conservent éternel-
lement leur clarté... »

Ici l'auteur se livre à une dissertation sur ce qui
peut causer l'inégalité d'éclat qu'on remarque entre
les différentes parties de la lune, et qu'aujourd'hui
l'on sait être produite par des vallées et des montagnes. Il cherche à l'expliquer par une différence de
densité entre les diverses portions de l'astre, et allègue
à ce propos le fait de la réflexion des rayons lumineux
lorsque, derrière le verre *transparent qui les laisse
passer*, on place un corps opaque qui les *retient*; le
tout en termes que ne désavouerait pas la physique
moderne. La lune et les étoiles reçoivent leur clarté
du soleil; leurs accords mélodieux sont le principe
de toute harmonie; sous leurs influences s'opère la
concorde des éléments, la formation et le développement des êtres.

L'influence des astres conduit naturellement à la
question de la prédestination et de la prescience divine; ce que Nature dit sur ce sujet constitue un traité
en forme. Au moyen âge, on ne trouve pas fréquemm-
met de pareilles matières débattues en français. Il est
curieux de voir la langue du *Roman de la Rose* lutter
contre des difficultés d'exposition que l'auteur confesse
lui-même. Il offre le très-rare exemple d'un laïque
examinant un problème théologique. Selon lui, la prédestination et la prescience *s'entre-souffrent bien ensemble*. Mais comment a lieu cet accord? Si tout est

nécessairement prédéterminé, la volonté est esclave,
il n'y a plus ni bien ni mal moral; on ne peut donc
adopter l'opinion de ceux qui disent que, par cela
qu'une chose est possible, elle est nécessaire. Sou-
tiendra-t-on que les choses n'arrivent pas parce que
Dieu les a prévues, mais qu'il les a prévues parce
qu'elles devaient arriver? C'est affaiblir la prescience
de Dieu que de faire ainsi dépendre d'autrui sa connaissance :

> La raison ne saurait comprendre
> Que l'on puisse à Dieu rien apprendre.

C'est rabaisser encore plus la grandeur de Dieu que
de dire qu'il sait seulement d'un fait futur qu'il sera
ou ne sera pas. Dieu sait nécessairement tout ce qui
sera, mais les faits ne sont point parce que Dieu les
sait d'avance, et ce n'est pas parce qu'ils sont qu'il les
a prévus. De même que nous ne déterminons ni n'em-
pêchons une action parce que nous savons qu'elle a
eu lieu, de même que nous ne la déterminerions ni
ne l'empêcherions si nous savions d'avance qu'elle
aura lieu, la connaissance qu'a Dieu des décisions fu-
tures du libre arbitre ne le contraint point.

Je ne prétends pas que Jean de Meung ait résolu un
problème qui semble insoluble à la raison humaine,
car la toute-puissance de Dieu, qui est unie à sa prescience, rend vaine toute comparaison avec notre connaissance. Si nous savons qu'un homme va se jeter

dans un précipice, et s'il est loin de nous, notre connaissance ne peut influer sur son acte ; mais, si nous le tenions par la main, comment n'interviendrions-nous pas dans sa décision, et, à plus forte raison, comment Dieu serait-il spectateur immobile et inactif des décisions de l'âme humaine qu'il a créée et qu'il crée à toute heure par cet acte perpétuel de sa puissance qui entretient la vie dans l'univers? Comment considérer la volonté humaine comme indépendante de celle dans laquelle vit et se meut tout esprit? Mais si Jean de Meung n'a pas délié le nœud qui ne l'a été encore, que je sache, par nul philosophe et nul théologien, il a eu le mérite d'exposer les solutions qu'il combat, et la sienne propre, en termes assez clairs pour être compris, et c'est cet emploi de la langue française de son temps qu'il était important de signaler.

Revenant à l'influence des astres, l'auteur n'a garde d'abandonner complétement le libre arbitre à leur empire, car, dit-il énergiquement,

> Les choses d'eux se défendent.

Telle est aussi l'opinion de Dante, qui a examiné la même question. C'est chez les deux poëtes un effort du bon sens qui s'emploie à restreindre une croyance trop fortement établie pour qu'il fût possible de la rejeter entièrement. Du reste, à beaucoup d'égards, Jean de Meung est un esprit fort qui méprise les superstitions populaires ; il se moque de ceux qui attribuent

aux démons les ravages des ouragans, et de ceux qui
croient que certaines personnes quittent leur corps
pour aller courir les airs avec dame Abonde [1] et les
fées, ou qui expliquent, par l'intervention du diable,
certaines illusions d'optique. Un peu plus loin, il se
plaît à étaler ses connaissances en *catoptrique*, empruntées au *Livre des Regards* du savant Arabe El-
Hacen. Dans ce passage très-curieux, Jean de Meung,
en parlant de différentes sortes de miroirs, parmi
lesquels figurent les miroirs ardents, mentionne aussi
ceux qui ont un tel pouvoir que des objets très-petits,
des lettres déliées et placées fort loin, de menus grains
de sable, paraissent si grands et si rapprochés des
spectateurs, que chacun les peut apercevoir distincte-
ment, qu'on les peut lire et compter [2]. On serait tenté
de voir là une idée vague du télescope, mais il n'est
question, je pense, que de miroirs grossissants,
comme il est question plus loin des miroirs qui diminuent la grandeur des corps. Il parle aussi de ceux
qui font apparaître des objets *entre l'œil et le miroir*,

---

[1] Nom d'un follet féminin.
[2]   Et les forces des miréoirs.
         Qui tant ont merveilleus pooirs (pouvoirs).
         Que toutes choses très-petites
         Letres gresles, très-loin escrites,
         Et poudres de sablons menues
         Si grans si grosses sont veues,
         Et si pres mises as mirens (aux spectateurs),
         Que chacun les puet choisir ens (apercevoir)
         Que l'on les puet lire et conter.

jeux d'optique produits aujourd'hui dans les cabinets de physique et dans les illusions de la fantasmagorie, mais qu'il est intéressant de voir connus d'un poëte français au treizième siècle, et expliqués dès lors à peu près comme ils doivent l'être par les diversités des angles. Jean de Meung ne montre pas moins de sens en attribuant à des causes naturelles les visions de ceux qui, par grande dévotion et contemplation trop profonde, font apparaître en leur pensée les choses qu'ils ont dans l'esprit aussi bien que les effets extra-ordinaires du somnambulisme naturel qu'il décrit très-bien; les comètes dont il traite après les astres, les vents, les nues, l'arc-en-ciel, les comètes lui fournissent l'occasion de s'exprimer avec une grande liberté d'esprit sur le néant de la noblesse de race, quand elle n'est pas appuyée sur la noblesse des sentiments et des habitudes. Les comètes, dit-il, combattant un préjugé qui lui a longtemps survécu, ne répandent pas les influences de leurs rayons sur les rois plutôt que sur les pauvres;

> Et les princes ne sont pas dignes
> Que les corps du ciel donnent signes
> De leur mort plus que d'un autre homme.
> Car leur corps ne vaut une pomme
> Plus que le corps d'un charretier
> Ou d'un clerc ou d'un écuyer.
> Je les fais tous semblables être
> Ainsi qu'il parait à leur naître (naissance).
> Par moi naissent pareils et nuds,

> Forts et faibles, gros et menus
> Tous les mets en égalité.

Et poursuivant sur ce ton, notre poëte dit, après Juvénal et avant Boileau, nul n'est noble s'il n'est vertueux :

> Nul n'est vilain fors par ses vices,
> Noblesse vient de bon courage (de bon cœur).
> Car gentillesse de lignage (noblesse)
> N'est pas gentillesse qui vaille
> Si la bonté de cœur y faille.

Jean de Meung n'hésite pas à dire que les clercs, c'est-à-dire les savants, sont plus nobles que les princes et les rois. On sent à cette fierté que l'âge des lettres et des lettrés approche.

Nature, poursuivant son discours, dit encore une fois : « Je ne me plains pas des éléments, des plantes et des animaux, tous m'obéissent, tous exécutent docilement mes ordres et mes lois. L'homme seul, que je fais naître à l'image de Dieu, qui est la fin de tout mon labeur, à qui je donne l'existence comme aux pierres, la vie comme aux plantes, le sentiment comme aux animaux, et qui a l'intelligence en commun avec les anges, l'homme me désobéit et m'outrage. » Ce mécontement de la Nature était la cause de la douleur qu'elle voulait confier à Genius, à qui elle a incidemment parlé de tant d'autres choses. Le reproche qu'elle adresse aux hommes, c'est de lui refuser le tribut qu'ils lui doivent comme chargée de la **conservation**

et de la perpétuité des espèces, et sa colère est particulièrement tournée contre les puissances ennemies de
l'Amant, et qui s'opposent à son entreprise. C'est par ce
singulier détour que nous rentrons dans le sujet du
poëme, qui désormais sera traité d'un point de vue
tout physique, ce qui me forcera d'abréger singulièrement mon analyse.

Nature envoie en toute hâte son confesseur Genius
vers l'*ost* du dieu d'Amour, en le chargeant d'*excom-
munier* ceux qui s'opposent à ses lois, et d'*absoudre*
ceux qui s'y conforment et qui

> Fortement à ce s'étudient
> Que leur lignage multiplient ;

l'autorisant à leur donner *indulgence plénière* pour
tout ce qu'ils auront pu faire après qu'ils se seront
bien et dûment *confessés* ; en outre, elle lui commande
de publier l'ordonnance qu'elle lui remet scellée de
son sceau. Genius est à peine arrivé au camp que le
dieu d'Amour lui met une *chasuble*, lui donne *anneau*,
crosse et *mitre*. Genius déploie la *charte* de Nature et
la lit aux barons assemblés.

Cette charte est un sermon fort étrange, et dont le
texte pourrait être ce verset de l'Écriture : *Crescite et
multiplicamini*. Le fond en est très-profane, mais le
sacré s'y trouve inconcevablement mêlé. Au milieu de
ces exhortations pleines d'une verve plus qu'érotique
vient bizarrement se placer une invitation pressante à

mériter le ciel et à éviter l'enfer, et une description,
qui n'est pas sans fraîcheur et sans poésie, du paradis,
où les brebis blanches paissent parmi des fleurs éter-
nellement nouvelles, et où reluit comme au matin,
sur les herbettes verdoyantes, une rosée qui ne sèche
jamais. L'auteur, reprenant l'allégorie du jardin d'a-
mour imaginée par Guillaume de Lorris, insiste de la
manière la plus édifiante sur la supériorité du jardin
céleste, où coule, non pas la *fontaine* de Narcisse qui
enivre les âmes, mais la fontaine d'eau vive qui les
fortifie, fontaine mystique une et triple qui sourd
d'elle-même, et qui, de ses flots divins, arrose l'olivier
du salut.

Mais, chose incroyable, cet accès de mysticisme ne
ne fait pas perdre à Genius le but de son sermon, car,
dit-il, pour mériter ce paradis,

> Pensez de Nature honorer,
> Servez-la par bien laborer (travailler).

A ce conseil d'une moralité très-équivoque, ou plutôt
qui dans sa bouche ne l'est guère, il joint bien quelques préceptes d'humaine vertu, comme de ne pas
voler, de ne pas tuer, d'être loyal et miséricordieux;
mais de la foi et des vertus exclusivement chrétiennes,
pas un mot. Il n'en promet pas moins les joies du paradis pour récompense à ceux qui suivront ces enseignements, dont on a vu quel était l'objet. La doctrine
prêchée par Genius est du goût des nouveaux croisés,

qui, empressés de mériter l'indulgence en donnant
l'assaut à la tour où Bel-Accueil est renfermé, s'écrient :
Amen ! amen ! Vénus s'élance à leur tête, Honte et Peur
veulent l'arrêter, mais ses flammes et ses flèches mettent
l'ennemi en déroute. Courtoisie, Pitié et Franchise
entrent par la brèche, et Courtoisie adresse à Bel-
Accueil en faveur de l'Amant un discours qui se termine par ce vers :

> Octroyez-lui la Rose en don.

Bel-Accueil consent. Dès ce moment, l'allégorie devient à la fois si transparente et si grossière, que je
me dispense de la suivre. L'auteur termine son poëme
et son rêve en disant :

> Ainsi j'eus la Rose vermeille,
> Alors fut jour et je m'éveille.

Tel est le *Roman de la Rose*. Je crois avoir le premier montré toute la portée de cet ouvrage célèbre.
Je vais revenir rapidement sur ces principaux caractères, que j'ai dû me borner à signaler en passant,
pour ne pas interrompre la suite des incidents. Je
m'occupe surtout de la seconde partie, beaucoup plus
curieuse que l'autre, et qui forme les quatre cin-
quièmes de l'ouvrage.

La première chose qui a dû frapper le lecteur, c'est
la verve et la hardiesse satirique avec laquelle Jean de
Meung attaque les deux objets de la religion du moyen
âge, les prêtres et les femmes. Cependant cette har-

di esse ne doit pas trop surprendre quand on voit des
dévots narrateurs de légendes attaquer avec plus d'emportement encore, non-seulement les moines, mais
l'Église même et son chef suprême, le pape. Les
poésies des troubadours, les fabliaux, l'épopée satirique de *Renart*, donnent le même spectacle. Il faut
s'accoutumer à voir cet humeur frondeuse se montrer
dans les productions littéraires du moyen âge, et
donner naissance, on doit le reconnaître, à ce que
notre vieille poésie offre de plus naturel et de plus
heureux pour le tour et pour l'expression. Du reste,
ce tort et ce mérite ne lui appartiennent pas exclusivement. L'Italie a Boccace et les autres nouvellistes ;
l'Angleterre a Chaucer, qui, sous l'inspiration de la
réforme tentée par Wiclef, attaque avec une ironie
systématique les frères quêteurs, les nonnes et les
porteurs d'indulgences. L'Allemagne a les lazzis de
Nithart et du prêtre Amis, qui, tout en se jouant, mettaient en branle la grosse cloche qui, agitée par Luther,
devait sonner le tocsin de la réforme. L'Espagne elle-
même, terre de dévotion et de monachisme s'il en fut,
a l'archiprêtre de Hita, auteur d'un poëme pieux sur
les miracles de Notre-Dame, les joies de la Vierge, et
qui n'en disait pas moins : « Si tu as de l'argent, tu
auras raison du pape, tu achèteras le paradis, tu ga-
gneras le salut ; avec beaucoup d'argent, les bénédic-
tions abondent. J'ai vu dans la cour de Rome, où est
le saint-père, que tous portaient grande révérence à

l'argent. » Mais ces traits, il faut le dire, sont plus
rares dans les poésies espagnoles du moyen âge que
partout ailleurs, ce qu'à défaut d'autres motifs la présence de l'Inquisition suffirait pour expliquer.

L'amour chevaleresque, le culte des dames était,
comme je l'ai dit, la seconde religion du moyen âge,
et cette orthodoxie eut ses dissidents aussi bien que la
première. Jean de Meung, on l'a vu, se signala d'une
façon toute particulière dans ce genre d'hérésie, qui
n'est pas non plus inconnu aux autres littératures du
moyen âge, et qui marque partout la décadence de
cette civilisation dont la chevalerie fut l'âme. A la fin
du treizième siècle, le beau temps de la galanterie
chevaleresque était passé. La poésie, fidèle écho des
sentiments et des mœurs, après avoir célébré les
femmes lorsqu'elles avaient l'empire, les insultait
alors comme une puissance tombée.

Ce qui a dû sembler plus nouveau chez Jean de Meung
que la satire, c'est, dans quelques passages, l'énergique expression d'une pensée sérieuse. Ce qu'on peut
appeler la poésie philosophique existe déjà dans cette
œuvre incohérente et bigarrée de contrastes. Outre
les vers que j'ai cités sur l'océan de la beauté divine
qui n'a ni fond ni rives, sur la vraie noblesse, sur
l'égalité primitive des hommes, sur l'humble origine
de la royauté, sur la faiblesse de ce pouvoir devant
la volonté populaire, il en est de tout à fait métaphysiques, et qui offrent une grande force et une grande

hauteur d'expression. Dans un passage où le poëte traduit Platon, il exprime ainsi comment Dieu embrasse d'un regard unique les trois formes du temps, le passé, le présent et l'avenir. Dieu voit, dit-il.

> La triple temporalité
> Sous un moment d'éternité.

Ceci est tout simplement sublime.

Parmi les recueils de poésies didactiques et encyclopédiques du moyen âge, il en est peu, on l'a vu, qui contiennent des faits scientifiques plus curieux et des notions positives plus avancées que la continuation du *Roman de la Rose*. De même il est peu d'auteurs antérieurs au quinzième siècle qui connaissent mieux que Jean de Meung les écrivains de l'antiquité. A cet égard, il y a une différence considérable entre lui et Guillaume de Lorris. Guillaume de Lorris ne cite que le songe de Scipion, conservé par Macrobe, et qui lui suggéra peut-être à lui-même l'idée d'un songe allégorique bien différent. Il paraît connaître Ovide. Là se borne sa science de l'antiquité. Jean de Meung non-seulement cite, mais traduit Platon, les vers dorés attribués à Pythagore, Ovide, Horace, Cicéron, Lucain, Solin, Claudien, Suétone, l'Almageste de Ptolomée, les Institutes de Justinien, Juvénal, Boëce, Virgile, Valerius Maximus, Salluste ; il connaît Aristote par Boëce, il sait ce qu'étaient Homère, Socrate, Sénèque, Tibulle, Catulle, Gallus, Hippocrate, Galien, Parrhasius, Apelle,

Myron, Polyclète, Euclide, Empédocle, Ennius. Tout
ce qu'il dit des auteurs anciens est exact, si l'on en
excepte qu'il suppose qu'Auguste donna la ville de
Naples à Virgile, fait apocryphe probablement emprunté à la légende qui, au moyen âge, fit de Virgile
un magicien de Naples, légende dont le souvenir se
perpétue encore dans la population napolitaine. Jean
de Meung a pu citer, il est vrai, plus d'un passage des
auteurs anciens au moyen de certaines compilations
modernes, comme le *Policraticon* de Jean de Salisbury;
mais souvent on voit qu'il connaît l'auteur original,
quand par exemple il dit qu'un vers de Virgile auquel
il fait allusion se trouve dans le discours de la sibylle,
ou une phrase de Cicéron dans son livre sur la rhétorique. Certes il avait lu et apprécié Horace, celui qui
le caractérise ainsi :

> . . . . Horace,
> Qui tant a de sens et de grâce.

Voici qui est plus extraordinaire. Un passage décisif
du *Roman de la Rose* ne permet pas de douter que
Jean de Meung n'eût lu Homère. Non-seulement il cite
l'apologue des deux tonneaux où Jupiter puise les
biens et les maux qu'il distribue aux hommes, apologue qui se trouve dans l'*Iliade*, mais il se fait dire
par la Raison : Je tiens à grande honte que tu ne te
souviennes pas d'Homère

> Après que tu l'as étudié,
> Mais tu l'as ce me semble oublié.

Ceci prouve l'existence d'une traduction d'Homère en latin, antérieure à toutes celles que nous possédons, à moins qu'on ne suppose, ce qui est peu probable, que Jean de Meung savait le grec.

Les personnages de la mythologie antique sont familiers à notre auteur, il a même un paganisme de langage et presque de croyance qui annonce déjà chez lui ces habitudes d'idolâtrie poétique si chères aux hommes de la Renaissance, et dont Dante, précurseur de la Renaissance à certains égards, a le premier donné l'exemple en mettant dans son enfer chrétien un Caron, un Minos, un Cerbère, qui ne sont pas, il est vrai, tout à fait ceux du paganisme. De même Jean de Meung place dans le sien, après les chaudières et les brasiers, le supplice plus poétique d'Ixion, de Tantale, de Sisyphe et des Danaïdes. Comme Dante, il a un peu modifié les êtres infernaux qu'il emprunte à la mythologie antique ; chez les deux poëtes, Cerbère n'est pas seulement le gardien des ombres, mais un chien monstrueux qui déchire et dévore les corps des damnés. A ces légères différences près, le poëte du moyen âge reproduit fidèlement les récits de la mythologie païenne, et, à la manière dont il en parle, on dirait qu'il y croit. J'ai cité la peinture de l'âge d'or entièrement étrangère à la donnée biblique sur les premiers temps, et Flore reconnue pour déesse des fleurs ; mais il y a mieux, et des traditions païennes remplacent ou accompagnent l'exposition orthodoxe d'événements et de

dogmes qui font partie de la croyance chrétienne. Le
mot de déluge amène, sous la plume de Jean de Meung,
non l'histoire de l'arche de Noé, mais l'histoire de
Pyrrha et de Deucalion. Mention est faite du règne de
Saturne à propos du Paradis. Ce paganisme d'imagination doit peu surprendre chez un homme qui cite sans
cesse les auteurs anciens, et qui, d'ailleurs, dans l'ensemble de sa doctrine, rappelle bien plutôt les enseignements d'un sensualisme tout païen que les inspirations spiritualistes de la morale chrétienné. Chose
étrange, néanmoins, ce paganisme d'imagination
d'une part, de l'autre cette doctrine énergiquement
matérialiste qui est répandue dans tout le poëme de
Jean de Meung et qu'il a concentrée dans la charte de
Nature, n'excluent pas des morceaux très-édifiants sur
les mérites de Jésus-Christ et les joies du paradis, et
c'est précisément dans le discours de Nature, dans le
sermon de son cynique prêtre Genius, qu'on les
trouve. C'est au moment de proclamer systématique-
ment l'amour physique, but suprême de la vie, que
l'auteur se fait l'interprète et l'apôtre de la religion qui mortifie les sens.

Un autre mélange non moins frappant du sacré et
du profane se montre dans l'emploi de termes consacrés par l'Église à ses sacrements et à ses mystères appliqués ici à des objets de nature très-
différente. L'Amour, la Nature, Genius, son prêtre,
prononcent l'excommunication sur ceux qui se refu-

sent à les servir. Amour donne à l'Amant pour *pénitence* :

> Qu'en bien aimer soit son penser.

Il jure par *sainte Vénus*, sa mère. Cette alliance d'idées si disparates se rencontre partout au moyen âge, elle est de deux sortes. Tantôt, comme il arrive dans le *Roman de la Rose*, au sein d'une composition toute profane surgit une réflexion toute dévote, des termes consacrés par l'Église sont appliqués à des actions et à des sentiments que l'Église réprouve ; tantôt, au contraire, dans une œuvre sérieuse et religieuse, viennent se jeter, comme à l'étourdie, des détails enjoués ou licencieux. C'est ce qui avait lieu souvent dans les sermons du moyen âge, et ce qui s'est conservé au quinzième siècle dans les bouffonneries des sermons macaroniques. La même confusion se produisit dans l'art ; les représentations les plus scandaleuses se voient, comme on sait, sur les vitraux des cathédrales, se cachent à demi dans les ornements des chapiteaux ou des stalles, et parfois décorent avec effronterie les marges ou les initiales des missels. Une telle fusion du divin et du terrestre peut s'expliquer de deux manières, ou par la naïveté, ou par une intention malicieuse et satirique. Ce peut être inconséquence irréfléchie ou intention railleuse, profanation innocente ou parodie volontaire.

Plus on avance vers l'époque où les croyances affaiblies font place au doute, où la liberté et l'insolence de l'esprit remplacent la soumission aveugle et la foi absolue, plus le dessein des auteurs qui se permettent ces associations singulières est suspect; il l'est davantage dans les pays plus portés à l'incrédulité frondeuse, plus en France qu'en Allemagne, plus en Italie qu'en Espagne. Quand, par exemple, au commencement du quatorzième siècle, l'archiprêtre de Hita, dans son récit allégorique et burlesque du combat de don Mardi-Gras contre don Quaresme, et à propos de la confession bouffonne du premier, se jette dans une dissertation en forme sur le sacrement de pénitence et sur la nécessité de la contrition, quand il fait chanter, pour accompagner le triomphe de l'Amour, *Venite exultemus* et *Benedictus qui venit in nomine Domini*; quand, au début du poëme qui contient l'histoire très-égrillarde de *Trotte-Couvent*, personnage dont l'office est le même que celui de la *vieille* de Jean de Meung, et les amours de l'auteur pour une religieuse, on trouve une invocation à Dieu le père, à Dieu le fils et au Saint-Esprit; je suis porté à voir là cette inconséquence naïve qui n'exclut pas une foi sincère et qui est dans les mœurs méridionales ; mais je doute davantage de la bonne foi de Clopinel, né au bord de la Loire, qui au milieu de toutes ses gausseries, semble avoir un but sérieux et la prétention toute française, et point du tout espagnole, d'exposer un système. Quand plus tard, à la fin du quinzième siècle, dans cette Italie déjà si pénétrée d'épicuréisme et d'incrédulité, Pulci ouvre par une invocation à la Trinité les chants les plus lestes du *Morgante*, je commence à douter de sa candeur, et je crains bien qu'à l'abri d'une incohérence qui ne fut pas préméditée dans un âge plus simple, le poëte italien ne cache une intention qu'il s'avoue au moins à demi et ne songe à railler d'augustes mystères. Ainsi Rabelais, adversaire plus déclaré, bien qu'encore déguisé, du christianisme, plaçait une profession de foi irréprochable en tête du livre le plus hardi de son *Pantagruel*, enveloppant le sceptique dans la robe du curé.

L'œuvre de Jean de Meung doit donc être considérée comme une audacieuse tentative d'un *libertin* du treizième siècle, qui, à l'aide de quelques précautions oratoires, a voulu sciemment attaquer non-seulement les abus qui s'étaient glissés dans l'Église, mais l'esprit même du spiritualisme chrétien. Savant pour son temps, nourri de l'antiquité, païen d'imagination, épicurien par nature et par principe, il fut un devancier puissant des érudits païens et matérialistes du seizième siècle. Il fut un devancier lointain des sensualistes les plus décidés du dix-huitième siècle. Il y a en lui le germe de Rabelais, et même, à quelques égards, de d'Holbach et de Lamettrie.

On ne sera plus surpris qu'il ait eu de son temps une si grande vogue et causé un si grand scandale. Ses tendances et ses doctrines se rattachaient à ce ma-

térialisme dont n'a jamais pu triompher, au moyen
âge, l'ascétisme chrétien, à ce matérialisme que représente dans l'histoire Frédéric II avec ses mœurs de
sultan et son renom d'athéisme, que représentait dans
la philosophie cette secte des averroïstes dont Pétrarque déplorait et redoutait pour la foi l'influence
et la diffusion toujours croissante, et dont Jean de
Meung est, dans la littérature, l'organe le plus énergique. Son livre fut l'évangile de la matière et des sens ;
de là sans doute la réputation que ce livre obtint, et
qui ne pourrait s'expliquer autrement, car la lecture
en est pénible, la composition embarrassée, l'exécution
sans charme dans l'ensemble, bien que supérieure en
quelques endroits ; de là aussi les attaques véhémentes
dont il fut l'objet. Ce n'est pas l'inoffensive galanterie
de Guillaume de Lorris qui eût décidé un homme de
la valeur et de l'importance de Gerson à prêcher et à
écrire contre le *Roman de la Rose*, et qui eût attiré sur
lui les vertueuses invectives de la sage Christine de
Pisan ; mais les âmes chrétiennes et morales du quinzième siècle durent sentir vivement ce qu'il y avait de
dangereux dans un livre abritant, derrière un titre et
un commencement qui n'annonçaient que gentillesse
gracieuse et frivole galanterie, un traité d'irréligion
et d'épicuréisme. Ainsi les sympathies corrompues et
les censures violentes ont fait la célébrité de cet ouvrage. Gower l'imita, Chaucer le traduisit, Marot lui
donna une nouvelle vie en rajeunissant le langage du

treizième siècle, déjà vieilli de son temps, et le nom du *Roman de la Rose* est arrivé ainsi jusqu'à nous escorté d'une vague renommée dont ses proportions formidables et le discrédit où est justement tombée la poésie allégorique ont empêché d'examiner le fondement ; on l'a souvent cité comme le début de la poésie française au moyen âge, erreur qui a été judicieusement réfutée. Au lieu de marquer l'origine de cette littérature, on peut dire qu'il en est la fleur et la fin. La première partie offre ce que la galanterie chevaleresque a inspiré de plus délicat à la poésie encore naïve, quoique déjà ingénieuse et bientôt maniérée du moyen âge ; la seconde annonce ce que l'érudition, la liberté effrénée de l'esprit, l'inspiration païenne et sensuelle, vont produire dans l'âge de la Renaissance ; et, pour emprunter à ce poëme allégorique une allégorie qu'il suggère naturellement, il est comme un bosquet de roses dans le sein duquel se cacherait nue et riante une statue du dieu Pan, symbole de la vie matérielle de l'univers.

JOINVILLE

Au moment où une restauration habile va nous
rendre, dans toute sa beauté primitive, la Sainte-
Chapelle, ce type classique de l'architecture chrétienne, ce Parthénon du moyen âge; au moment où
se répand dans le public le bruit de la découverte du
cœur de saint Louis, peut-être y a-t-il une sorte d'à-
propos à rappeler cette naïve biographie du pieux et
grand roi qu'a tracée la main d'un serviteur dévoué
et fidèle. Rien dans notre littérature du moyen âge
n'a obtenu un renom plus populaire que les Mémoires du sire de Joinville. Parce qu'on en a beaucoup parlé et fort bien parlé, n'est-il plus permis
d'en rien dire? Je ne le pense pas. L'histoire littéraire est comme toute autre histoire : sans se défaire,

elle se refait perpétuellement. On ne prétend point
à remplacer ceux qu'on aurait tout au plus l'ambition
trop orgueilleuse peut-être de continuer. Et dans ce
qui a été le mieux vu, il reste toujours quelque chose
à saisir pour peu qu'on sache regarder.

Les savants débats qu'a fait naître l'espoir d'avoir
retrouvé le plus noble reste d'une sainte dépouille ne
sont pas encore terminés. Tandis que l'érudition
poursuit son œuvre avec ardeur, voici non point une
œuvre d'érudition, mais une étude purement littéraire sur l'historien de saint Louis. Du moins, cette
modeste étude repose sur une base plus certaine
que la découverte, hélas! controversée. En effet, que
le cœur de saint Louis soit ou ne soit pas enfoui
sous les dalles de la Sainte-Chapelle, assurément il
respire dans les récits de Joinville.

Si l'on faisait l'histoire de notre ancienne littérature
par province, celles qui tiendraient le premier rang
seraient la Normandie et la Champagne. Les ducs de
Normandie accordèrent aux poëtes une faveur qui
rappelait le goût de leurs aïeux pour les scaldes
scandinaves. Grâce à la conquête de Guillaume, sur
l'une et l'autre rive de la Manche, le dialecte normand
devint la langue littéraire. De là, aux douzième et
treizième siècles, cette foule de poëtes normands et
anglo-normands, parmi lesquels figure en première
ligne maître Wace de Jersey. Les comtes de Champagne furent aussi des princes puissants et amis des

lettres. L'un d'eux, Thibaut VI, a laissé dans les annales de notre poésie un nom d'une célébrité populaire; d'autres trouvères champenois, tels que Quenes de Béthune [1], auraient peut-être encore mieux mérité cet honneur. Enfin, les deux plus anciens auteurs de Mémoires, les deux historiens des croisades, Villehardouin et Joinville, naquirent en Champagne. Ce serait, s'il était besoin de le faire, une victorieuse réponse à un dicton ridicule que l'esprit charmant de la Fontaine, héritier à quelque égard de la vieille veine gauloise des conteurs et des trouvères champenois, suffit à réfuter.

Il était naturel que la vie littéraire se développât autour des principaux centres de la vie féodale. La Normandie, aventureuse et conquérante, où s'étaient conservés peut-être quelques restes des anciennes habitudes poétiques des rois de la mer, la Normandie fut le berceau de la poésie française. La poésie française apparaît pour la première fois à la bataille d'Hastings; là par la bouche d'un ménestrel guerrier, qui porte le nom de *Taillefer* et semble de la famille des scaldes belliqueux qui chantaient aussi en combattant, elle entonne la chanson héroïque de Roncevaux. La Champagne, pays de commerce où les célèbres foires de Troyes attiraient les marchandises de l'Orient, où se montrèrent de bonne heure les instincts

---

[1] Voy. M. P. Paris, *Romancero français.* p. 77 et suiv.

positifs de la démocratie, où un épicier écrivait, au quatorzième siècle, que, s'il n'y avait point de gentils hommes, le monde vivrait en paix ; la Champagne, terre comparativement prosaïque, produisit la prose française, qui date de Villehardouin, maréchal de Champagne, et dont les origines rappellent tout d'abord le souvenir de l'aimable et bon sénéchal de Joinville.

Jean, sire de Joinville, naquit vers 1224. Sa vie embrassa presque tout le treizième siècle et se prolongea dans le quatorzième, car il vivait encore en 1315. C'est de son histoire de saint Louis qu'il faut tirer ce qu'on peut savoir de sa propre histoire. Heureusement il mêle souvent à la narration des événements publics les incidents de sa vie domestique ; ce mélange forme un des grands charmes de son récit. Ainsi, avant de nous emmener avec lui en terre sainte, il nous raconte la naissance de son fils.

« Toute cette semaine fûmes en fête et en caroles, car mon frère, le sire de Vaucouleurs et les autres riches hommes[1] qui là étoient donnèrent à manger chacun l'un après l'autre, le lundi, le mardi, le mercredi. » La croisade apparaît au milieu de ces fêtes hospitalières, de ces réjouissances du foyer. Le pieux et vaillant dessein est exprimé avec une simplicité qui émeut. « Je leur dis le vendredi : « Seigneurs, je m'en

---

[1] *Riche* a encore ici le sens germanique de *puissant : reckern, ricos hombres.* — Avec le temps, la puissance a voulu dire l'argent.

« vais outre mer, et je ne sais si je reviendrai. » Puis
le bon sire demande si on a quelque argent à réclamer de lui, et s'en rapporte à chacun *sans débat*.
Comme il ne voulait emporter *nul denier à tort*, il
alla à Metz mettre en gage une grande portion de sa
terre. Metz était alors ce qu'il est encore, une ville
où les juifs habitaient en grand nombre. Ce fut très-
probablement entre leurs mains que Joinville laissa
ses biens. On voit comment les croisades ont causé
la division et l'épuisement de la propriété féodale,
car tous les chevaliers ne revenaient pas de la croisade, et beaucoup de gages demeuraient dans les
mains des juifs, qui les vendaient en détail.

Avant de partir, le nouveau croisé voulut visiter les
lieux du voisinage célèbres par diverses reliques. C'est
là qu'est ce trait si touchant et qu'on ne peut se dispenser de citer, bien qu'il l'ait été souvent : « Et cependant que j'allai à Blanchincourt et à Saint-Urbain,
je ne voulus onques retourner mes yeux vers Joinville,
pour que le cœur ne m'attendrît du beau châtel que
je laissois et de mes deux enfants. » En lisant ces
simples lignes, quel cœur ne *s'attendrirait* à cette
douleur si naïvement exprimée du bon seigneur qui
quitte son tant beau châtel, du père qui quitte ses
deux enfants?

On le retrouve ensuite à la croisade ; il raconte ce
qui advint pendant les six années qu'elle dura. Au retour, il quitte le roi à Beaucaire avec un peu de préci-

pitation, tant il est pressé d'aller rejoindre son cher Joinville.

Plusieurs fois il vint à la cour de France, notamment pour négocier le mariage de Thibaut, comte de Champagne, avec Isabelle fille de saint Louis. Quand le roi de France appela ses barons à une seconde croisade qui devait finir encore plus tristement que la première, Joinville se défendit d'y prendre part, alléguant d'abord une fièvre quarte, puis tout ce que ses vassaux avaient souffert d'une semblable expédition. L'enthousiasme pour les entreprises d'outre mer commençait alors à s'épuiser; on le sent aux excuses de Joinville. Certes, ce n'était pas faute de courage qu'il refusait de répondre à l'appel du roi, car, en 1315, âgé de quatre-vingt-dix ans, requis par Louis le Hutin, en sa qualité de sénéchal de Champagne, de marcher contre les Flamands, il ne déclina point ce service dont son âge l'aurait pu dispenser, se contenta de demander un mois de délai, et rejoignit l'armée. On a la lettre dans laquelle il se justifie de n'être pas parti sur-le-champ; elle rappelle d'une manière touchante la familiarité tendre à laquelle saint Louis l'avait accoutumé. Le vieillard s'en excuse au jeune roi avec une bonhomie naïve. « Sire, ne vous déplaise de ce que je, au premier parler[1], ne vous ai appelé que *mon seigneur*, car autrement n'ai-

____

[1] Au commencement de ma lettre.

je fait à mes seigneurs les autres rois qui ont été
avant vous. »

Joinville écrivit ses Mémoires très-tard, après l'an
1305 ; il avait alors quatre-vingts ans. Il y avait plus de
cinquante ans qu'il était revenu de la croisade. On doit
admirer la vivacité et la chaleur de ses souvenirs.
Cette date explique aussi son goût pour les petits récits, défaut et grâce de la vieillesse. On aime à voir,
après un demi-siècle, le vieux sénéchal rendre un
dernier hommage au roi qui fut son ami et qu'il va
rejoindre.

Tout nous dit qu'il fut fidèle à cette mémoire ; le
nom de Joinville reparaît à l'occasion des honneurs
qu'elle reçut si justement de l'Église. On voit avec
plaisir le sire de Joinville figurer parmi ceux qui déposèrent pour la canonisation du saint roi. Certes nul
document n'eût été plus propre à faire apprécier ses
vertus que le récit ingénu de celui qui ne le quitta
presque pas durant six années, et qui retrace avec
tant de charme l'héroïsme du guerrier, la débon-
naireté du monarque et la candeur du saint. Lui-
même nous apprend que dans ses songes il revoyait
son maître chéri et se plaisait à le recevoir en son
château de Joinville. Il avait fondé une petite chapelle dans laquelle il entretint durant tout le reste de
sa longue vie un service pour perpétuer le culte de ses
souvenirs. Son livre fait aussi partie de ce culte domestique ; il en est un naïf et immortel monument.

Il y a deux personnages dans cette histoire, Joinville
et saint Louis. Ces mémoires sont, pour ainsi parler,
des mémoires à deux. Joinville n'a pas craint de
placer son honnête figure à côté de la douce et noble
figure du roi. Il a fait comme ces peintres qui laissent
leur portrait dans leur tableau. Sans qu'il y tâche,
l'auteur paraît à chaque page avec une simplicité
charmante. D'abord on reconnaît le dévot croisé se
préparant au pèlerinage armé par un pèlerinage pacifique aux lieux renommés dans les alentours.
L'homme d'armes cite la sainte Écriture; l'enjoué conteur prend un ton grave pour raconter ce qu'il a entendu dire à un écuyer qui, pendant l'expédition, était
tombé dans la mer : « Comme il commença à cheoir,
il se recommanda à Notre-Dame, et elle le soutint par
les épaules jusqu'à temps que la galère du roi le re-
cueillit. » Peut-être cet écuyer avait-il lu la légende du
arron au gibet dont la sainte Vierge soutint les pieds
de ses blanches mains. Joinville dit encore qu'un jour,
tandis que l'abbé de Cheminon dormait, Notre-Dame
replaça sa couverture sur sa poitrine, de peur que le
vent ne l'incommodât. Telle était la croyance du temps
à ces histoires légendaires que la poésie racontait.
L'auteur y joint les récits merveilleux que les croisés
rapportaient d'Orient. Il croit que le Nil sort du paradis terrestre. « On y trouve, dit-il, des filets où l'on
pêche l'aloès, la rhubarbe, le girofle et la cannelle,
que le vent abat dans le paradis terrestre, d'où elles

viennent en droite ligne par le fleuve. » Colomb croyait
aussi que les fleuves du continent américain avaient
leur source dans le paradis terrestre.

Un jour, comme Joinville assistait avec ses chevaliers à une messe célébrée pour l'âme de l'un des
leurs morts durant la croisade, il les reprit de parler
pendant l'office divin. Ceux-ci répondirent en plaisan-
tant qu'ils remarieraient la femme du défunt, « et je
leur dis, poursuivit Joinville, que ces paroles n'étoient
ni bonnes ni belles, et que tôt avoient oublié leur compagnon... Le lendemain, Dieu en fit telle vengeance
que tous furent tués, » et il ajoute « par quoi il con-
vint leurs femmes remarier toutes. » Une petite pointe
de gaieté perce dans sa dévotion sincère, et montre,
comme on voit, l'humeur de l'homme de guerre à
côté de la foi du croisé. Quelquefois ces libertés vont
assez loin, comme dans le récit qu'il fait de son alter-
cation théologique avec le roi sur le péché mortel. Le
roi, qui le savait moult subtil en matière de religion,
avait fait venir des frères pour l'endoctriner. Devant
eux, saint Louis demanda au sénéchal s'il n'aimerait
pas mieux être lépreux que de faire un péché mortel?
A quoi Joinville répondit sans hésiter qu'il aimerait
mieux en faire trente. Le roi laisse partir les frères,
et le gronde avec une adorable bonté.

Joinville n'est point fanfaron. Pris par les Sarrasins,
qui le voulaient tuer, et ayant senti le coutel à la
gorge, il dit bonnement : « Et alors, pour la peur que

j'avois, je commençai à trembler bien fort. » Dans un autre moment, lui et quelques barons pensant qu'on va leur trancher la tête, chacun se confesse à son voisin, Joinville avoue ingénûment que, sorti de là, il ne se souvint ni des aveux qu'il avait pu faire, ni des péchés du chevalier qui s'était confessé à lui, et auquel il avait donné l'absolution.

L'aimable narrateur ne sort pas du ton familier, souvent légèrement enjoué, où il excelle. Il ne prend jamais les formes un peu solennelles de Villehardouin ; il ne dit jamais *sachez, oyez, vous vissiez ;* rien chez lui qui rappelle la gravité de l'histoire ou de l'épopée ; il se tient entre les mémoires et le fabliau. Les transitions ne l'embarrassent pas plus en écrivant que s'il contait près de la grande cheminée du château de Joinville. S'est-il écarté de son sujet, il y rentre sans façon, en reprenant, du ton de la conversation : Or, revenons à notre matière et disons... Il cause en effet pour son plaisir, à son humeur et à sa fantaisie. Au moment de nous apprendre les résultats très-curieux du voyage des frères mineurs envoyés par saint Louis auprès du roi des Tartares, il s'interrompt en disant : « Pourriez ouïr moult de nouvelles *que je ne veux pas conter,* parce qu'il ne me conviendroit de rompre ma matière que j'ai commencée qui est telle. » Et alors il se met à parler de ses affaires, de l'état de ses finances, qui l'intéressent plus que les frères mineurs et le grand khan de Tartarie. Avec tout l'abandon et le sans-gêne du discours , il s'écrie par deux fois : « J'avois oublié de vous dire. » On ne croit pas lire ; il semble qu'on entend parler. Ce n'est pas encore l'histoire ; mais la causerie française est née. Notre littérature , à son début , fit un effort pour s'élever au style sérieux et soutenu, à la noblesse, à la grandeur, dans la poésie sauvage et parfois sublime de la chanson de Ronce-vaux, dans la prose grave et fière de Villehardouin ; mais soit que cette tentative fût prématurée , soit qu'elle fût contraire au génie de notre nation, elle eut peu de suite. Le fabliau l'emporta sur l'épopée histo-rique, les mémoires sur l'histoire épique. La grande éducation classique que reçut la littérature française au seizième et au dix-septième siècle , l'imitation des modèles espagnols, les pompes du siècle de Louis XIV, le grandiose de la religion, imprimèrent à notre prose une majesté qui n'était peut-être pas entièrement dans sa nature ; elle en reçut parfois trop de roideur et de faste. Il semble qu'à l'autre extrémité de notre histoire littéraire, la simplicité badine, le ton familière-ment railleur de son premier âge, ont reparu, mais avec la marque des années, dans l'esprit, il faut en convenir, bien français, d'un conteur merveilleux, de Voltaire.

Joinville ne se montre qu'en passant et sans y songer ; mais il revient sans cesse, il s'arrête avec amour sur la figure du bon roi. Saint Louis remplit les Mémoires de Joinville comme Henry IV remplit

les Mémoires de Sully. C'est encore étudier Joinville
que d'étudier saint Louis dans l'ouvrage consacré à le
peindre, car c'est réfléchie dans l'âme de l'écrivain
que nous apercevons l'âme du roi. La physionomie
que le portrait donne au modèle révèle la manière du
peintre.

Nul grand fait n'a manqué d'historien, et il y a peu
d'hommes véritablement grands auxquels ait manqué
un biographe. Charlemagne, l'empereur des temps
barbares, a eu Éginhart ; saint Louis, le roi du moyen
âge, a eu Joinville. Saint Louis a été plus heureux.
Éginhart, venu à une époque de renaissance classique,
renaissance dont il était lui-même un produit et un
instrument, obligé d'écrire dans une langue savante,
parce que sa langue n'était pas encore formée, a laissé
dans sa peinture un certain vague qui tient à l'emploi
d'un idiome mort et à l'imitation de l'antiquité ; plus
d'un trait expressif prouve qu'il aurait pu être Plutarque, malheureusement il a préféré copier Suétone.
Il a pensé à Auguste, tandis que le nouveau César posait devant lui. Parfois le reflet de la pourpre romaine
jette un faux jour sur le visage de l'empereur franc.
Joinville, homme de guerre et non pas clerc, écrit dans
sa langue maternelle. Il est venu dans un temps
qui avait sa vie littéraire propre, et, heureusement
pour lui, il ignore l'antiquité. Précisément parce qu'il
n'avait lu ni Plutarque ni Suétone, il leur a ressemblé.
Il a été, comme eux, un conteur d'anecdotes qui ca-

ractérisent et de petits faits qui peignent, mais un
conteur plus véritablement naïf que Plutarque, rhéteur vertueux, et surtout que Suétone, rhéteur corrompu.

On doit convenir qu'il ne nous montre pas saint
Louis tout entier. Avec lui on ne voit pas le législateur,
le politique, mais on voit admirablement le saint,
l'homme et le guerrier. Quelles que fussent la sagesse
et la générosité de saint Louis, il ne put échapper à
l'entraînement des passions fanatiques de son temps.
On le voit avec douleur infliger une peine physique
aux jurements et aux blasphèmes, comme si mutiler
une créature humaine n'était pas un blasphème en
action plus odieux au père des hommes qu'un serment
prononcé par habitude, ou quelques paroles insensées
dont la misérable audace ne saurait atteindre le créateur du ciel et de la terre. Le même écart de l'esprit
religieux se retrouve dans cette anecdote rapportée
par Joinville, et qui pourrait faire juger sévèrement
de la tolérance de saint Louis : — Un chevalier, qui
assistait à une conférence destinée à convertir des
juifs, demanda brusquement à un rabbin s'il croyait
à un des mystères de la religion chrétienne ; celui-ci
répondit qu'il n'y croyait point. Alors le chevalier,
pour tout argument, lui asséna un grand coup sur la
tête, dont le juif fut assommé. Le roi approuva fort
cette étrange sorte de syllogisme, et dit : « L'homme
lay (le laïque), quand il entend parler de la foi chré-

tienne, ne doit la défendre que de l'épée, de quoi il
doit donner parmi le ventre tant comme elle y peut
entrer. »

Hâtons-nous de trouver dans Joinville la preuve
que, si saint Louis paya parfois un tribut aux idées
fanatiques de son temps, il savait s'élever au-dessus
de ces idées par une tolérance qui devançait les lumières du clergé contemporain. Comme, à la suite
de la croisade des Albigeois, certains propriétaires du
midi refusaient une absolution qu'on voulait leur
vendre au prix de leurs terres, des évêques de France
s'en plaignirent au roi, lui disant que la *religion pé-
rissait entre ses mains*, et lui demandèrent de con-
traindre les récalcitrants. Saint Louis, le pieux saint
Louis, finit par leur répondre « qu'il ne le feroit, car
ce seroit contre Dieu et toute *raison* s'il contraignoit
les gens à se faire absoudre quand les clercs leur fai-
soient tort. » Le bon sens et l'humanité de ces paroles
avaient quelque mérite dans un temps si voisin des
barbaries de Montfort.

Saint Louis, pour parler de la sorte, n'avait qu'à
écouter son âme. Jamais il n'en fut de plus tendre.
Après la bataille de la Massoure, ayant demandé des
nouvelles de son frère, le comte d'Artois, qui y avait
péri, on lui répondit que ce frère bien-aimé était en
paradis, et on s'efforçait de distraire sa douleur en le
félicitant sur les avantages qu'il retirerait de cette bataille. « Le roi répondit que Dieu fust adoré de ce qu'il

lui donnoit, et lors lui tombèrent des yeux des larmes
moult grosses. » Saint Louis ne bornait pas cette tendresse de cœur à ses proches; l'esprit du véritable
christianisme lui enseignait le prix de la vie des
hommes. Près de l'île de Chypre, le navire qui portait
le roi reçut un coup de mer violent. Les mariniers et
les barons lui conseillaient de descendre à terre. « Lors
dit le roi : Seigneurs, j'ai ouï votre avis et l'avis de
mes gens ; or, vous dirai-je le mien, qui est tel : si je
descends de la nef, il y a dedans telles cinq cents personnes et plus qui demeureront en l'île de Chypre
pour la peur du péril de leur corps, car il n'y a personne *qui autant n'aime sa vie comme j'aime la mienne,*
et qui jamais par aventure en leur pays ne rentreront.
Donc j'aime mieux mon corps, et ma femme et mes
enfans mettre en les mains de Dieu, que je fisse tel
dommage à si grand peuple, comme il y a céans. »

Il n'est pas besoin de citer beaucoup pour rappeler
la bonhomie et la simplicité de saint Louis. C'est le
côté par où, grâce à Joinville, il est le plus présent à
tous les souvenirs. Qui ne se l'est représenté rendant
la justice sous un arbre du bois de Vincennes? Je me
bornerai à une anecdote moins connue et dans laquelle
Joinville figure honorablement. Elle nous montre avec
quelle liberté familière il parlait au roi, et avec
quelle sincérité candide le roi scrutait sa conscience
et profitait d'un conseil. Au retour de la croisade,
l'abbé de Cluny fit don de deux chevaux au roi, et le

lendemain vint s'entretenir des affaires de son couvent. « Le roi l'ouït moult diligemment et longuement, » dit Joinville, et il ajoute : « Quand l'abbé s'en fut parti, je vins au roi et lui dis : Je vous viens demander, s'il vous plaît, si vous avez ouï plus débonnairement l'abbé de Cluny, parce qu'il vous donna hier deux palefrois. — Le roi pensa longuement et me dit : Vraiment oui. — Sire, fis-je, savez-vous pourquoi je vous ai fait cette demande? — Pourquoi? fit-il. — Pour ce, fis-je, que je vous conseille que défendiez à votre conseil juré qu'ils ne prennent (rien) de ceux qui auront à besogner devant vous, car soyez certain, s'ils prennent, ils en écouteront plus volontiers et plus diligemment ceux qui leur donneront ainsi comme vous avez fait l'abbé de Cluny. »

On est bien moins accoutumé à l'idée de la vaillance de saint Louis qu'à celle de sa bonté. Joinville, son compagnon d'armes, a vivement exprimé l'ardeur de héros et l'impétuosité de soldat qui le précipitaient dans les rangs des Sarrasins. « Jamais, dit-il, je ne vis homme si beau sous les armes[1], » et il le montre dépassant de la tête toute sa suite, un haume d'or sur son chef, une épée d'Allemagne en sa main. Cet emportement guerrier achève de dessiner par un contraste heureux la figure du saint monarque. Il ne faut pas se représenter Louis IX toujours récitant des

____

[1]. « Onques ne vis si bel armé. »

prières ou agenouillé dans un confessionnal : il faut le
voir, comme l'a vu Joinville, dans le désordre et la
poussière de la mêlée ; il faut le voir aussi encore plus
héroïque dans sa captivité, bravant la mort et la tor-
ture, et disant à ceux qui l'en menacent, comme eût
dit un martyr des premiers âges du christianisme :
« Je suis votre prisonnier, vous pouvez de moi faire
votre volonté. » Les infidèles lui demandent un serment, et, bien que décidé à le tenir, il refuse de le
prêter, parce que les imprécations qu'il aurait fallu
prononcer contre ceux qui l'auraient violé lui semblaient une profanation de la croix.

Touchant la prise de Constantinople, on peut comparer au récit de Villehardouin celui du grec Nicétas,
qui ne voit dans les croisés que des impies qui pro-
fanent les églises, des barbares qui détruisent les monuments, des *ennemis du beau*. La narration de Joinville, rapprochée de celles des historiens arabes, n'offrira pas un si grand contraste. Ici les croisés avaient
à faire à des ennemis plus généreux ; si la haine des
Grecs, excusable contre des vainqueurs, avait méconnu
l'héroïsme des Francs, et n'avait vu que la brutalité
qui l'accompagnait, l'enthousiasme religieux et national des écrivains mahométans n'a pu être aveugle
aux vertus de saint Louis. Déjà les musulmans avaient
su apprécier la vaillance du roi Richard ; cette vaillance était devenue proverbiale dans l'Orient, et, comme
nous l'apprend Joinville, « quand un cheval s'effrayoit

d'un buisson, on lui disoit : Cuides-tu (penses-tu) que
ce soit le roi Richard? » De même, les Sarrasins rendi-
rent hommage à l'héroïque constance du roi prisonnier,
qu'ils appelaient comme par excellence le *Français*.
Des anecdotes, peut-être légendaires, que rapportent
les historiens arabes, le montrent conservant sa noblesse et sa fierté dans le malheur. Ces historiens lui
font refuser les vêtements d'honneur que lui envoyait
le sultan, et répondre qu'il était aussi riche en do-
maines que son vainqueur, et qu'il ne lui convenait
pas de revêtir les habits d'un autre. Suivant M. Rey-
naud, tous les historiens, excepté un seul, Macrisi, représentent le caractère du saint roi sous un jour avantageux, et proclament la fermeté de son âme; tous
rendent hommage à sa piété. « Il était très-pieux, dit
l'un d'eux, et c'est de là que les chrétiens avaient tant
de confiance en lui. » Il était donc un saint, même
pour ses ennemis, et s'est vu presque canonisé par les
infidèles. Dans une anecdote rapportée par l'historien
Gemal-Eddin, on retrouve jusqu'à cette bonhomie
mêlée de finesse ingénue que Joinville excelle à retracer.

« Un émir dit un jour à saint Louis, suivant Gemal-
Eddin, qui tenait le fait de l'émir lui-même : Comment
a-t-il pu venir dans l'esprit d'un homme aussi pénétrant et aussi sensé que le roi de se confier ainsi à la
mer sur un bois fragile, de s'engager dans un pays
musulman défendu par de nombreuses armées, et de

s'exposer, lui et ses troupes, à une perte presque certaine. A ces mots, le roi sourit et ne répondit rien ;
l'émir poursuivit : — Un de nos docteurs pense que
celui qui expose deux fois sa personne et ses biens sur
la mer doit être regardé comme un fou, et que son
témoignage n'est plus recevable en justice. Là-dessus
le roi sourit encore et dit : « Celui qui a dit cela a
raison, et sa décision est juste. » — Joinville n'eût
guère dit autrement que Gemal-Eddin. Le saint Louis
de cette anecdote est bien celui auquel nous ont accoutumés les récits du sénéchal. Le silence, le sourire,
la bonhomie de l'aveu, peut-être un peu d'ironie chrétienne méprisant doucement cette prudence des infidèles, tout est charmant dans ce portrait arabe de
saint Louis.

Si j'écrivais l'histoire des événements et non celle
des lettres, je pourrais relever dans Joinville plusieurs
faits qui ne manquent pas d'importance. Il parle de
cette curieuse ambassade envoyée à saint Louis par
des princes tartares, pour l'engager à former une
ligue commune contre les Sarrasins, fait qu'on avait
révoqué en doute, et qu'Abel Rémusat a confirmé
d'une manière si éclatante en traduisant les lettres
de plusieurs souverains mongols à des rois de France,
lettres qui sont déposées dans nos archives.

Joinville peint avec beaucoup de vivacité les mœurs
et les habitudes de l'Orient. On voit combien elles se
sont peu modifiées. En lisant les batailles qu'il raconte,

on croit assister à une campagne de l'Algérie ; une
chose cependant a changé : nous faisons mieux cette
guerre qu'on ne savait la faire au temps de Joinville ;
du reste, ses Sarrasins ressemblent parfaitement à nos
Kabyles. Sa peinture des Bédouins est excellente encore aujourd'hui ; il les montre enveloppés de leurs
burnous blanc qu'il compare à des surplis ; même
usage de couper les têtes, qu'on leur rachetait pour
un besan d'or, coutume très-propre à les encourager, par cette prime maladroite, dans leur habitude
barbare. Si les chevaliers étaient étonnés à la vue de
ces guerriers couverts de vêtements flottants qui se
précipitaient sur eux avec de grands cris, ceux-ci ne
l'étaient pas moins de voir leurs ennemis bardés de
fer planter en terre leur bouclier, et, derrière ce rem-
part, se mettre à l'abri des lances. Cette tactique dé-
fensive n'allait point à leur idée de la vaillance et à
leur fougue indisciplinée ; elle leur semblait un effet
de la crainte, et Joinville nous apprend qu'ils maudis-
saient leurs enfants en disant : « Ainsi sois-tu maudit,
comme les Francs qui s'arment par peur de la mort. »

En somme, le grand mérite de Joinville, c'est la
naïveté et la vivacité du récit. Son livre n'a pas le
sérieux de l'histoire, il n'offre pas même la suite
des mémoires. Ce sont des souvenirs écrits avec
charme, dans lesquels paraissent un grand événement et un grand homme. Joinville avait bien eu au
commencement l'idée d'une composition historique

méthodiquement divisée en deux parties : dans la première, il devait traiter de tout ce qui concernait les vertus religieuses et la politique de saint Louis ; dans la seconde, raconter ses *chevaleries*; mais l'écrivain ne s'est pas attaché à réaliser très-strictement son programme. Ce qui tient à la religion, à la justice, au gouvernement, est exposé en quelques pages ; arrivé à la croisade, Joinville y demeure, et ses souvenirs ne tarissent plus.

Pour bien apprécier le caractère des Mémoires du sire de Joinville, il faut les comparer avec la narration de son devancier Villehardouin. D'abord, l'individualité du narrateur domine beaucoup moins dans celle-ci. Villehardouin a beaucoup plus de cette qualité que les Allemands appellent l'*impersonnalité*, et dont ils ont fait avec raison la condition dominante de l'épopée. Joinville, en se mettant en scène, introduit dans son récit un intérêt plus dramatique. Villehardouin peint les événements d'un point de vue supérieur et désintéressé; il y tient sa place, il y paraît à son rang, mais il ne les rapporte pas à lui, il ne se fait pas centre de ce qu'il raconte. Joinville se raconte lui-même; il n'a garde d'oublier ses coups d'épée et ses aventures. Une circonstance du récit rend bien sensible cette différence des deux historiens. Villehardouin parle rarement de lui et ordinairement à la troisième personne. Joinville parle de lui souvent et toujours à la première. Leur position aussi est diffé-

rente. Le maréchal de Champagne et de Romanie est
un des chefs de la croisade ; le sénéchal est dans la
foule des seigneurs. Avec le premier, on embrasse
d'en haut l'ensemble de combats et de négociations
dont se compose l'entreprise ; avec le second, on ne
voit qu'un point, on est dans la mêlée. L'un peint de
grandes lignes de bataille, l'autre des charges et des
rencontres de cavalerie à la Van-der-Meulen. Joinville est
familier jusqu'à l'enjouement et jusqu'au bavardage ;
Villehardouin est toujours grave et ne sourit jamais, il
ne sourit pas plus que la visière de son casque ; son
récit marche, pour ainsi dire, sur une ligne droite, il ne
se détourne jamais ; comme un soldat bien discipliné,
il suit le drapeau. Joinville est un volontaire qui cara-
cole sur les flancs de l'armée ; il s'éloigne et revient,
il quitte la grand'route et y rentre. Au lieu de cette
trame de la narration de Villehardouin, qui se déroule
dans sa majestueuse simplicité, il croise et mêle les
fils de son récit, et, comme il dit, les entrelace. C'est
ce que Froissart fera encore plus que lui, car, en s'é-
loignant de la manière grave et calme de Villehardouin,
Joinville approche de la manière vive et sautillante de
Froissart.

Ces trois historiens montrent la chevalerie sous un
aspect différent. Chez Villehardouin, la chevalerie est
héroïque et religieuse ; elle n'offre nulle trace de galanterie ; elle n'en est pas encore à l'âge de la grâce ;
on ne parle point des dames. Chez Joinville, il en est

tout autrement ; c'est à elles qu'on pense dans la mêlée, et le bon comte de Soissons s'écrie, tandis que le
feu grégeois pleut sur les croisés : « Par la creiffe-
Dieu, sénéchal (c'est ainsi qu'il avait coutume de jurer), encore parlerons-nous de cette journée en chambre des dames. » Saint Louis lui-même reconnaît
courtoisement leur empire. Il dit à un émir qu'il ne
sait si la reine voudra payer sa rançon, car elle est sa
dame (*domina*), discours qui dut bien étonner le musulman. Du reste, la chevalerie est tellement dans les
mœurs, que Joinville la voit partout. Pour lui, les
mameloucks sont des chevaliers ; il appelle le sultan
d'Émèse le meilleur chevalier qui fût en toute payen-
nie. Froissart en dira autant des princes maures
d'Afrique. Qu'on s'étonne après cela que dans les romans du moyen âge on transformât en chevaliers tous
les infidèles ! et cette dénomination appliquée aux
adversaires des croisés n'était pas entièrement fausse.
Notre chevalerie, quoi qu'on en ait dit, est chrétienne
d'origine et n'est point venue des Arabes ; néanmoins
il est certain que les musulmans avaient aussi une
certaine chevalerie née de leur religion et de leurs
mœurs. Sans remonter à leur héros populaire Antar
et aux premiers conquérants de l'Espagne, il y avait
du chevalier dans Saladin. Selon Joinville, les Sarrasins offrirent aux chrétiens de jouter sous les murs
d'Acre. Les deux chevaleries se rencontrèrent aux
croisades, et, malgré les haines religieuses, elles se

reconnurent pour sœurs et se saluèrent en se combattant.

Joinville se complait au récit des combats singuliers. Tandis qu'un véritable duel chevaleresque a lieu
sous les murs d'Acre entre des Sarrasins et des chrétiens, un chevalier, voyant huit hommes qui regar-
daient le combat, va les attaquer. Joinville ajoute avec
complaisance : « Et les trois beaux coups fit-il devant
toutes les femmes qui étaient sur les murs. » On croit
entendre Froissart raconter une apertise d'armes.

Encore une ressemblance de Joinville et de Froissart. Froissart s'émerveille des fêtes, de la parure des
chevaliers et des dames, de la *braverie*; il ne fait pas
grâce au lecteur d'une aune de velours ou de satin.
Villehardouin ne voit que des armures, et, s'il parle
une fois de vêtements précieux, de pierreries, c'est
pour montrer, après la prise de Constantinople, toutes
ces richesses entassées pêle-mêle en monceaux aux
pieds des Francs. Joinville décrit, comme l'aurait fait
Froissart, les pompes de la grande cour tenue à Poitiers, et le costume de tous les seigneurs qui mangèrent avec le roi. Ainsi ces trois historiens correspondent aux trois phases de la chevalerie et les représentent. La chevalerie est austère dans Villehardouin,
elle est sérieuse et guerrière; elle combat pour vaincre
l'ennemi et non pour le plaisir de faire briller son
épée. De la devise qui plus tard fut la sienne : *Dieu et
les dames*, elle n'a encore écrit sur son bouclier que le

premier met. Dans Joinville, elle est déjà galante, enjouée, se plaisant aux joutes, aux combats singuliers applaudis par les dames, au luxe des armes, aux éblouissements des parures et des fêtes. Dans Froissart, elle aura presque perdu tout objet sérieux et sera comme un luxe de vaillance, une mode de défis, d'entreprises, d'aventures souvent inutiles ; elle se complaira comme son historien dans la magnificence et l'éclat, elle cachera parfois sa rude cuirasse sous une robe de brocard. Toute son histoire est donc contenue dans ces trois noms, Villehardouin, Joinville, Froissart. Si l'on comparait la chevalerie à un grand arbre, Villehardouin en serait la racine et le tronc, Joinville la fleur, Froissart le feuillage touffu et retentissant, mais un feuillage d'où la séve commence à se retirer, un feuillage déjà diapré des teintes variées de l'automne et qu'un souffle fera tomber.

LITTÉRATURE FRANÇAISE

AU SEIZIÈME SIÈCLE

Il est des siècles littéraires plus parfaits que le seizième; il n'en est pas de plus énergique et de plus puissant. Dans ce siècle mémorable, l'esprit humain marche en tous sens, il avance par toutes ses voies. Tous les contrastes sont en présence; on adore l'antiquité, et un immense besoin de nouveauté ébranle les antiques croyances; on s'inspire des traditions un peu artificiellement ranimées de la chevalerie, et un épicuréisme hardi, effronté, envahit les âmes. Le fanatisme religieux arme bien des bras, les passions qui se rattachent aux querelles religieuses remuent bien des cœurs, et le scepticisme le plus audacieux bouleverse et dévaste les esprits. Temps prodigieux où toutes les

puissances de la nature humaine coexistent pêle-mêle
dans un chaos fécond ; temps de l'enthousiasme et de
l'ironie, de la poésie et de la science, de l'art et de la
politique, du fanatisme religieux et de l'élan philosophique ! Il suffit de prononcer les noms des personnages célèbres du seizième siècle, pour sentir vivement ces contrastes ; le seizième siècle est le siècle de
Machiavel et de L'Hôpital, de Calvin et de sainte Thérèse, de Montaigne et d'Ignace de Loyola, de Rabelais
et de d'Urfé.

Ce siècle se divise en deux parties distinctes. La
période qui embrasse les règnes de François Ier et de
Henri II est dominée par la grande lutte que la France
soutient contre les prétentions de l'empire et de la
monarchie espagnole ; la période qui commence sous
Charles IX, se prolonge sous Henri III et se termine
sous Henri IV, est remplie par les guerres de religion.
Ces deux époques ont deux caractères entièrement différents. La première est plus brillante, ses vices sont
cachés par un vernis d'élégance, elle se colore des
derniers reflets de la chevalerie. La foi sérieuse du
moyen âge n'existe plus, mais l'enthousiasme vit sous
une autre forme, et l'on peut dire de ce temps ce que
François Ier disait après la bataille de Pavie : « Tout
est perdu fors l'honneur. » Quelques bûchers, quelques gibets s'élèvent, mais les lettres et les arts couvrent tout de leur éclat. La seconde moitié du siècle
est plus sombre, plus tragique. La chevalerie est morte ;

les luttes sont atroces. On s'empoisonne, on s'égorge,
et l'on finit par la Saint-Barthélemy.

Bien qu'on doive tenir compte d'une division aussi
importante, il est impossible de la prendre pour base
de l'histoire littéraire; on courrait le danger de séparer des ouvrages qui ne doivent pas l'être, et, pour
éviter ce risque, il faut suivre une autre marche qui,
au fond, n'est pas moins réellement historique. On
doit, je pense, examiner d'abord tout ce qui se rapporte aux âges précédents, ce qui en est la continuation, le prolongement, puis ce qui appartient en propre
à ce seizième siècle; son passé d'abord, puis son présent littéraire et intellectuel; enfin, ce qu'il y a d'avenir en lui, ce par quoi il annonce, prépare, produit
ce qui viendra plus tard.

En suivant cette marche, on rencontre d'abord la
littérature chevaleresque. La chevalerie, née au moyen
âge de l'exaltation religieuse, amoureuse et guerrière,
après avoir faibli pendant le prosaïque quinzième
siècle, reparaît au seizième à l'état d'imitation, de renaissance; en même temps un fait analogue s'accomplit dans la littérature; l'épopée chevaleresque du
moyen âge devient le roman de chevalerie du seizième
siècle. La chevalerie passe de la poésie à la prose. Ce
fait important et significatif s'était déjà produit partiellement dans le Lancelot et dans d'autres compositions romanesques; il devient universel. Le roman
s'efforce de reproduire l'idéal des sentiments chevale-

resques, création du moyen âge. Il y atteint parfois, mais souvent il les raffine outre mesure ou les exagère, faute de les bien comprendre. À côté de ces sentiments souvent forcés viennent se placer des sentiments, des expressions, des peintures d'une nature moins relevée et plus terrestre. Une sensualité vive et parfois grossière forme le plus étrange contraste avec les délicatesses d'un sentimentalisme exalté. Ce contraste, c'est celui des mœurs et de l'imagination, des mœurs, qui sont les mœurs du temps, de l'imagination qui est encore par souvenir, par un dernier retour vers le passé, l'imagination du moyen âge.

Enfin, dans la dernière partie du seizième siècle, la chevalerie va se retirant toujours, de plus en plus, des mœurs et des sentiments qui, sous les influences de la corruption italienne et du fanatisme religieux, finissent par perdre presque toute trace d'honneur et de générosité. En ces temps funestes et sanglants, le besoin de l'idéal chevaleresque, l'habitude des sentiments qui s'y rattachent, subsistent encore dans les âmes comme un écho après un écho; et alors, pour satisfaire à ce besoin qui survit, pour ainsi dire, à sa cause, pour satisfaire à cette habitude qu'on a prise et qu'on ne peut se résigner à perdre, on imagine de transporter l'idéal des sentiments romanesques après l'avoir encore raffiné, et lui avoir ôté tout ce qui pouvait lui rester d'une réalité quelconque, on imagine de le transporter dans un monde purement fictif, de le placer non plus parmi des chevaliers, car il n'y a plus de chevaliers, mais parmi des bergers imaginaires. C'est ainsi que la fin du siècle verra naître ce dédale de subtilités, de délicatesses amoureuses, si patiemment développées et nuancées si savamment dans l'interminable *Astrée*.

Au moyen âge, à côté de l'épopée chevaleresque, est le fabliau; de même que l'épopée chevaleresque se fait prose au seizième siècle dans les romans de chevalerie, de même le fabliau du moyen âge devient *nouvelle*; le quinzième siècle a produit le recueil des *Cent nouvelles Nouvelles*; le seizième voit naître l'*Heptaméron* de la reine de Navarre, et les *Contes* de Bonaventure Despériers. Dans cette continuation en prose, le fabliau du moyen âge a conservé toute sa gaieté, et, malheureusement, a conservé aussi toute sa licence.

Marot, le plus ancien de nos auteurs que Boileau ait adopté, Marot est sorti d'un groupe de poètes qui eux-mêmes appartiennent à une famille née au quatorzième et au quinzième siècle, après les trouvères. Mais, en même temps que Marot se rattache à eux par la nature et la forme de ses compositions morales, galantes, satiriques, il s'en détache parce qu'il a tout ce qui leur manque, la grâce, la finesse, l'enjouement. Marot a publié des éditions du *Roman de la Rose* et des poésies de Villon. Le *Roman de la Rose* est une longue allégorie, galante dans sa première partie, satirique et encyclopédique dans la seconde. Villon, c'est

un poëte populaire, ou plutôt un poëte peuple, plein
de gaieté et d'amertume, de grossièreté et de mélancolie. Marot est le continuateur du *Roman de la Rose*
et de Villon, avec plus de finesse, de grâce et d'esprit
que le *Roman de la Rose*, avec plus d'urbanité, mais
peut-être moins de verve que Villon. Boileau n'avait
pas lu Villon, et l'a bien prouvé par ces deux vers :

> . . . . Villon, l'un des premiers,
> Débrouilla l'art confus de nos vieux romanciers.

Villon n'a pas plus de rapport avec les vieux romanciers français que Béranger avec Walter Scott. Mais
Boileau connaissait Marot et l'a parfaitement caracté-
risé :

> Imitez de Marot l'élégant badinage.

La création, la gloire de Marot, c'est en effet le badi-
nage élégant.

La renaissance de l'antiquité et de l'art s'est accomplie en Italie au quinzième siècle; elle a passé en
France au seizième; sous ce rapport, nous retardons
de cent ans sur l'Italie; la renaissance est donc un
élément à la fois antérieur et étranger à la France du
seizième siècle, mais qui s'y continue et s'y naturalise.
La renaissance a produit dans notre pays de grands
érudits comme Budé, les Estienne, le latiniste Muret.
Enfin, c'est à ce mouvement qui poussait les esprits
vers l'antiquité, qu'il faut rapporter les traductions

des auteurs anciens, essayées déjà bien des fois en France, comme le montre le catalogue de la bibliothèque de Charles V, mais qui jusqu'au seizième siècle n'avaient guère eu pour objet que des auteurs latins, et s'étendirent alors aux écrivains de la Grèce. La plus célèbre de ces traductions est la traduction de Plutarque par Amyot, qui a prêté à l'original une réputation mensongère de naïveté, mais qui certainement a eu pour résultat de populariser l'antiquité, et de la rendre familière à un grand nombre de lecteurs. Amyot, trop vanté sous le rapport du style, car il écrivait au siècle de Montaigne et de Rabelais, mérite cependant de compter dans l'histoire des développements successifs de notre langue.

Le résultat le plus important et le plus littéraire de l'action de l'antiquité sur les esprits au seizième siècle, c'est la célèbre tentative poétique de Ronsard et de ses amis : tentative dont tout le monde a lu l'histoire dans l'ingénieux et ardent récit de M. Sainte-Beuve. Cette tentative, qui a fondé chez nous l'école romantique, n'était autre chose que l'effort de quelques ultra-classiques pour se faire de modernes anciens et de Français Grecs et Latins : effort analogue à celui par lequel, dans différents pays de l'Europe à la fois, on essayait de substituer les vers mesurés des anciens aux vers rimés des modernes, ou même les vers latins aux français. Ronsard et ses amis voulaient que leurs vers français ressemblassent le plus possible à des vers antiques. Les odes de Ronsard étaient jetées dans le moule pindarique; il introduisit dans le langage poétique, plus rarement il est vrai qu'on ne l'a dit, des mots composés à la manière des mots grecs; dans son essai d'épopée, *la Franciade*, il calqua, avec un rare talent d'imitation, la marche de son récit sur l'Iliade. Ce qui est évident pour la forme n'est pas moins réel pour le fond : cette école de Ronsard, qui, dans le mètre, dans la coupe des strophes, dans toutes les parties extérieures de l'art, s'efforce, en faisant souvent violence au génie de la langue française, de reproduire le génie antique; cette même école, par ses sentiments, par son tour d'imagination, non-seulement par la manière dont elle s'exprime, mais par les choses qu'elle dit, se rapproche encore de l'antiquité; elle n'est pas moins païenne par le cœur que par le langage. L'amour que chante Ronsard ou Dubellay, c'est l'amour antique, c'est celui d'Anacréon, de Properce, de Tibulle, et non l'amour chevaleresque, celui des trouvères, de Pétrarque ou de Dante. Ainsi, tout se tient dans cette révolution littéraire, et le fond et la forme sont également empruntés à l'antiquité.

Dans les genres littéraires jusqu'ici énumérés, les siècles antérieurs peuvent réclamer leur part; mais ce qui appartient en propre au seizième siècle, ce qui est pour lui la littérature, non du passé, mais du présent, c'est l'histoire; c'est surtout cette quantité de mémoires qui fondent alors définitivement parmi nous,

un des genres dont nous aurons le plus exclusivement
à nous enorgueillir, cette série de productions remarquables qui, traversant le seizième, le dix-septième et
le dix-huitième siècle, aboutira enfin à ces Mémoires
que nous attendons tous et que je ne me lasserai pas de
supplier publiquement l'auteur de mettre au jour, ces
Mémoires qui seront ceux de notre époque, signés de
l'un des plus illustres noms de ce siècle, du nom de
Chateaubriand.

Outre les mémoires, le seizième siècle a son histoire
dans la narration que de Thou, par un respect pour
l'antiquité qui ne surprend point à cette époque, a
écrite en latin, et à laquelle il a imprimé ce caractère
de gravité, apanage de la famille parlementaire qu'il
représente si bien, et qui soutint si haut, au milieu
du bruit des armes et du tumulte des factions, la majesté des lois.

Je citerai au premier rang des mémoires la vie de
Bayard, écrite par le *loyal serviteur*, dans laquelle les
vertus du héros sont racontées avec une naïveté charmante qui rappelle Joinville célébrant les vertus de
saint Louis, et ses faits d'armes retracés avec une vivacité digne de Froissart; dans laquelle enfin éclate cette
noble nature, cette âme admirable de Bayard, gloire morale de la France au seizième siècle, de Bayard qui prit
au sérieux la chevalerie à laquelle personne ne croyait
plus, et dont beaucoup s'amusaient encore; qui en
réalisa l'idéal dans sa vie guerrière. Bayard se montre

tout entier, avec la candeur de ses vertus, dans la narration du Plutarque inconnu qui a écrit son histoire et qui était digne de l'écrire.

Mais ce qui fait le mieux connaître de quelle trempe étaient ces hommes du seizième siècle, ce sont certains mémoires comme ceux de d'Aubigné, de Tavannes, de Montluc. D'Aubigné attache par l'énergie de son caractère, l'ardeur de ses passions et de ses préjugés, et un bizarre mélange du puritain et du Gascon. Tavannes interrompt sans cesse son récit par des digressions souvent fatigantes, mais dans lesquelles on rencontre çà et là des pensées, des vues, des boutades, pleines de vigueur et d'originalité. Tavannes, écrivant dans son château de Suilly, comme il le dit, tandis que *les épées étaient de repos*, prédisait qu'une révolution pouvait venir et renverser la monarchie ; Tavannes, tout fier gentilhomme qu'il était, parlait éloquemment du besoin d'égalité en France, et avec une singulière pénétration avertissait son pays de ne pas se ruer vainement sur l'Italie et de se porter du côté du Rhin, Tavannes enfin avait pensé à tout, même aux fortifications de Paris.

Blaise Montluc, à l'âge de soixante-quinze ans, tout couvert de cicatrices, après une vie d'aventures, de sièges, de batailles, écrit, *pour les capitaines ses compagnons*, son odyssée belliqueuse à travers laquelle il a déployé un caractère à la fois de Spartiate et de Romain ; Montluc se sert d'une plume qui semble taillée à coups de dague, et que le vieux guerrier tient d'une main aussi ferme que son épée.

La littérature politique est le cachet d'un siècle où a vécu Machiavel ; cette littérature date en France d'un peu plus haut, car elle remonte à Commines, mais il ne l'avait qu'entrevue et sous un jour particulier. Au seizième siècle, la littérature politique embrasse un bien plus grand nombre d'objets, et les considère sous des points de vue bien plus variés : toutes les opinions qui aujourd'hui nous divisent sur l'origine, le but, la constitution du pouvoir et de la société, toutes ces opinions, sans en excepter les plus hardies, ont été professées énergiquement au seizième siècle. Parmi les théoriciens, les uns étaient monarchiques, comme Bodin, mais monarchiques modérés à la manière de Montesquieu ; Bodin disait que le prince, comme le peuple, doit obéir à la *nature* de la loi, souveraine de tous deux, *lex utrinque domina* [1] ; La Noue demandait les états généraux ; d'autres étaient républicains comme La Boëtie. La Boëtie, dont Montaigne a raconté la mort antique, écrivit à dix-huit ans un petit livre qui ne ressemble pas aux *Sonnets* publiés par Montaigne, et que Montaigne n'osa pas publier. Dans cet ouvrage qui porte le titre expressif de *Contre un*, le principe monarchique est attaqué sans aucun ménagement. En même temps, Languet publiait le *Vindiciæ contra ty-*

---

[1]. Lerminier, *Introduction générale à l'histoire du droit*, pag. 71.

rannos, et son livre était traduit en français sous ce titre : *Du pouvoir du peuple sur le prince et du prince sur le peuple.*

Après les théoriciens politiques viennent les diplomates, car le seizième siècle est le point de départ de la diplomatie en Europe ; cette science naît avec la grande question de l'équilibre européen : alors paraissent Jeannin, d'Ossat, Granvelle, qui créent la littérature diplomatique. Les pamphlets politiques sont aussi anciens en France que l'imprimerie. On peut distinguer les pamphlets personnels, comme ceux qui furent écrits contre Catherine de Médicis, et les pamphlets dans lesquels, à l'occasion d'un événement particulier, on traite une question générale, par exemple, celui qu'on trouve dans les *Mémoires de Charles IX* sous ce titre : *l'Autorité d'élire les princes, à qui appartient.* Puis viennent les sermons des ligueurs et le chef-d'œuvre des pamphlets politiques du seizième siècle, celui qui le couronne et le termine, celui qui est en même temps une excellente satire, une excellente comédie, et un monument de bon sens et de bons sentiments, de bonne langue et de bonne éloquence, la *Satire Ménippée.*

La jurisprudence montre avec orgueil les noms de Cujas et de Dumoulin, et se glorifie de cette illustre magistrature française à la tête de laquelle il semble qu'on voit marcher L'Hôpital avec *son apparence de Caton,* comme parle un contemporain, *sa longue barbe, son visage pâle et sa face grave.*

L'art militaire éprouve aussi au seizième siècle une révolution décisive, par l'établissement définitif des armées permanentes, des troupes soudoyées, et par les perfectionnements que l'art des fortifications et l'artillerie doivent surtout à l'école italienne. De là résulte toute une série d'ouvrages qui traitent des questions nouvelles, et l'on peut dire que la littérature militaire surgit en France au seizième siècle.

Je n'ai pas encore parlé du plus grand événement intellectuel et moral de ce temps, de la réforme religieuse, qu'il a vu naître. Cet immense événement se rattache immédiatement à l'histoire littéraire de la France, car Jean Calvin fut l'un des pères de notre prose; mais, pour apprécier ce grand fait de la réforme, il faut l'étudier en lui-même dans ses causes et dans son esprit, il faut en rechercher les antécédents et en parcourir les phases principales. Pour caractériser Calvin, il faut le comparer avec Luther et Zwingle; enfin, il faut examiner quelle a été l'action de la réforme sur la philosophie, sur la politique, sur les lettres et les arts. La réforme a été préparée par les âges antérieurs, et cependant elle est bien l'œuvre du seizième siècle, elle est bien sa propriété. En même temps elle tient à ce qui a suivi, elle regarde vers l'avenir, on ne saurait le méconnaître; elle a laissé sur l'Europe, dont elle a conquis une partie, une empreinte qui dure encore, d'abord dans les pays où elle règne, à Londres et à Berlin, et même dans les pays catholiques; la réforme a agi jusque sur les écrivains qui lui sont le plus opposés. Enfin, et ce n'est pas là sa moindre influence, elle a provoqué une réaction admirable qui commence au seizième siècle avec Ignace de Loyola et sainte Thérèse, et qui, dans le siècle suivant, par saint François de Sales, par le cardinal de Bérulle, arrive jusqu'aux plus glorieux champions du catholicisme, Pascal et Bossuet.

Bien plus encore que la littérature née de la réforme, la littérature philosophique du seizième siècle se rattache à ce qui a suivi. Cette littérature est représentée surtout par le nom de Montaigne, Montaigne le sceptique, qui ne veut rien renverser, mais qui touche, qui remue toutes les idées, et, par là, en ébranle beaucoup, Montaigne est le père de tous les libres penseurs qui viendront ensuite; il a presque agi sur Pascal, qui a eu peur de lui, et ne s'est sauvé du scepticism. qu'en se précipitant, les yeux fermés, dans l'abîme de la foi. Lamothe le Vayer, Bayle, Fontenelle, et en partie Voltaire, relèvent de lui. Montaigne, c'est un esprit d'une indépendance absolue qui échappe à toute prise, d'autant plus puissant qu'il est plus naturel, et pour ainsi dire plus involontaire, qu'il se transporte, à son gré, d'un pôle de la pensée à l'autre et se retrouve toujours dans son assiette, allant ainsi au bout de toute chose sans sortir de chez soi. Son style, duquel il est plus vrai de dire que d'aucun autre, avec Buffon : « Le style, c'est l'homme même; » son style

qu'il n'a trouvé nulle part, dont il n'a communiqué
le secret à personne, qu'il invente à chaque moment
pour le besoin de sa pensée, son style est aussi rapide,
aussi divers, aussi ondoyant que son esprit.

Il ne reste plus qu'un grand nom à prononcer pour
terminer cette revue rapide, et ce n'est pas le moins
célèbre de tous. Rabelais est le fou du siècle; son rôle
est de dire mille vérités à travers mille extravagances.
Je ne vois pas en lui un philosophe ayant un système
arrêté sur l'éducation, sur la politique, sur la morale;
je ne chercherai pas la vérité dans la *dive bouteille;* je
ne m'appesantirai pas sur chaque partie du *Gargantua*
ou du *Pantagruel,* pour y trouver des allusions perpé-
tuelles, des intentions profondes, pour faire, enfin, le
métier de ce que Rabelais appellerait *un abstracteur
de quintessence;* mais je crois qu'en se jouant, en se
gaussant, Rabelais, par la pénétration naturelle de son
esprit, a rencontré une foule d'idées ingénieuses, de
vues originales. Ses opinions sont des saillies plutôt
que des jugements et ressemblent aux propos heureux
qui échappent dans l'ivresse. Ce que l'on doit admirer
surtout chez Rabelais, malgré la déplorable grossièreté,
les souillures immondes qui déshonorent son livre,
c'est cette gaieté intarissable et qui n'a peut-être été
donnée à nul mortel au même degré, cette verve qui
ne se fatigue et ne se repose jamais, et, par-dessus
tout, ce style prodigieux, si riche, si souple, si abondant, si précis, cette phrase apprise à l'école des atti-

ques et dans laquelle brille, à un si haut degré, la vivacité, la netteté, l'harmonie, apanages naturels de la prose française.

Enfin le théâtre aussi prend un essor nouveau : on écrit encore des mystères et des moralités; mais Jodelle fonde la tragédie imitée des anciens, et Hardy la tragédie romanesque; il a composé, dit-on, huit cents pièces. Hardy est de la famille de Lope de Vega.

Cette énumération incomplète suffit pour montrer quel spectacle varié, attachant, animé, présente la littérature française au seizième siècle; mais l'histoire littéraire, aussi bien que l'histoire politique, ne doit pas être seulement un spectacle, elle doit encore être un enseignement. Parmi toutes les leçons qu'on peut tirer de l'étude du mouvement littéraire au seizième siècle, il en est une qui m'a surtout frappé et dont je crois que notre temps pourrait profiter.

Ce siècle si rempli par les produits de l'intelligence et de l'imagination, ce siècle dans lequel toutes les facultés de l'esprit humain et de l'âme humaine ont été représentées par des hommes éminents, ont enfanté des œuvres remarquables, n'a pas été, il s'en faut, un siècle tranquille et pacifique, une époque de loisir commode aux penseurs et aux écrivains; il a été, au contraire, un des âges les plus orageux, les plus remplis par l'action, les plus tourmentés par les révolutions qu'ait vus l'humanité, un siècle de guerres et d'agitations, de troubles, de déchirements. C'est au milieu de ces agitations, de ces tempêtes, que les hommes du seizième siècle ont fait tout ce qu'ils ont fait ; les guerres étrangères, les désordres plus déplorables des guerres civiles, n'ont pas empêché ces hommes d'écrire, et d'écrire beaucoup d'in-folios, de se nourrir avec passion de l'antiquité, de s'attaquer aux plus grands problèmes de la religion et de la philosophie. Ceci doit être une leçon pour tous les temps et particulièrement pour le nôtre. Si nous sommes destinés, comme il est possible, à voir des troubles et des guerres, il est bon de nous dire, par avance, que les plus grandes agitations publiques, les plus grands désordres sociaux même, ne doivent point distraire des intérêts intellectuels de l'humanité. Il en est ainsi à plus forte raison quand l'agitation est dans les esprits encore plus que dans les faits ; il serait inexcusable alors de se laisser tellement posséder par les préoccupations politiques, qu'on oubliât le culte de la pensée, l'étude, l'art, la science. Il ne s'agit nullement ici de la plus légère indifférence pour les intérêts publics ; les hommes du seizième siècle étaient très-loin de cette indifférence ; tous prirent une part active aux affaires et aux passions contemporaines, mais en ressentant ces préoccupations impérieuses, sacrées, ils trouvaient du temps, ils trouvaient de la force pour penser, pour apprendre, pour produire. Imitons l'exemple de ces hommes, et en ressentant, comme c'est notre devoir et notre honneur en ressentant profondément l'intérêt qui s'attache aux agitations publiques, recueillons dans nos cœurs assez d'énergie encore pour remplir notre tâche, pour faire notre travail; qu'ainsi aucune force, aucune faculté, aucune activité ne soit perdue, et, quoi qu'il advienne, à travers tous les événements qui peuvent naître, que chacun de nous, dans sa vocation, selon sa destinée, s'efforce de donner à la France un grand siècle de plus.

AMYOT

Des traductions ont placé Amyot parmi les pères de
la prose française ; ce n'est pas le seul fait de ce genre
qu'on rencontre dans les annales de la littérature, où
les traductions tiennent une place distinguée. L'histoire de la traduction serait curieuse et longue à
écrire. Il y aurait plus d'une induction philosophique
à tirer de la nature et du nombre des ouvrages traduits à chaque époque, dans chaque langue. Il serait
intéressant de rechercher les motifs qui déterminent
un peuple ou un temps à s'approprier tel écrivain
plutôt que tel autre. Les instincts nationaux se révèlent
ici par le caractère des emprunts étrangers, et l'originalité du goût se trahit par le choix de l'imitation.

Je ne parle pas des littératures qui ne contiennent
guère que des traductions. Les traductions d'ouvrages

persans et arabes dominent dans la littérature turque.
La littérature sacrée du Thibet paraît n'être qu'une gigantesque reproduction des livres théologiques et poétiques rédigés en sanscrit par les boudhistes indiens.
Les conquérants de la Chine, les Tartares Mantchoux,
ont traduit les principaux ouvrages chinois, se donnant ainsi une littérature toute faite, comme ils se sont
emparés du système administratif sans y rien changer,
et se contentant, pour ainsi dire, de le traduire à leur
profit. Mais, sans sortir de l'Orient, que d'exemples de
traductions qui ont joué un rôle important dans diverses littératures riches en productions indigènes!
Les Persans avaient traduit, il y a plusieurs siècles, les
deux grandes épopées indiennes, que nulle langue de
l'Europe n'a encore reproduites dans leur intégrité.
Les contes arabes, dont quelques-uns, sous le nom
des *Mille et une Nuits*, sont devenus si populaires en
Europe, ces contes contiennent un grand nombre de
récits originaires de la Perse ou de l'Inde, qui n'ont
point passé en Arabie dans une version écrite, mais
dans une traduction arabe improvisée sans dictionnaire, sous un palmier, au bord d'une fontaine, par
un marchand ou un pèlerin. Les translations arabes
des auteurs grecs, et principalement d'Aristote, sont
célèbres; et bien qu'on ait exagéré leur influence sur
la scholastique dans l'Occident, où l'on n'a jamais
perdu les ouvages didactiques d'Aristote, cette influence a été grande, surtout par l'intermédiaire du

péripatéticien Averroës, dont le matérialisme eut,
parmi les chrétiens du moyen âge, une vogue qui
alarmait Pétrarque.

Les Grecs ont très-peu traduit ; ils dédaignaient trop
le génie des peuples barbares pour descendre à inter-
préter leurs pensées, ou même, sauf quelques exceptions, à conserver leur histoire.

Les Romains étaient ainsi pour le reste du monde,
mais ils traduisirent les Grecs. On sait que leur
poésie fut, à son premier âge, calquée sur la poésie grecque, et qu'elle l'imita toujours ; malgré leur
mépris pour tout ce qui n'était pas romain, ils dai-
gnèrent parfois faire passer dans leur langue des ouvrages *barbares ;* l'empereur Claude avait traduit les
annales étrusques. Des exceptions de ce genre durent
avoir lieu surtout pour des ouvrages d'une utilité pratique. C'est ainsi qu'après la prise de Carthage, Scipion
ayant sauvé de l'incendie et apporté à Rome le livre
de Magon sur l'agriculture, le sénat ordonna, par un
édit solennel, de traduire en latin ce traité, qui paraît
avoir contenu les traditions de l'ancienne agriculture
babylonienne.

L'histoire de la traduction chez les modernes ne serait pas sitôt épuisée ; il faudrait remarquer surtout
quel rôle important diverses traductions célèbres ont
joué dans les vicissitudes des langues. On sait que la
prose allemande date de la bible de Luther ; Amyot
compte dans l'histoire de la nôtre.

On ne l'avait pas attendu cependant pour traduire les anciens et en particulier Plutarque; d'assez nombreuses versions des auteurs classiques sont mentionnées dans le curieux catalogue de la bibliothèque de Charles V, et c'est d'après ces versions françaises qu'ont été faites un grand nombre de traductions anglaises, comme le reconnaît Warton. Ainsi, le rôle de la France fut constamment de donner l'impulsion aux autres nations de l'Europe. Au moyen âge, elle avait marché à la tête de la scholastique, elle avait semé au dehors les héroïques légendes de l'épopée chevaleresque et les joyeux récits des fabliaux; au quinzième siècle, elle répandait la connaissance des monuments antiques; quand elle ne créait pas, du moins propageant, popularisant toujours, tour à tour levier et véhicule, elle ne cessa jamais d'être fidèle à sa mission et à son génie. Oresme avait traduit quelques ouvrages de Plutarque pour Charles V, et George de Selve publia la vie de huit hommes illustres en 1535, avant Amyot.

Amyot ne doit donc pas être considéré isolément, mais être rattaché à toute une famille de traducteurs français qui, depuis plus d'un siècle, avaient commencé à faire passer dans notre langue, et par elle dans les autres langues de l'Europe, les principaux auteurs grecs et latins. Amyot a été le plus célèbre de ces pionniers qui défrichèrent courageusement le terrain encore vierge de l'antiquité; nul d'entre eux n'accomplit une aussi grande tâche que la sienne, mais nul ne fut aussi bien récompensé. Amyot a eu la fortune de son vivant, la renommée après sa mort, et aujourd'hui il se recommande encore à notre mémoire à la fois comme l'un des pères de notre langue et comme représentant la première intervention considérable des lettres antiques dans les lettres françaises.

Enfin, il y a une raison particulière de raconter la vie d'Amyot. Cette vie a été brodée d'événements imaginaires, d'aventures entièrement fabuleuses. Le candide et laborieux traducteur a été le héros d'une véritable légende que des écrivains sérieux ont répétée, et dont presque aucune biographie d'Amyot n'est entièrement exempte. Il était juste, ce me semble, d'appliquer une critique rigoureuse à ces récits qu'on croirait empruntés aux pages les plus crédules de Plutarque ; il convenait de faire quelque chose pour éclaircir la biographie de celui qui a transporté dans notre langue le plus curieux monument biographique de l'antiquité.

Amyot naquit à Melun en 1514. On ne s'accorde pas sur ce qu'était précisément la condition de ses parents, mais il est certain qu'elle n'était pas très-relevée. Furent-ils bouchers ou corroyeurs, peu nous importe ; ce qui nous importe, c'est que leur fils ait traduit Plutarque, Longus et Héliodore. La liste des hommes éminents sortis des rangs du peuple est nombreuse et glorieuse : une humble origine ne saurait être un motif de dédain dans la postérité, mais une telle origine a eu souvent un autre effet ; les imaginations, frappées de la distance qui séparait le point de départ et le terme de la carrière, ont agrandi encore cet intervalle. C'est ce qui est arrivé pour Shakspeare. On a prêté à ses premières années peu connues un certain nombre d'anecdotes plus ou moins puériles, et imaginées pour faire ressortir le contraste de son obscurité et de sa gloire. On a supposé, par exemple, qu'il avait été réduit à garder les chevaux des spectateurs à la porte du théâtre, fait que rejettent les meilleurs biographes et que n'appuie aucun témoignage contemporain. S'il était véritable, peu importerait que ce grand génie dramatique eût été rapproché du théâtre par cette étrange voie, de même qu'il importe assez peu que l'auteur du *Contrat social* ait été laquais. Quand de tels faits sont réels, il n'y a aucune raison de les taire ; mais, quand ils ne sont pas exacts, il n'est pas nécessaire de les supposer. C'est ce qu'on fait pourtant par ce besoin d'exagération et de contraste qui est dans la nature des imaginations vulgaires. On l'a fait pour Amyot plus peut-être que pour aucun autre écrivain français, et sa vie est devenue une espèce de roman que n'a pas manqué de recueillir Saint-Réal, le très-romanesque historien auquel on doit le *Don Carlos* amant d'Élisabeth, qu'a consacré Schiller et qui est fort différent du véritable don Carlos.

Voici le récit de Saint-Réal, dans son troisième discours sur *l'usage de l'histoire* :

« Cet excellent homme (Amyot) était fils d'un corroyeur de Melun. Étant encore petit garçon, il s'enfuit
de la maison de son père de peur d'avoir le fouet ; il
n'eut pas fait bien du chemin qu'il tomba malade dans
la Beauce et demeura étendu au milieu des champs.
Un cavalier, passant par là, en eut pitié, le mit en
croupe derrière lui et le mena de cette sorte jusqu'à
Orléans, où il le mit à l'hôpital pour le faire traiter.
Comme son mal n'était que lassitude, le repos l'eut
bientôt guéri ; il fut congédié en même temps, et on
lui donna en partant seize sols pour lui aider à se
conduire. C'est en reconnaissance de cette charité que
cet illustre prélat, par un ressentiment digne d'un
homme qui avait consumé toute sa vie dans l'étude
de la sagesse et particulièrement dans la lecture du
Plutarque, fit depuis un legs de 1,200 écus à cet hôpital par son testament.

« Il fit tant avec ses seize sols, qu'il se rendit à
Paris ; il n'y fut pas longtemps sans être réduit à gueu-
ser. Une dame à qui il demandait l'aumône, le trouvant de bonne façon, le prit chez elle pour suivre ses
enfants au collége et porter leurs livres. Le génie merveilleux pour les lettres que la nature lui avait donné
le fit profiter de cette occasion avec usure. Il étudia
tant et si bien, qu'on le soupçonna d'être de la nouvelle opinion qui commençait d'éclater, *inconvénient*

commun à tous les beaux-esprits de ce temps-là. Les perquisitions rigoureuses qu'on fit alors des premiers huguenots l'obligèrent à fuir comme beaucoup d'autres, tout innocent qu'il était, et à sortir de Paris..... Amyot se retira en Berry chez un gentilhomme dé ses amis, qui le chargea de l'éducation de ses enfants. Durant le temps qu'il y fut, le roi Henri II, faisant un voyage, logea par hasard dans la maison de ce gentilhomme. Amyot, étant prié de faire quelque galanterie pour le roi, composa une épigramme en vers grecs qui lui fut présentée par les enfants de la maison. Aussitôt que le roi, qui n'était pas si savant que son père, eut vu ce que c'était : « C'est du grec, dit-il en le jetant ; à d'autres ! » Il est aisé de juger, par le déplaisir qu'Amyot dut ressentir de cette action du roi, quelle fut sa surprise sur ce qui arriva ensuite. Michel de l'Hôpital, depuis chancelier de France, qui accompagnait le roi dans ce voyage, et qui ouït parler de grec, ramassa ce qu'il avait jeté, il lut l'épigramme et en fut surpris ; il prend Amyot par la tête, et, le regardant fixement, lui demande où il l'a prise. Amyot, qui était encore dans la consternation où l'action du roi l'avait mis d'abord, lui répond en tremblant que c'était lui qui l'avait faite. Sa frayeur ne permit pas à M. de l'Hôpital de douter de sa sincérité. Comme il était grand connaisseur, il ne fit point de difficulté d'assurer le roi que, si ce jeune homme avait autant de vertu que de savoir et de génie pour les lettres, il méritait d'être précepteur des enfants de France. Le roi, qui avait en M. de l'Hôpital toute la confiance qu'il devait avoir, s'enquit du maître de la maison. Comme les mœurs d'Amyot étaient irréprochables, le gentilhomme lui rendit le témoignage qu'il méritait. Il n'y avait que le soupçon qui l'avait fait retirer en ce lieu qui pût lui nuire; mais quand ce soupçon aurait été su, M. de l'Hôpital, qui était lui-même plus suspect qu'aucun autre, n'était pas pour s'en effrayer. Voilà l'affaire conclue. »

Et voilà une narration fort agréable à laquelle mille petits détails donnent un air de vérité, et qui cependant est fausse dans presque toutes ses parties, comme l'a montré sans peine le terrible Bayle, et comme les dates seules eussent suffi à le prouver sans lui. Passons sur le romanesque récit de la première enfance, récit dont rien ne démontre absolument la fausseté, mais dans lequel la misère du jeune Amyot, qui fut tout simplement un pauvre écolier de l'université de Paris, paraît avoir été singulièrement exagérée. Il m'en coûterait trop de renoncer à cette touchante anecdote du legs de 1,200 écus fait par l'opulent aumônier de France à l'hôpital où avait été recueilli le pauvre Amyot, en mémoire des seize sous qui l'avaient empêché de mourir de faim; mais toute l'aventure avec Henri II chez le gentilhomme du Berry, aventure qui aurait décidé de la destinée du futur traducteur de Plutarque, est une pure imagination. Henri II et

l'Hôpital ne découvrirent point le mérite caché d'Amyot
dans un château écarté du Berry; car, plusieurs années avant que Henri II fût monté sur le trône, Amyot
avait été recommandé à François Ier par sa sœur
Marguerite, il avait reçu de lui l'abbaye de Bel-
losane.

Ce fait est tiré d'une vie manuscrite d'Amyot citée
par Bayle, et qui paraît mériter beaucoup plus de confiance que les récits de Saint-Réal. En outre, Amyot
lui-même nous apprend, dans sa dédicace des Œuvres
morales à Charles IX, qu'il avait commencé la traduction de Plutarque pour François Ier. Enfin, ce qui
tranche la question, c'est que Saint-Réal fait confier
l'éducation des enfants de Henri II à Amyot immédiatement après la découverte de ce mérite inconnu enfoui dans un château du Berry. Or, Amyot fut nommé
précepteur du jeune Charles et du jeune Henri en 1554[1];
et, à cette époque, il était déjà connu, depuis cinq ans
au moins, par la traduction de *Théagène et Chariclée*,
dont il existe une édition de 1549. Devant ce seul fait
bibliographique tombe tout l'échafaudage de Saint-
Réal. Amyot fut dix ans professeur à Bourges, donnant deux leçons, l'une de littérature latine le matin,
l'autre de littérature grecque à midi.

[1]. Bayle dit vers 1558. Ce fut quatre ans plus tôt. Charles IX
naquit le 27 juin 1550, et Amyot, dans la dédicace de la traduction
des Œuvres morales de Plutarque, dit au roi: J'ai été attaché à
votre éducation quand vous aviez l'âge de quatre ans. »

Ce fut apparemment pour se délasser de ce laborieux professorat, dont la pensée seule fait trembler notre génération affaiblie, qu'Amyot traduisit les *Éthiopiques* d'Héliodore, ce roman où sont racontées les fidèles amours de Théagène et de la belle Chariclée, si chères au jeune Racine, qui les lisait furtivement sous les ombrages de Port-Royal, et qu'il grava dans sa mémoire, d'où la sévérité de Lancelot ne pouvait les arracher. Or, il s'agit d'un roman qui, dans la traduction d'Amyot, n'a pas moins de trois cents pages petit in-folio. Certes, un pareil tour d'écolier n'est pas beaucoup à craindre de nos jours. On ne saurait se défendre d'un certain intérêt pour le livre qui charmait à ce point le futur auteur de *Phèdre* et de *Bérénice*. Un roman grec, c'est tout Racine, la passion et l'antiquité.

On cherche avidement dans celui-ci les souvenirs qu'il aurait pu laisser à notre grand poëte. Serait-ce trop attribuer aux influences souvent si durables et aux vives impressions des premières lectures de croire que Racine, en peignant l'amour de Phèdre pour Hippolyte, n'avait pas entièrement oublié la passion de la reine Arsacé pour le beau Théagène, qui a dans Chariclée son Aricie, personnage que Racine ne doit pas à Euripide? Ne pourrait-on pas retrouver avec plus de vraisemblance encore une réminiscence du même épisode dans la situation de Bajazet, obligé de laisser croire à Roxane qu'il l'aime, afin de sauver Atalide,

comme Théagène amuse la passion d'Arsacé pour ne
pas perdre Chariclée?

Le roman d'Héliodore est tout à fait semblable aux
romans modernes, et montre que ce genre de composition n'a pas attendu, pour se produire avec son véritable
caractère, la chevalerie, qui, on doit en convenir, a
puissamment secondé son essor, mais qui ne l'a pas
créé. Rien ne manque aux *Éthiopiques*, ni les aventures enlacées avec art, ni les déguisements, ni les
reconnaissances, ni les sentiments exaltés, purs et
fidèles, pour en faire quelque chose d'assez semblable
à *Zaïde*, composition dans laquelle les pirates jouent
un grand rôle, aussi bien que dans *Théagène et Chariclée*. Certaines portions du roman grec ont même à un
haut degré la *couleur locale*. Telle est la peinture de
l'existence des pirates qui habitent les petites îles cachées parmi les roseaux du Nil, et de la prise de Syène
au moyen d'une inondation artificielle. Dans ces passages et dans plusieurs autres, on trouve, chez le romancier grec, des tableaux de la vie guerrière, de la
vie maritime, de la vie de brigand, qui font penser
de loin, non plus seulement au roman à grands coups
d'épée du dix-septième siècle, mais aux romans historiques de Walter Scott, et encore plus aux romans
descriptifs de Cooper.

On a remarqué, comme une singularité littéraire,
que cette histoire d'amour avait été composée par
Héliodore, évêque de Trica ou Tricala, et traduite par

Amyot, évêque d'Auxerre; mais très-probablement
Héliodore n'était pas encore évêque quand il écrivit
les aventures de Théagène et de Chariclée, et Amyot,
quand il les fit passer en français, était loin de penser
qu'il le serait un jour.

Reprenons le récit de la vie d'Amyot : je retrouve
des inexactitudes et des fables pareilles à celles qui ont
déjà été relevées. On le fait aller à Trente, chargé
d'une mission importante par Henri II, qui, à cette
époque, aurait reconnu combien le précepteur de ses
enfants justifiait la prétendue recommandation de
l'Hôpital. Mais Amyot parut au concile de Trente
en 1551, c'est-à-dire trois ans avant l'époque où il fut
mis en rapport avec Henri II et chargé de l'éducation
des deux fils puînés du roi ; la mission d'Amyot lui fut
donnée par le cardinal de Tournon et George de Selve,
alors ambassadeur. Amyot nous l'apprend lui-même
par une lettre qu'il écrivit à M. de Morvillier, maître
des requêtes, et on y voit que sa mission, ou plutôt,
comme il dit lui-même, sa *commission*, se bornait à
lire la protestation du roi de France. Du reste, il n'était
pas même nommé dans cette lettre et ne savait ce
qu'elle contenait avant de l'ouvrir devant le concile,
de sorte, dit-il, *que je ne vis jamais chose si mal cousue.*
Pas plus mal cousue du moins que toute cette biographie mensongère qui est une insulte perpétuelle et
imméritée au caractère modeste d'Amyot.

Mais cette exagération de l'importance diplomatique

d'Amyot n'est rien en comparaison des inventions qui nous restent à examiner. Le récit de Saint-Réal continue en ces termes :

« Voilà l'état auquel était Amyot sous les règnes de ses disciples François II[1] et Charles IX, avantageux à la vérité si l'on se souvient de ses commencements, mais pourtant encore indigne de son mérite, et sa fortune était apparemment pour en demeurer là, sans une rencontre fortuite qui le porta plus haut qu'il n'avait jamais espéré, et qui marque admirablement l'esprit de la cour.

« Un jour, la conversation étant tombée sur le sujet de Charles-Quint, à la table du roi où Amyot était obligé d'assister, on loua cet empereur de plusieurs choses, mais surtout d'avoir fait son précepteur pape. C'était Adrien VI. On exagéra si fortement le mérite de cette action, que cela fit impression sur l'esprit de Charles IX, jusque-là même qu'il dit que, si l'occasion s'en présentait, il en ferait bien autant pour le sien ; et, de fait, peu de temps après, la grande aumônerie de France ayant vaqué, le roi la donna à Amyot. Celui-ci, soit qu'il eût quelque pressentiment de ce qui devait arriver, ou par humilité pure, s'excusa tant qu'il put de l'accepter, disant que cela était trop au-dessus de lui. Mais ce fut inutilement ; le roi lui dit que ce n'était encore rien.

---

[1]. Amyot fut précepteur du jeune Charles et du jeune Henri, et non de François, leur aîné.

« Cependant, cette nouvelle ayant été portée aussitôt à la reine mère qui avait destiné cette charge ailleurs, elle fit appeler Amyot dans son cabinet et elle le
reçut d'abord avec ces effroyables paroles : « J'ai fait
« bouquer, lui dit-elle, les Guises et les Châtillons,
« les connétables et les chanceliers, les rois de Navarre
« et les princes de Condé, et je vous ai en tête, petit
« prestolet. » Amyot eut beau protester de ses refus,
la conclusion fut que, s'il avait la charge, il ne vivrait
pas vingt-quatre heures; c'était le style de ce temps-là.

« Les paroles de cette femme étaient des arrêts. Le
roi était naturellement opiniâtre. Entre ces deux extrémités, Amyot prit le parti de se cacher pour se dérober également à la colère de la mère et à la libéralité
du fils. Un repas passe, et puis un autre, et puis encore un autre, avant qu'Amyot paraisse à la table du
roi; au quatrième, il demande et commande qu'on le
cherche tant qu'on le trouve; mais ce fut en vain,
Amyot ne s'était pas caché afin qu'on le trouvât.
Le roi s'avisa aussitôt de ce que ce pouvait être.
« Quoi! dit-il, parce que je l'ai fait grand aumônier,
« on l'a fait disparaître! » Et sur cela entre dans une
telle fureur, comme c'était son naturel, dès qu'il se
mettait en colère, que la reine, qui avait assez de
peine à le gouverner et qui le craignait autant qu'elle
l'aimait, n'eut rien de plus pressé que de faire trouver
Amyot à quelque prix que ce fût, en lui donnant
toutes les sûretés qu'il voulût pour sa vie. »

Tout cela est fort bien conté, fort détaillé, fort vraisemblable même, car chacun agit et parle dans son caractère; mais si *le vrai peut quelquefois n'être pas vraisemblable*, le vraisemblable peut aussi ne pas être vrai. Rien de pareil à tout ce qu'on vient de lire n'a pu se passer entre Amyot, Catherine et Charles IX. En effet, le récit de Saint-Réal suppose que Charles IX était déjà monté sur le trône depuis quelque temps quand eut lieu la conversation dans laquelle fut mentionné, selon lui, l'exemple de Charles-Quint élevan son précepteur à la papauté. Mais la nomination d'Amyot à la place de grand aumônier date du second jour du règne de Charles IX, ce qui renverse tout ce que dit Saint-Réal sur les circonstances qui amenèrent cette nomination. Cette date ne montre pas moins évidemment la fausseté de tout ce qui est donné comme l'ayant suivi, car Charles IX avait alors dix ans et demi, et à cet âge il ne peut avoir montré dans le choix de son grand aumônier l'emportement qu'on lui prête, et la scène qu'on suppose avoir eu lieu entre sa mère et lui cesse d'être possible, à cause de la grande jeunesse du roi. Le discours de Catherine de Médicis à Amyot ne l'est pas davantage. Avant d'être déclarée régente, Catherine de Médicis parle comme elle eût parlé quelques années plus tard. Le règne de François II n'avait pas été pour elle une époque de puissance. L'ascendant appartint alors tout entier aux Guises, oncles de Marie Stuart. Catherine de Médicis n'avait encore fait *bouquer* personne. Il y a donc dans toute cette histoire un double anachronisme et une double impossibilité.

Je suis entré dans quelques détails sur cette portion de la vie d'Amyot, parce qu'elle a été, comme on voit, falsifiée ou plutôt inventée avec une étrange audace et répétée avec une extrême crédulité par plusieurs biographes. Malgré les décisives objections de Bayle, on en trouve quelque chose jusque dans un article de la *Biographie universelle* écrit par M. Auger en 1811, et celui que j'écris n'empêchera probablement pas qu'on répète les mêmes erreurs dans quelque biographie future.

Le reste de la vie d'Amyot ne nous arrêtera pas. Ce fut un enchaînement d'honneurs et de prospérités que troublèrent, seulement vers la fin, les fureurs de la Ligue, auxquelles les bienfaits de Henri III devaient naturellement l'exposer. Il avait été nommé recteur de l'Université en même temps que grand aumônier. Henri III le fit commandeur de cet ordre du Saint-Esprit qu'il avait créé et qui devait être le plus brillant des ordres français. Élevé à l'évêché d'Auxerre en 1561, le fils du pauvre bourgeois de Melun mourut en 1593, riche de 200,000 écus. C'est une des plus hautes et des plus éclatantes fortunes que présentent les annales des lettres, et une preuve de la considération dont elles jouissaient au seizième siècle. La destinée d'Amyot fait époque dans leur histoire. C'est la première fois que, par l'étude, par la science, en traduisant du

grec, on arrive en France aux plus éminentes distinctions et à une immense fortune.

Amyot n'a pas été moins heureux après sa mort que
pendant sa vie. La faveur de la postérité succéda à
celle des rois. Il a été adopté par elle. Son nom a été
populaire ; on ne s'est pas contenté de rendre justice
à la naïveté de son langage, qualité qu'il partage avec
tous les écrivains de son temps, à la clarté et à la flui
dité de son style, qui le distinguent avantageusement
de plusieurs d'entre eux : on en a fait une sorte d'é-
crivain modèle. Il a été le représentant de la *prose
gauloise*, du vieux parler de nos pères. Comme s'il
était surprenant qu'un prosateur français du seizième
siècle eût des qualités remarquables, on s'est émerveillé de celles que possède Amyot, bien qu'il les possède à un moindre degré que plusieurs de ses contemporains. On a semblé oublier qu'il n'y avait rien
d'extraordinaire à ce que, dans le siècle de Rabelais,
de Montaigne, de Calvin, de Bonaventure Despériers,
de d'Aubigné, de Marguerite de Valois, on sût écrire
notre langue. Amyot est bien inférieur à tous ces écrivains : il n'a pas l'invention et la couleur du style
comme Montaigne ; il n'a pas la souplesse, l'agilité de
la période comme Rabelais ; ne lui demandez pas davantage la fermeté de Calvin, ni la netteté de Despériers, ni la verve de d'Aubigné, ni cette élégance
achevée de la seconde Marguerite, qui, par moments,
fait penser à l'hôtel de Rambouillet, à Voiture, à Bal-

zac, au siècle de Louis XIV. La phrase, chez Amyot,
n'est pas encore faite; elle est souvent languissante,
se traînant comme un lierre qui rampe au hasard, au
lieu de voler au but comme une flèche. Malgré ces
défauts, qui ne sont point ceux de l'époque chez les
bons écrivains, Amyot a du charme : il est abondant,
facile, naturel, et, tout en réclamant pour d'autres
plumes contemporaines plus habiles que la sienne, il
faut accorder après elles une mention honorable à
l'écrivain, duquel Racine disait, peut-être un peu par
reconnaissance pour le traducteur de *Théagène et Chariclée* : « Son vieux style a une grâce que je ne crois
pas pouvoir être égalée dans notre langue moderne. »

Pour trouver cette grâce dans toute sa fleur, il ne
faut pas s'adresser au traducteur de Plutarque, mais
au traducteur de Longus. *Daphnis et Chloé* n'est pas
un roman, c'est une pastorale, une pastorale, il est
vrai, écrite pour un siècle corrompu. L'auteur se plaît
à des tableaux naïfs qui sont loin d'être chastes. Leur
objet, c'est la *nature* à peu près dans le sens où l'on
prenait ce mot au dix-huitième siècle, et dans cette
nature l'âme tient moins de place que les sens. Longus a su mêler un grand charme de récit et de des-
criptions à la peinture des émotions naissantes qui
agitent deux beaux adolescents dans une solitude, et
l'on peut dire de son livre ce que l'abbé Delille a dit de
l'île d'Otahïti :

Où l'amour sans pudeur n'est pas sans innocence.

Amyot a très-bien reproduit ce qu'il y a de délicatesse et de simplicité dans l'idylle amoureuse de Longus.

Amyot a, selon moi, beaucoup moins complétement réussi dans sa traduction de Plutarque que dans ses traductions de Longus et d'Héliodore ; mais, comme il arrive très-souvent, c'est le moins bon de ses ouvrages qui lui a fait le plus d'honneur.

Jamais deux noms littéraires ne furent plus étroitement associés dans la fraternité d'une renommée commune que le nom du rhéteur philosophe de Chéronée et le nom de son naïf interprète. Jamais traduction n'a fait corps avec son original comme la version d'Amyot avec les *Vies parallèles* de Plutarque. L'auteur ancien et l'écrivain modernes se sont prêtés mutuellement, l'un la gloire, et l'autre la popularité ; on eût placé le traducteur moins haut, je n'en doute pas, si l'importance d'un recueil qui nous montre l'antiquité en déshabillé pour ainsi dire, n'avait communiqué à la reproduction française une part de l'intérêt qui s'attache à l'ouvrage grec, et d'autre part, Plutarque eût été moins généralement lu, moins souvent cité, s'il ne nous fût arrivé plus naïf, plus clair, dans la prose diffuse, parfois traînante, mais toujours facile et naturelle d'Amyot. Aussi, voulant parler d'Amyot, je n'ai pu séparer de lui Plutarque, et ils seront unis dans cet article comme ils le sont dans la mémoire et dans l'imagination de mes lecteurs.

Le succès d'Amyot a été jusqu'à fausser l'opinion

sur le compte de Plutarque, et faire de lui, pour quelques-uns, un écrivain semblable à son traducteur, duquel il diffère beaucoup en réalité. Cependant Amyot a-t-il complétement dénaturé son modèle, sa traduction offre-t-elle complétement un contre-sens de caractère? Je ne le crois pas; je pense qu'il y a là quelque distinction à faire, quelque nuance à démêler. Les observations qui vont suivre sont de la même nature que celles qu'inspire la comparaison du pinceau d'un grand maître avec le crayon ou le burin qui le reproduit.

D'abord il faut partir de ce fait : Plutarque était un *rhéteur*. C'était là sa condition, son état; il déclama en grec à Rome sous Domitien et sous Trajan, et un grand nombre de ses *OEuvres morales* sont des *déclamations*. Je ne me sers point de ce mot dans le sens moderne pour en indiquer le caractère, mais dans le sens antique pour en désigner la nature. Les titres de plusieurs morceaux contenus dans les œuvres morales montrent que l'auteur a voulu seulement s'exercer sur une thèse qui lui semblait piquante; tels sont les suivants : *de l'Utilité à tirer de ses ennemis; Comme on peut se louer soi-même*, et plusieurs autres. Au reste, le rhéteur se montre bien sensiblement dans la pensée même des *Vies parallèles*, dans cette conception symétrique qui oppose, sans jamais y manquer, un Grec à un Romain, comme si les grands hommes avaient toujours un correspondant, un vis-à-vis pour ainsi dire. Le génie n'a-t-il pas, au contraire, sa nature solitaire et isolée? Plutarque n'a-t-il pas fondé les rapprochements, les *parallèles*, — le mot est resté, — entre les grands hommes : exercice fatigant de l'école et prétentieux triomphe du bel esprit, qui a fait comparer mille fois Horace à Virgile, Corneille à Racine, Rousseau à Voltaire, etc.? Et l'histoire, qui est singulièrement indocile aux rapprochements, ne lui fournissant pas à point nommé un grand homme romain qui pût faire le pendant d'un grand homme grec, et réciproquement, pour éviter que ses héros ne se trouvassent dépareillés, n'a-t-il pas été souvent réduit à de fâcheuses extrémités? Passe pour Thésée et Romulus, Alexandre et César ; mais quel rapport peut-on trouver entre Périclès et Fabius Maximus, entre Marius et Pyrrhus? Et n'est-ce pas se moquer que de comparer Cinna à Lucullus, parce que *Cinna se changea de mal en bien, et Lucullus au contraire?*

Je sais qu'on a signalé un autre motif à ces rapprochements de Plutarque, le désir d'élever les Grecs au-dessus des Romains, sentiment qui perce avec une injustice pardonnable, mais manifeste, dans l'écrit de Plutarque sur *la Fortune des Romains*. Mais, quoi qu'il en soit, il n'en reste pas moins établi que Plutarque est un rhéteur, et que ses deux ouvrages *les OEuvres morales* dans leur ensemble, les *Vies des Hommes illustres* dans leur disposition, portent le cachet de la profession de l'auteur.

Or, qu'y a-t-il de moins naïf en soi qu'un rhéteur ?
Comment concilier ce titre avec la réputation de simplicité, de candeur, qu'on a faite à Plutarque ? Faut-il
donc l'attribuer tout entière à une contrefaçon d'A-
myot ? Faut-il renoncer absolument à dire le bon Plutarque ? Non, ce serait aller trop loin. Plutarque était
rhéteur de son état, mais candide et simple de sa nature. Il avait à la fois un bel esprit et un bon cœur.
Le désir de briller par les artifices du langage n'exclut
pas la bonhomie dans les habitudes et la simplicité du
caractère. M. Villemain nous a montré avec beaucoup
de justesse Plutarque vivant dans une petite ville de
Béotie, en dévot païen, se faisant initier aux mystères,
remplissant les fonctions sacerdotales, curieux des
antiquités et des traditions : il y avait de cet homme-
là sous le rhéteur, et il ne faut pas l'oublier ; car,
si le rhéteur écrivait, l'autre Plutarque dictait souvent.

C'était celui-ci qui se plaisait aux détails familiers,
aux historiettes naïves et parfois puériles, qui racontait les prodiges et y croyait, qui, par exemple, interrompait la sanglante biographie de Sylla pour nous
apprendre « qu'il y eut *trois* corbeaux qui apportèrent
leurs petits devant tout le monde, et les mangèrent,
puis en emportèrent les reliques dans leur nid ; et
comme les souris eussent rongé quelques joyaux d'or
qui étaient en un temple, les secrétains, avec une
ratoire, en prirent une qui était pleine et fit cinq petits

souriceaux dans la ratoire même, dont elle mangea les trois. »

Le Plutarque crédule, dévot, conteur, qui recueille les miracles, compulse les anecdotes et enregistre les bons mots, quelquefois assez insipides, de ses grands hommes, qui a écrit les *apophthegmes* et les *questions* grecques et romaines, ce Plutarque est de la même nature que le bon Amyot, et la traduction le représente avec son vrai caractère. Mais il n'en est pas de même de l'autre Plutarque, du bel esprit, du styliste, de celui qui, à travers ses périodes serrées avec effort et contournées avec art, poursuit un laborieux atticisme, de celui qui a, comme dit Amyot lui-même, *un style plein, serré, philosophistorique.* Ce Plutarque-là n'est pas à la portée d'Amyot ; quand il veut l'imiter, il se guinde et se fausse ; le laisser-aller, qui est le charme de son langage, disparaît pour faire place à des périodes embarrassées. Plutarque construit les siennes en écrivain exercé ; mais Amyot, qui veut en vain mettre sa phrase au pas de la phrase grecque, la suit d'un pas boiteux et traînant. Cette différence entre les deux styles est surtout remarquable dans les passages où Plutarque se livre à des considérations générales, lorsqu'il affecte de se montrer bel esprit et bien disant, et que le bon Amyot fait de son mieux pour paraître tel après lui.

Je citerai le commencement de la *Vie de Démosthènes* comme un modèle de style entortillé, de pé-

riodes enjambant les unes sur les autres, d'incises et
de parenthèses multipliées à l'infini et enchevêtrées en
tout sens. Il faut qu'on voie comment écrivait parfois
celui duquel Conrart, qui ce jour-là eût mieux fait
peut-être de ne pas sortir de son *silence prudent*, disait
que sa traduction contenait tous les plus beaux tours
de la langue française. Je n'ai point d'inimitié personnelle contre Amyot, je le déclare ; mais je ne puis
me défendre de sentir un peu vivement l'injustice
d'une popularité de renommée qui a tenu dans l'ombre cinq ou six écrivains du seizième siècle bien supérieurs à lui, et qui a commencé au temps de Conrart,
quand on s'est mis à oublier et à ignorer ce grand
siècle, comme s'il n'eût jamais existé.

Voici une période qu'on lit au début de la *Vie de
Démosthènes*. Elle remplit tout juste une demi-page :

« ..... Il est bien vrai que celui qui a entrepris de
composer quelque œuvre et d'escrire quelque histoire
en laquelle doivent entrer plusieurs choses non fami-
lières en son pays, et qu'on ne trouve pas toujours
partout à la main, mais étrangères pour la plus part,
dispersées çà et là, et qu'il faut recueillir de la *lecture
de plusieurs divers lieux* (*sic*) et de plusieurs auteurs, à la
vérité il faut que premièrement et devant toutes choses
il soit demeurant en une grosse et noble cité, pleine
de peuple et de grand nombre d'hommes aimant les
choses belles et honnestes, afin qu'il aie abondance de
toutes sortes de livres, et qu'en cherchant çà et là, et

entendant dire de vive voix beaucoup de choses que les autres historiens auront à l'aventure omis d'escrire, et qui seront de tant plus croyables qu'elles seront encore demeurées en la mémoire des hommes vivants, il puisse rendre son œuvre de tout poinct accomplie et non défectueuse de plusieurs choses y nécessaires. »

Se peut-il rien imaginer de plus entortillé, de plus mal articulé, qu'une telle période? Le traducteur n'a pas à sa disposition un instrument capable de lutter contre la langue grecque, et il n'est pas assez habile pour se tirer d'affaire par des équivalents. Il veut laisser chaque mot, chaque incise à sa place, et il en résulte pour lui un encombrement de mots parfois veritablement effrayant. Au lieu de ces deux mots ἐϋ προχείρων, Amyot n'en emploie pas moins de onze, *qu'on ne trouve pas toujours partout à la main.* Un peu plus loin, il rend les deux mots νοσισμένων et ἀμελησούν-των par deux lignes : « Ils lui dérobèrent une partie de son bien et lui laissèrent aller à mal l'autre en faute d'en avoir tel soin qu'ils devoyent. »

Amyot est encore infidèle à Plutarque par un autre endroit; il manque fréquemment de noblesse. Plutarque est souvent familier, mais il n'est jamais bas. Le ton de son récit est simple, mais soutenu. Il n'a rien écrit, par exemple, qui ressemble à ces expressions de son traducteur dans la vie d'Antoine, Cléopâtre *allait battre le pavé* avec lui, et à celle-ci, dans la vie d'Aristide : « Jupiter-Sauveur s'approcha de lui en songe, et lui demanda ce que les Grecs *avoyent proposé de frire.* »

Enfin, un dernier défaut d'Amyot, c'est d'intercaler dans le texte des explications de sa façon, de véritables scholies, qui ne sont pas toujours heureuses. Même quand elles ne contiennent pas d'inexactitudes, ces interprétations alanguissent la narration, déjà trop chargée d'incidences. Il semble lire la version d'un écolier qui a transporté dans son *français* les définitions trouvées dans son dictionnaire. La manière d'Amyot ne se montre guère à son avantage que dans les anecdotes, et surtout dans celles qui ont une pointe de gaieté, comme la suivante :

« Il (Antoine) se mit quelquefois à pescher à la ligne, et voyant qu'il ne pouvoit rien prendre, si en estoit fort despit et marri à cause que Cléopatra estoit présente. Si commanda secrètement à quelques pescheurs quand il auroit jeté sa ligne qu'ils se plongeassent soudain en l'eau, et qu'ils allassent accrocher à son hameçon quelques poissons de ceux qu'ils auroient eu peschés auparavant, et puis retira ainsi deux ou trois fois sa ligne avec prise. Cléopatra s'en aperçut incontinent ; toutes fois elle fit semblant de n'en rien savoir, et de s'esmerveiller comme il peschoit si bien ; mais, à part, elle conta tout à ses familiers, et leur dit que le lendemain ils se trouvassent sur l'eau pour voir l'ébatement. Ils y vindrent sur le port en grand nombre, et se mirent dedans des bateaux de pescheurs, et Antonius aussi lâcha sa ligne, et lors Cléopatra commanda à l'un de ses serviteurs qu'il se hastast de plonger devant ceux d'Antonius, et qu'il allast attacher à l'hameçon de sa ligne quelque vieux poisson salé comme ceux qu'on apporte du pays de Pont. Cela fait, Antonius, qui croyoit qu'il y eût un poisson pris, tira incontinent sa ligne, et alors, comme l'on peut penser, tous les assistants se prirent bien fort à rire, et Cléopatra, en riant, lui dit : « Laisse-nous, sei-« gneur, à nous autres Égyptiens, habitants du Pha-« rus et du Canobus, laisse-nous la ligne ; ce n'est pas « ton métier. Ta chasse est de prendre et conquérir « villes et cités, pays et royaumes. »

L'anecdote est charmante, le trait qui la termine plein de grâce; on pourrait, en le retournant, l'adresser à Amyot et lui dire : « L'histoire des villes et des empires n'est pas de ton ressort ; mais tu excelles dans les petits récits. »

Comme cet article est littéraire et non philologique, je me suis attaché à montrer comment Amyot dénaturait le caractère de son auteur. Je n'ai pas attiré l'attention du lecteur sur les nombreux passages où il en altère le sens. Bachet de Méziriac[1] a parfaitement relevé les omissions graves, les additions superflues ou erronées, les distinctions ridicules et les mauvaises

[1]. Voyez un discours lu à l'Académie par Bachet de Méziriac, en 1635, *Menagiana*, tom. III, pag. 524 et suiv.

liaisons qui fourmillent dans les traductions d'Amyot;
il lui a reproché de prendre de la prose pour des vers
et des vers pour de la prose, d'ignorer les faits les
plus connus de l'histoire et de la mythologie antique,
et a cité des preuves foudroyantes de son ignorance
dans presque toutes les connaissances humaines. Tout
cela importerait peu à la réputation d'Amyot comme
prosateur; il pourrait avoir fait les deux mille contre-
sens que lui reproche Bachet de Méziriac et être un
modèle de style. Il pourrait même avoir constamment
altéré la physionomie de son auteur, comme Pope l'a
fait pour Homère, et devoir à *une belle infidèle* plus
que l'estime qui s'attache au traducteur, la gloire qui
couronne l'écrivain. Mais les *infidèles* ont besoin d'être
tout à fait *belles* pour se faire pardonner leur infidélité,
et la traduction d'Amyot ne l'est ni complétement ni
toujours. Elle a dû une part de sa popularité à l'injustice qui méconnaissait les grandes qualités de la prose
française du seizième siècle. Amyot, un peu par hasard, un peu grâce aux mérites de Plutarque, avait
échappé presque seul à cette injustice[1]. Ce n'est pas
toujours le meilleur soldat qui se sauve d'une déroute, et le meilleur matelot qu'épargne le naufrage.
Quand le seizième siècle aura repris définitivement sa
place de *grand aïeul* au foyer de la muse nationale,

---

[1] Montaigne donne de grandes louanges à Amyot; mais c'est
surtout pour avoir *choisi* Plutarque, le livre de l'antiquité que
goûtait le plus et que cite le plus souvent Montaigne.

dans la *salle des ancêtres* de notre littérature, Amyot, entouré de plusieurs contemporains bien supérieurs à lui, perdra cette gloire dont le monopole était un peu usurpé, et qu'une partialité que la comparaison n'éclairait pas assez lui accordait par exception; mais il lui restera, dans le second rang des prosateurs du seizième siècle, une place honorable.

Si enfin, séduit par l'imitation de ces parallèles artificiels dans lesquels se complaisait Plutarque, on se laissait aller à établir un parallèle de ce genre entre Plutarque et son traducteur, on trouverait entre eux des rapports réels, et aussi quelques-uns de ces rapports fortuits que ne repoussait pas le rhéteur de Chéronée.

Tous deux eurent une belle âme et aimèrent la vertu, tous deux aussi aimèrent l'antiquité. Plutarque était né dans un siècle où l'on en conservait le souvenir qui commençait à vieillir. Amyot vint à une époque où l'on était occupé à en retrouver et à en rassembler les débris. Chez l'un comme chez l'autre, il y a l'amour, le culte, *la révérence* du passé. Tous deux vécurent dans des temps fort tristes, et dont les calamités n'altérèrent pas la tranquillité de leur vie. Le premier ne souffrit pas plus des crimes de Domitien, que le second des fureurs de la Saint-Barthélemy. Tous deux passèrent un certain temps à Rome, l'un occupé à étudier la langue et la littérature latines, l'autre à y chercher un nouveau manuscrit de l'auteur grec de *Théagène et*

Chariclée. Enfin tous deux appartinrent au sacerdoce ; car, si le Français fut évêque d'Auxerre, le Béotien fut prêtre d'Apollon ; et pour terminer ce parallèle par un contraste, ce qui est encore une imitation, Plutarque fut, dit-on, l'instituteur de Trajan, et Amyot fut le précepteur de Charles IX.

LES RENAISSANCES

Avant de quitter les généralités de mon sujet et d'arriver aux détails, je voudrais aujourd'hui vous donner une idée de l'ensemble des renaissances, en prenant ce mot non plus comme signifiant le retour à l'antiquité, mais dans cette autre acception du mot *renaissance* qui veut dire réveil, réveil après le sommeil, redoublement d'activité littéraire et intellectuelle après des langueurs intermittentes. Je voudrais vous montrer rapidement les phases d'ascension et de déclin par lesquelles les littératures ont successivement passé. Pour vous rendre sensibles ces alternatives, j'avais imaginé d'abord d'employer un procédé géométrique. Rassurez-vous, j'y ai renoncé. En mécanique, lorsqu'on veut exprimer les accélérations et

les ralentissements successifs d'un mouvement continu, mais varié, on trace la *courbe* de ce mouvement,
et voici comment on s'y prend. On élève un certain
nombre de lignes verticales qui, chacune, représentent, à un moment donné, la quantité de mouvement
(s'il s'agit, par exemple, de mesurer les phases de
rapidité d'une locomotive ou d'un bateau à vapeur qui
va tantôt plus vite, tantôt plus doucement), de sorte
que ces lignes verticales soient plus hautes au moment
où le mouvement est plus rapide, et plus basses au
moment où il est plus ralenti; puis, faisant passer par
les sommets de ces lignes d'inégale hauteur une
courbe, cette courbe exprime d'une manière visible
les différentes phases du mouvement, de son accéléra-
tion et de son ralentissement.

J'ai été tenté de préparer un pareil tableau, et d'y
représenter la courbe des accélérations et des ralentissements de l'esprit humain. J'ai pensé cependant
que, pour un cours littéraire, c'était un peu trop de
géométrie, et j'ai cherché comment je m'y prendrais pour arriver au même résultat par une autre
voie. J'ai songé alors à m'adresser, non plus à vos
yeux, mais à votre imagination, en figurant les diverses littératures examinées sous ce rapport, les
phases variées par lesquelles elles passent, montant et
descendant tour à tour, non plus par une courbe géométrique, mais par une image que nous offre la nature. Je figurerai, pour rendre ma pensée sensible,

cette succession de phases diverses par des chaînes de montagnes, dans lesquelles il y a des sommets et des abîmes, des plateaux et des vallées, des cimes isolées, et entre elles de vastes plaines.

On a comparé la civilisation à un phare qui éclaire les peuples. En effet, c'est un phare, mais semblable aux phares ordinaires, c'est-à-dire un phare à feu tournant qui tantôt fait briller sa lumière et tantôt laisse régner les ténèbres; ici la succession de lumières et de ténèbres ne s'opère pas avec la même régularité que dans les autres phares qui présentent toujours les mêmes intervalles de lumière et d'ombre; ici les temps de lumière et d'ombre varient par la durée.

On a comparé aussi la civilisation au soleil, et la comparaison est bonne; mais comme le soleil, dans le cours de l'année, ramène successivement tantôt des jours plus courts, tantôt des jours plus longs, ainsi la civilisation ramène des inégalités de jour et de nuit; et même elle ressemble, sous ce rapport, moins à notre soleil qui déjà produit sensiblement les inégalités de jours et de ténèbres, qu'au soleil du Nord qui, comme vous le savez, amène des nuits et des jours de plusieurs mois. De même, dans l'histoire de la civilisation, il y a des jours de plusieurs siècles et des nuits de plusieurs siècles.

En Orient, il y a eu de ces vicissitudes. L'Orient n'est pas immobile, comme on le dit souvent; il a connu les révolutions et les changements ; c'est, si vous me permettez cette comparaison, comme le désert qui offre bien dans son ensemble un aspect uniforme, à la surface duquel cependant les vents soulèvent tout à coup des montagnes de sable ; ces montagnes apparaissent brusquement et disparaissent de même. Nous ne connaissons pas encore très-bien la carte historique de ce pays de l'Orient ; nous ne pouvons déterminer avec beaucoup de précision la succession de ces soulèvements et de ces abaissements. Nous entrevoyons à l'horizon de ces déserts de l'histoire quelques-unes des dunes de sable que le vent des siècles a soulevées, mais nous les apercevons assez confusément, et je ne m'y arrêterai pas.

Arrivés à la Grèce, nous voyons pour la première fois et pour la dernière, car c'est un fait inouï dans l'histoire de la civilisation et des lettres, nous voyons une ligne horizontale qui depuis une de ses extrémités jusqu'à l'autre ne s'abaisse jamais beaucoup. Depuis Homère pour la poésie, depuis Hérodote pour la prose, jusqu'à Pindare et à Démosthène, la ligne se continue toujours à la même hauteur, et si nous voulions en chercher une image dans ces masses montueuses qui nous servent à dessiner, pour ainsi dire, la configuration des littératures, il faudrait prendre un de ces dos de montagnes allongés, horizontaux, sans dépression profonde, comme est, par exemple, la chaîne du Jura, qui prolonge sa longue ligne plane à l'horizon ; seulement cette ligne est noire, et il faut remplacer le dos du Jura couvert de sapins par une montagne radieuse qu'éclairerait d'une extrémité à l'autre le soleil resplendissant de la Grèce.

Si nous passons à la littérature latine, elle s'offre à nous sous un autre aspect. La littérature romaine ne présente pas une ligne horizontale, mais une courbe régulière qui commence à monter au temps de Lucrèce et de Cicéron, qui atteint sa plus grande hauteur au temps de Virgile et de Tite-Live, et qui de Lucain descend insensiblement jusqu'à Sénèque : c'est donc une véritable courbe, dont le point d'ascension est dans les derniers temps de la République, et qui, passant par-dessus le siècle d'Auguste, commence à s'abaisser dès le premier âge de l'Empire. Si nous cherchons, et nous trouverons notre exemple tout près de Rome, si nous cherchons un terme de comparaison parmi les montagnes, c'est une courbe comme celle du mont Albano, s'élevant avec majesté, puis, après avoir atteint son sommet, redescendant avec douceur, et venant mourir dans la plaine.

On a conclu souvent de cette marche si régulière de la littérature romaine, qui monte, qui s'élève et redescend ainsi, que toutes les littératures avaient la même marche, la même destinée, suivaient la même courbe : il n'en est rien. Déjà la littérature grecque n'offrait pas une apparence semblable, et les littératures modernes sont encore plus différentes ; elles ne nous

montrent ni une ligne horizontale comme la littérature grecque, ni une courbe régulière comme la littérature latine ; leur configuration est beaucoup plus
irrégulière ; elles se composent d'une suite de saillies
et de creux, si je puis m'exprimer ainsi ; elles sont
ondulées ou crénelées ; elles descendent, elles s'abais-
sent, ce que ne fait pas la littérature grecque ; mais,
après être descendues, elles remontent, ce que n'a
pas fait la littérature latine. — C'est qu'elles ont un
autre principe.

Les littératures modernes sont animées par le principe de la civilisation moderne, le christianisme, qui
est un principe de progrès, et c'est pourquoi dans
l'histoire des littératures modernes, après qu'on est
descendu, on remonte. Nous allons suivre leurs vicissitudes, et je vais tâcher, en m'aidant de cette image
des chaînes de montagnes que j'ai choisie comme la
plus claire et la plus vive, de vous offrir une sorte de
panorama de ces littératures envisagées sous l'aspect
de leurs cimes les plus hautes et de leurs dépressions
les plus profondes.—Dans cette espèce de topographie,
il est évident que nous ne pouvons nous attacher
qu'aux plus grands traits et qu'il faut négliger les
détails.

Comment se présente, sous ce rapport, la littérature
italienne ? Elle nous montre d'abord un grand sommet
isolé, que rien n'annonce, qu'aucune colline plus
humble ne prépare, qui sort brusquement de terre et

s'élève vers le ciel. Ce sommet, cette montagne isolée dans la plaine et montant vers le ciel, c'est la poésie de Dante, et son œuvre même en est la figure ; à tel point qu'on a pu représenter par une montagne la conception poétique de la *Divine Comédie*, par exemple dans le tableau de la cathédrale de Florence : au sein des profondeurs de cette montagne sont les gouffres infernaux ; autour de la montagne circule une rampe, qui est la rampe du purgatoire par laquelle l'âme s'élève, se purifiant toujours ; arrivé au sommet, Dante ne s'arrête pas là ; mais, emporté par Béatrice, il s'envole de cercle en cercle, de sphère en sphère, jusqu'aux dernières splendeurs de Dieu.

Voilà la grande montagne de Dante ; voilà le premier et le plus haut sommet de la littérature italienne.

A une hauteur moins considérable on aperçoit, sur le penchant de la même montagne, le vallon de Pétrarque, un lieu qu'on peut se représenter comme la vallée de Vaucluse, dans lequel il chante au bord des eaux limpides ; ce lieu est éclairé, quoique de plus loin, par quelques rayons de la lumière qui émane du sommet.

Plus bas encore est le lieu charmant dans lequel Boccace raconte à une foule de jeunes gens et de jeunes femmes ses histoires amoureuses. Ici, nous sommes dans un asile enchanté, mais toujours plus loin du sommet, et la lumière céleste qui l'habite ne nous éclaire plus.

Il nous faut ensuite traverser une plaine assez nue qu'a traversée la littérature italienne, après qu'elle est descendue elle-même de ces grandes hauteurs ; puis elle est remontée sur un autre sommet, moins élevé que le premier, mais qui est encore élevé pourtant, qui forme comme un prolongement du Parnasse antique, et qui est le théâtre de la littérature italienne du seizième siècle : c'est là sur ce grand plateau, qui a l'aspect des montagnes de la Grèce, qui est semé de villas et de palais construits sur le modèle de l'antiquité ; c'est là que le siècle de la Renaissance italienne étend son empire. L'Arioste appelle tous les personnages et tous les souvenirs de la muse chevaleresque, s'en amuse, et nous en amuse après lui. Le Tasse y évoque les jardins d'Armide ; et puis, entraîné par sa destinée si malheureuse et si touchante, on le voit s'en aller, en traversant un hôpital de fous, mourir au couvent de Saint-Onuphre, en face du Capitole, au moment d'y monter.

Sur ce même plateau j'aperçois Machiavel, tantôt regardant du côté de l'antiquité, tantôt regardant du côté de son temps : quand il regarde du côté de l'antiquité, écrivant ses commentaires sur les Décades de Tite-Live, animés des plus purs sentiments de la liberté romaine ; et, quand il regarde du côté de son temps, retraçant, dans le livre du *Prince*, les maximes les plus déhontées et les plus vraies de la tyrannie d'après Borgia.

Après qu'on a franchi ce plateau du seizième siècle, où nous avons trouvé, non plus Dante, mais du moins l'Arioste, le Tasse et Machiavel, il faut toujours descendre.

L'Italie descendra constamment une pente qui l'amènera dans cette triste région qu'elle habite aujourd'hui, si loin de ces hauteurs du moyen âge et du seizième siècle. En effet, sauf des exceptions, et il ne s'agit pas d'exceptions aujourd'hui dans ce tableau général, sauf quelques exceptions, que s'est-il accompli de grand dans les lettres en Italie depuis le seizième siècle? quels efforts a-t-on faits pour regagner les hauteurs? Au commencement de ce siècle, deux hommes l'ont essayé avec audace, avec énergie; Alfieri et Monti ont fait quelques pas pour remonter ces pentes que la littérature italienne descendait depuis deux cents ans; ils ont tenté même de gravir la grande montagne de Dante, tandis qu'ils cherchaient à retrouver les traces et le langage de l'incomparable poëte; mais ils ne se sont élevés au plus qu'à la moitié du chemin, et depuis, surtout maintenant que Manzoni n'écrit plus, l'Italie des lettres et des arts est un grand désert. — Pourquoi, messieurs; car enfin elle a le même soleil, elle a les mêmes dons naturels et, je puis l'attester par une expérience personnelle, elle a, disséminés sur sa surface, de bien nobles enfants, des hommes bien dignes de continuer l'ancienne gloire de l'Italie. Mais rien ne se produit : on reste dans la plaine,

on ne retrouve plus les chemins des grands sommets.
Il n'y a qu'une raison qui explique comment il en est
ainsi depuis deux cents ans : c'est que depuis deux
cents ans l'Italie n'est plus libre.

L'Espagne au moyen âge a aussi son sommet isolé,
non pas habité par un grand poëte comme Dante, mais
au moins par une grande poésie, la poésie des romances héroïques, la poésie du Cid. Ce sommet est
comme le vieux château fort du Cid. En Espagne, de
même qu'en Italie, il faut, en quittant le moyen âge,
traverser un espace aride et inférieur pour retrouver
une seconde hauteur, celle de la Renaissance. Boscan
et Garcilasso, par les sentiers de l'idylle, sur les pas
des poëtes italiens, leurs modèles, atteignent les hauteurs du seizième siècle.

Là, comme en Italie, nous apparaît un vaste plateau,
un plateau assez semblable à celui que forme l'Espagne
elle-même : au milieu de ces grandes plaines qui se
confondent dans mon imagination avec le souvenir des
interminables plaines de la Manche qu'on traverse
quand on va de Madrid à Cordoue, deux figures
étranges m'apparaissent : c'est le chevalier de la triste
figure sur sa Rossinante efflanquée, aussi efflanqué
que sa Rossinante elle-même, et cherchant les aventures ; — à côté de lui, c'est Sancho-Pança, bien établi sur le Roussin et promenant sa grotesque et re-
plète personne à côté de ce fantôme de chevalier qui
est le fantôme de la chevalerie. Ces deux créations

comiques représentent, on pourrait le dire, toute l'histoire de l'humanité : c'est l'imagination et le bon sens; c'est la poésie et la prose; c'est le romanesque et le trivial; c'est l'idéal et la réalité.

Un peu plus loin, sur le même plateau, je découvre un labyrinthe dans lequel une foule de personnages se rencontrent, se croisent, se mêlent, où les duels, les amours, les aventures, les imbroglios de toute sorte animent et confondent tous ces personnages qui composent une multitude élégante et bizarre : c'est la troupe de Lope de Vega, qu'il promène et qu'il égare avec nous dans le charmant et interminable labyrinthe de ses quinze cents comédies.

Un autre poëte fait de même; il a aussi autour de lui tous les personnages de l'Espagne chevaleresque, qui semblent sortir d'un tournoi. Mais parmi eux il en est qui ont plus que les acteurs de Lope de Vega une physionomie héroïque. Vous avez reconnu Calderon. Pour achever le tableau de l'ensemble de la littérature espagnole au seizième siècle, il faut non-seulement le labyrinthe de Lope de Vega, les aventures de galanterie et de gloire, il faut encore l'église. En effet, Calderon, qui, après avoir été soldat, s'est fait prêtre, sur cet emplacement, qui ne semblait destiné qu'aux jeux chevaleresques, a bâti une église; Calderon y entre; mais ne voulant pas abandonner la poésie dramatique, il la fait entrer avec lui dans l'église par ses *Actes sacramentaux*. — Que sont les *Actes sacramen-*

taux de Calderon? Ce sont, sous mille symboles empruntés à l'histoire ancienne, à l'histoire moderne, empruntés même quelquefois à la mythologie, *l'Amour et Psyché*, par exemple..., des représentations dramatiques où se trouve constamment figuré, glorifié, défendu, allégorisé le grand mystère du christianisme, le mystère de l'Eucharistie, de telle sorte et à tel point que la pièce se termine toujours par le saint sacrement apporté sur la scène. Un semblable drame, vous le concevez, ne peut être nulle part plus à sa place que dans une église sur ce plateau, théâtre de la littérature espagnole au seizième siècle.

Comme l'Italie, car elle a beaucoup suivi les mêmes phases, l'Espagne, une fois ce sommet, ce plateau dépassé, a constamment descendu, n'est jamais remontée, moins encore que l'Italie; elle est descendue aussi, poussée en bas, toujours plus bas, d'abord par la main despotique de Philippe II, et ensuite par celles de ses successeurs; elle cherche maintenant à remonter, y parviendra-t-elle?

Passons au Portugal, qui est à côté de l'Espagne, mais qui a son histoire et sa destinée à lui; ce n'est pas une chaîne de montagnes qui peut représenter la littérature portugaise, mais un de ces grands pics isolés qui surgissent du sein de l'Océan. En Portugal, il n'y a rien avant, il n'y a rien eu après un certain moment incomparable, époque de la grandeur du Portugal sur toutes les mers et dans tous les continents, époque de Camoëns.

C'est par la même figure que je caractériserai une autre littérature bien éloignée de celle-là, la littérature hollandaise, qui n'a pas de Camoëns, mais qui cependant a eu un moment, un siècle, celui des grandes luttes pour l'indépendance : elle peut se représenter de même par un sommet isolé. On pourrait comparer également ces deux littératures à ces îles qui sortent tout à coup de la mer pour y rentrer presque aussitôt.

Une île apparut, il y a quelques années, entre la Sicile et l'Afrique ; cette île, sur laquelle j'ai eu la bonne fortune de mettre le pied, n'existe plus.

Il faut de même se hâter, quand nous rencontrons ces littératures instantanées, d'y poser le pied, car bientôt elles vont rentrer dans la mer de l'oubli.

Entre le Midi, que nous allons quitter, et le Nord, vers lequel nous marchons, il y a l'océan des nations slaves, nations que je place ici parce qu'elles tiennent à la fois du Nord et du Midi : du Nord, par les régions qu'elles habitent ; du Midi, par certaines qualités de leurs races. Les littératures de ces races nous apparaissent comme des îles qui émergent à peine de cet océan slave. L'une d'elles, la littérature polonaise, s'élève déjà à une assez grande hauteur au-dessus des flots.

Mais on ne peut en dire autant des autres littératures slaves. La littérature russe, par exemple, est toute d'imitation ; autrefois ses modèles étaient français ; dans ce siècle, elle a cherché ses modèles dans la littérature anglaise. Pouschkine, mort si jeune, et qui était certes un poëte d'un grand talent, imitait Byron. Il semble que le peuple russe ne soit pas appelé à l'originalité. Sa littérature comme sa civilisation, il l'a empruntée, on pourrait dire mendiée à l'Europe. Mais je m'arrête. Il me semble qu'il y aurait mauvaise grâce à attaquer ici les Russes avec des arguments littéraires, tandis que nos soldats les attaquent si vivement et si glorieusement à la baïonnette.

Je passe aux littératures des pays germaniques, et je trouve d'abord la littérature anglaise.

La littérature anglaise, au moyen âge, ne nous offrira point un de ces sommets élevés que nous ont montrés l'Italie ou l'Espagne, mais une gracieuse colline, semblable à celles qui forment la riante parure de l'Angleterre ; et autour de cette colline nous apercevons serpenter à l'horizon le cortége mêlé des personnages si divers, et tous si vivement dessinés par Chaucer, des pèlerins de Cantorbéry. Ils vont vers la vieille cathédrale et, chemin faisant, racontent des fabliaux un peu à la manière de Boccace : cela est gracieux, aimable, mais n'a rien de la grandeur, je le répète, ni de cette montagne au sommet de laquelle était Dante, ni même de ce rocher de la vieille Castille dont la cime portait le château fort du Cid.

Le seizième siècle, en Angleterre comme dans presque tous les pays de l'Europe, est un grand siècle, et

presque partout en Europe on doit représenter ce siècle par un sommet élevé. L'Angleterre a aussi sa montagne au seizième siècle, et c'est une haute montagne,
car c'est celle de Shakspeare. Elle n'est peut-être pas
cependant aussi haute que la montagne de Dante, elle
arrive moins près du ciel, elle s'éloigne moins de la
terre; on ne l'a peut-être pas assez remarqué, Shakspeare, est, il est vrai, le peintre merveilleux, inépuisable de tous les sentiments humains, il en est un
cependant qu'il a presque oublié, c'est le sentiment
religieux ; celui-ci ne figure que bien en passant dans
les drames de Shakspeare; ce sentiment est, au contraire, l'âme de l'inspiration de Dante.

Si cette montagne qui est le domaine de Shakspeare n'est pas aussi haute que celle de Dante, elle
est bien vaste, elle est plus vaste, plus variée, toutes
les créations, tous les types de la nature humaine s'y
rencontrent; et non-seulement toutes les passions,
tous les sentiments, sauf le sentiment mentionné tout
à l'heure (c'est une grande exception, il est vrai); non-
seulement toutes les conditions de la société humaine
ont été personnifiées dans les drames de Shakspeare;
mais au-dessous de la création humaine il a créé au dernier degré, je ne dirai pas de l'intelligence, car c'est
plus de l'abrutissement que de l'intelligence, il a créé
Caliban, moitié homme, moitié animal; et il a créé,
dans la même pièce, *la Tempête*, entre l'homme et
l'ange, la figure éthérée d'Ariel.

L'Angleterre, en cela semblable à la France (il n'y a que ces deux pays dont la littérature, dans les temps modernes, offre ce spectacle), l'Angleterre ne fait pas comme l'Espagne et l'Italie, et, après s'être élevée sur les hauteurs du seizième siècle, ne descend pas jusqu'à nos jours ; ou, si elle descend, c'est pour remonter. Il y a sur l'horizon de la littérature anglaise comme sur le nôtre trois cimes au moins ; pour parler sans métaphore, il y a dans la littérature anglaise comme dans la nôtre, trois grands siècles, et un demi-siècle qui a sa grandeur.

En effet, en regard de cette montagne sur laquelle nous a apparu la sublime figure de Shakspeare est celle sur laquelle nous apparaît la majestueuse figure de Milton. Le dix-septième siècle produit Milton comme le seizième siècle a produit Shakspeare, et les hauteurs qu'habitent ces deux poètes ne sont point inégales. Milton est là-haut sur son Sinaï, comme il appelle lui-même la montagne où il place sa muse ; de là, de ce sommet sacré, cet aveugle regarde, et son œil, l'œil de cet aveugle, est si perçant, que devant lui s'ouvrent les abîmes de l'enfer : il y voit, il y fait voir les esprits qui roulent foudroyés ou gisent au bord des étangs de feu ; puis, remontant vers la lumière, il rencontre les tableaux bibliques de l'enfance du genre humain, il contemple les chastes et gracieuses amours d'Adam et d'Ève ; ce regard ouvre le ciel, y voit les luttes des anges fidèles et des anges égarés ; enfin ce même

regard, qui est celui d'un poëte, mais aussi celui d'un
théologien, ose réfléchir les mystères même de la Trinité et du Verbe.

J'ai dit qu'en marchant à travers l'histoire de la littérature anglaise on ne descend que pour remonter
aussitôt. Il y a au seizième siècle Shakspeare, au dix-
septième Milton. Puis vient le dix-huitième siècle, ce
grand siècle de la liberté anglaise, qui a produit tant
d'hommes illustres dans les lettres et dans l'éloquence.
Il faut aussi le caractériser par un sommet élevé. Nous
avons vu une église sur le plateau de l'Espagne, et ici,
à l'extrémité de ce troisième sommet, de l'Angleterre,
nous apercevons une tribune, cette tribune anglaise
qui a réveillé la liberté du monde.

Maintenant, messieurs, est-ce fini? Tout est-il dit?
Non. Le commencement du dix-neuvième siècle, vous
le savez, n'a pas été stérile en Angleterre. Il y a encore
là des hauteurs à signaler, moindres que celles de
Shakspeare et de Milton, mais assez imposantes : il y
a l'éminence sur laquelle s'élève le château féodal de
Walter Scott, avec les grandes montagnes d'Écosse en
perspective. On n'est pas encore au sein de ces grandes
montagnes, mais on les voit à l'horizon; enfin il y a ce
rocher qui nous apparaît tour à tour au milieu des
flots de la mer Égée, habité par le Corsaire ou perdu
dans une vallée des Alpes, et habité par Manfred, le
rocher de Byron.

L'Allemagne est plus riche que l'Angleterre au

moyen âge ; car l'Angleterre ne pouvait nous montrer que cette agréable colline où s'égayaient les pèlerins de Cantorbéry conduits par Chaucer. — L'Allemagne peut montrer un grand sommet abrupte, sauvage, le sommet que hantent les héros des *Niebelungen*, ces personnages à demi païens, à demi chrétiens, conservant au milieu des habitudes chevaleresques les vieux instincts de la barbarie, et qui sont les héros de l'épopée allemande du moyen âge. Pour les temps qui suivent, l'Allemagne est moins heureuse que la plupart des autres pays de l'Europe ; il lui faut faire bien du chemin après être descendu de ce sommet de sa poésie épique du moyen âge, il lui faut faire bien du chemin dans la plaine pour arriver à son autre sommet le plus prochain, celui qui marque le développement de sa littérature au dix-huitième siècle. Je sais bien que, dans l'intervalle, le terrain se relève pour servir de théâtre à l'apparition de la réforme, apparition qui a donné une impulsion très-grande à l'esprit allemand et qui, vous le savez, par la traduction de la Bible de Luther, a créé la prose allemande. Mais ce mouvement ne dure guère, et cette élévation qui se forme alors au sein de cette grande et triste plaine que traverse l'Allemagne pour arriver au dix-huitième siècle, cette élévation ne se rattache à aucune autre, le seizième siècle, sauf Luther, est un assez triste siècle en Allemagne : on y marche terre à terre, on ne s'y élève pas beaucoup. Le poëte le plus célèbre de ce temps,

Hans-Sachs, est un poëte bourgeois, bourgeois en réalité et aussi dans le sens défavorable que les artistes donnent à ce mot ; il est plein de bons conseils et quelquefois de franche jovialité. Mais avec lui on ne monte jamais bien haut. Il était cordonnier, et involontairement sa profession, quand il veut s'élever aux sujets pathétiques, graves ou sublimes, sa profession rappelle un peu le proverbe : *Ne sutor ultra crepidam*.

Tel est dans son ensemble, avec mille exceptions de détail, le seizième siècle en Allemagne ; il n'est pas à la hauteur du même siècle partout ailleurs en Europe. Il faut ensuite traverser le dix-septième siècle. Ce sera encore bien pis. Le dix-septième siècle fut l'époque de la guerre de Trente ans. L'Allemagne marche, les pieds dans le sang, à travers une immense plaine analogue à ces vastes plaines qui s'étendent entre la Bavière et la Bohême, et où ont été livrées ces batailles continuées durant trente années ; elle marche à travers les ruines des villes et de la civilisation ; elle continue à marcher péniblement et sans gloire jusqu'au dix-huitième siècle. Alors, vers le milieu de ce siècle, il se fait un mouvement soudain, et de cette triste plaine que l'Allemagne vient de parcourir sort subitement, spontanément, une montagne, comme le monte Nuovo est sorti un jour de terre aux environs de Naples.

Cette nouvelle montagne de la littérature allemande

porte à son sommet le chêne germanique sous lequel vient s'asseoir Klopstock. Klopstock y fait entendre un chant chrétien, il célèbre la nationalité germanique et aussi les gloires pures de la révolution française, et Klopstock enflamme la nouvelle génération des trois grands sentiments qui sont l'âme de toutes les littératures : le sentiment religieux, le sentiment national, le sentiment de la liberté.

Autour de Klopstock, sous ce chêne germanique, se groupe une génération d'hommes qui, en cinquante ans, créeront toute une littérature. Les deux principaux personnages dans cette foule illustre sont, vous le savez, Schiller et Gœthe : Schiller, âme ardente, enthousiaste, avec un certain mélange de grossièreté et de fougue dans les premiers temps ; mais Schiller va toujours purifiant davantage son talent et se purifiant lui-même ; après avoir commencé dans la sombre forêt de ses *Brigands*, s'élevant vers des régions plus hautes, il arrive à son dernier ouvrage, le *Guillaume Tell*, où la scène est placée dans les Alpes, et qui les rappelle par la grandeur, le calme et la sérénité.

A côté de Schiller est Gœthe ; et il me semble que je vois apparaître la figure de cet homme extraordinaire que j'ai connu ; il me semble que je le vois encore. Je me le représente sur cette montagne que nous venons de signaler, debout, avec sa tête olympienne, son front démesuré... Il est là !... portant son regard autour de lui, curieux de tout, examinant tout, contemplant tout : tantôt la lumière, dont il cherche en vain une nouvelle théorie; tantôt le règne végétal, ici plus heureux, il a fait entrer dans cette étude des idées qui sont restées dans la science; puis interrogeant tous les temps, les comprenant tous, et voulant tous les reproduire; mais dans cet effort, peut-être trop ambitieux pour l'homme, de tout saisir, de tout embrasser, de tout reproduire, Gœthe est arrivé à une indifférence triste. Il n'y a que Dieu qui puisse ainsi tout saisir, tout embrasser; quand l'homme veut jouer ce rôle, il est conduit à accepter tour à tour le pour et le contre en toute chose comme a fait Gœthe, la pointe de l'esprit s'émousse, dans la morale on arrive à une sorte d'impartialité qui dégénère en indifférence systématique. C'est ce qui est advenu à Gœthe : il a fini par se trouver sur un sommet très-élevé d'où il embrassait tous les horizons, mais sur un sommet glacé.

Depuis, la littérature allemande ne s'est pas maintenue à cette hauteur. Cependant, sur le flanc de la montagne, on entend encore s'élever quelques voix généreuses, parfois un peu incertaines, qui chantent au milieu de la tempête des révolutions, ou parmi les calmes plats qui les suivent.

Maintenant, messieurs, avant de venir à la France, et de tâcher aussi de vous dessiner rapidement, à grands traits, la configuration de sa littérature, je dois jeter un regard sur les États-Unis. Ce n'est

plus une île, comme nous disions tout à l'heure
pour la littérature slave : c'est un continent tout
entier qui émerge à la lumière. Ce nouveau monde
est bien jeune, sa littérature est jeune aussi; mais
sa civilisation et sa littérature ont reçu, dès son
berceau, la triple impulsion de trois grands sentiments qui vivifient l'humanité : le sentiment religieux, que les puritains de l'Amérique du Nord ont
porté jusqu'à l'enthousiasme et quelquefois jusqu'au
fanatisme; le sentiment de la liberté, héritage de la
vieille Angleterre ; et le sentiment national, créé par
l'affranchissement des colonies : c'est ce qui fait que,
malgré la prédominance des intérêts matériels chez
ce peuple, tant qu'il ne laissera pas étouffer en lui
ces trois sentiments qui lui ont donné l'être et qui
l'ont animé jusqu'ici, il y aura chance de vie pour la
littérature des États-Unis. Et en effet, cette littérature
tient déjà sa place au soleil, et commence à gravir
sa montagne.

J'arrive à la France; et d'abord je chercherai à ne
pas me faire illusion par amour-propre national; il
me semble que j'ai rendu justice aux autres littératures, et que je n'ai pas diminué leur grandeur.
Eh bien, j'affirme que dans cette carte topographique
de leurs diverses altitudes, il n'en est aucune qui ait
été aussi constamment à une grande hauteur, qui s'y
soit maintenue avec autant de persévérance que la
littérature française,

Quant au moyen âge, la France n'a pas son Dante,
il est vrai : il n'y en a qu'un en Europe; mais elle a
une littérature qui, si elle ne s'est pas résumée dans
un chef-d'œuvre et dans un nom, est puissante par
des créations imparfaites, sans doute, mais fécondes,
car elles ont fécondé l'Europe : parmi nos poëmes
chevaleresques, il n'y a pas une épopée d'art, mais
ils contiennent de grandes beautés épiques, un prodigieux développement de l'imagination épique. Ils
ont rempli l'Europe, ils ont été reproduits en Angleterre, en Allemagne, on en suit la trace en Espagne
dans les romances, et en Italie, jusqu'à l'Arioste qui
en a été imprégné.

Il y a donc là, au moyen âge, pour ne parler que
de la poésie chevaleresque, un grand foyer poétique.
Ce n'est pas une flamme montante et concentrée en
un jet lumineux, c'est comme un brasier ardent qui
échauffe toutes les autres littératures européennes.
Et, pour rentrer dans l'ordre d'images que j'ai choisi,
la poésie chevaleresque du moyen âge est, pour
moi, comme un massif de montagnes dans lequel on
ne voit aucun sommet saillir et se détacher en particulier d'une manière pittoresque, mais qui est puissant, et qui jette de tous côtés, au nord, au midi, au
levant et au couchant, dans toute l'Europe centrale,
de vastes rameaux. C'est ainsi que m'apparaît la littérature française au moyen âge, après le moyen âge,
au quatorzième et au quinzième siècle, en France,

comme partout en Europe, il faut descendre, et il y a, quoi qu'on fasse, une lande aride à traverser. Ceux-là surtout le savent, qui ont eu la bonté de me suivre, il y a deux ans, et de cheminer avec moi à travers le quinzième siècle. Il faut donc descendre des hauteurs du moyen âge pour retrouver ensuite les hauteurs de la Renaissance. Mais, arrivée là, la littérature française a son seizième siècle, qui n'est pas un médiocre siècle ; siècle orageux, plein de tempêtes, de guerres civiles, de guerres religieuses surtout, de désordres et de tumultes. La France ouvre les yeux, après les ténèbres d'où elle sort, elle regarde du côté de l'Italie, et du côté de l'antiquité qui vient par l'Italie ; alors dans l'art apparaît notre charmante architecture, notre belle sculpture de la Renaissance. Dans la poésie nous sommes moins heureux. Ici des tentatives analogues se produisent, mais la splendeur de l'antiquité éblouit Ronsard ; il se précipite de ce côté ; il croit saisir la lumière, et n'embrasse que le reflet. Mais il y a deux hommes qui, eux aussi, regardent du côté de l'antiquité, et qui ne se perdent pas dans le reflet, deux hommes dont l'esprit vivant et original se fait jour à travers les décombres de l'antiquité ; c'est Rabelais et Montaigne. Rabelais, cet érudit moqueur, qui rit d'un rire si grotesque, souvent trop grotesque sans doute, mais parfois si puissant et si profond ; et Montaigne, qui, lui, n'a jamais ce rire bouffon, mais qui, en contemplant à travers les œuvres des anciens,

dont il fait sa nourriture habituelle, en contemplant
toutes les idées, toutes les opinions, les exprime
tour à tour avec une verve incomparable, et exprime
surtout le mouvement imprévu, impromptu de son
esprit à l'occasion de tout cela. Lui ne rit pas du gros
et franc rire de Rabelais, mais à l'aspect des choses
humaines, Montaigne sourit.

Le seizième siècle doit donc former dans la partie
française de notre topographie intellectuelle des littératures modernes, un sommet sur lequel les trois
hommes que je viens de placer, et beaucoup d'autres
qu'on pourrait grouper autour d'eux, forment une
assemblée assez imposante.

Quant à notre dix-septième siècle, sa gloire est
proverbiale. Il n'y a que l'Angleterre qui ait aussi
un dix-septième siècle... Ce dix-septième siècle de
l'Angleterre a produit Milton; Milton, il est vrai, c'est
beaucoup : nous n'avons pas, au dix-septième siècle,
une épopée à opposer à celle de Milton; mais, excepté
Milton, on trouverait difficilement des hommes qui
puissent le disputer à nos grands hommes du dix-
septième siècle; et dans la seconde moitié de ce siècle
prenons ceux mêmes qui font à l'Angleterre le plus
d'honneur comme Dryden; très-souvent et trop souvent, dans son théâtre, Dryden imite et imite fort mal
les grands auteurs tragiques français.

Ainsi, malgré cette immense gloire de Milton, notre
dix-septième siècle reste en Europe le grand dix-sep-

tième siècle. En Italie et en Espagne il n'y a plus rien ;
en Allemagne il n'y a rien encore ; en France il y a ce
siècle, ce double siècle, car la montagne a deux cimes,
il y a, permettez-moi le langage qu'on permettait encore
au dix-septième siècle, il y a deux Parnasses français :
le Parnasse de Richelieu et le Parnasse de Louis XIV.
Sur l'un sont les hommes qui tiennent par l'esprit,
par le caractère à la première moitié du siècle ; sur
l'autre ceux qui tiennent à la seconde moitié. Sur l'un
de ces sommets je vois Corneille, et sur l'autre Racine ; les hommes illustres du dix-septième siècle se
rangent autour de ces deux grandes figures ; le temps
me presse, et leur gloire me dispense de les citer
tous. Je ne montrerai ni Molière promenant d'en haut,
sur l'humanité, son œil contemplateur, ni la Fontaine
s'égarant sur les pelouses pour observer les tours de
Jean Lapin, et trouvant à chaque pas, sous les ombrages artificiels de Versailles, la poésie de la nature.
Je ne signalerai que deux de ces hommes : je découvre,
sur la première de ces cimes, et au plus haut, Pascal,
de cette hauteur regardant au plus profond, ayant,
comme il eut, dit-on, toujours, un abîme à ses pieds,
et plongeant un regard épouvanté dans cet abîme.
Voyez-le, messieurs, en présence de ce gouffre qu'il
ne peut s'empêcher de sonder toujours, pris de terreur
et d'une sorte de vertige, tout près d'y tomber ; et
alors se retenant, s'accrochant, si je puis ainsi dire,
au rocher de sa foi.

Sur l'autre cime apparaît une figure tranquille, sereine : c'est la grande figure de Bossuet qui, d'un sommet également élevé mais moins orageux, regarde, lui, non pas l'abîme, mais la marche du genre humain, le voit passer à ses pieds et, à un point de vue qui est le sien, le premier essaye en France la philosophie de l'histoire.

Après ce grand Parnasse du dix-septième siècle, avec sa double cime, on descend ; avant la fin du siècle on commence à descendre, mais on remonte au dix-huitième.

Personne, et vous devez le comprendre à l'accent de mes paroles, personne n'admire plus profondément que moi le dix-septième siècle ; mais je ne puis approuver l'espèce de défaveur qui s'est attachée aujourd'hui au dix-huitième, que l'on prend plaisir à humilier devant les grandeurs de son aîné. Il ne faut rien humilier de ce qui est grand ; et le dix-huitième siècle, malgré ses écarts, malgré ses égarements, a été un grand siècle, un très-grand siècle. Nous le caractériserons donc aussi par une cime ; nous ne mesurerons pas les hauteurs, nous ne calculerons pas géométriquement si elles sont parfaitement égales ; mais nous dirons que c'est aussi un sommet très-élevé. Il est même assez bien habité, et l'on y trouve assez bonne compagnie. Je conviens qu'elle est quelquefois mêlée, et qu'il y a, dans cette région brillante et suspecte, un peu trop de petites maisons et de salons qui leur ressemblent ;

mais il y a des lieux plus respectables dans ce pays
du dix-huitième siècle. Il y a trois châteaux habités
par trois bien grands hommes : c'est Montesquieu
dans son château de la Brède, qui pendant vingt ans
étudie, compare les formes des gouvernements, qui,
avec une admirable impartialité, si rare dans son
siècle, et que l'on ne comprit pas tout d'abord, après
avoir tout comparé, sans parti pris, sans engouement
pour aucun temps ni pour aucune forme sociale, en
pleine connaissance de cause, se décide et conclut,
après Polybe et Aristote, pour la monarchie tempérée.

Dans un autre de ces châteaux, dans le château de
Montbard, c'est Buffon qui de là contemple la nature,
qui décrit, comme on ne l'avait jamais fait avant lui,
les mœurs, la vie, la physionomie des êtres organisés; il pénètre, par son génie qui devance, la science
géologique, il pénètre dans l'intérieur du globe, et
jette les fondements de théories que notre temps a
confirmées : il est donc à la fois un grand esprit
scientifique et un magnifique écrivain.

A la fenêtre du troisième château, qu'on appelle
le château de Ferney, est un vieillard à l'œil perçant,
qui regarde, avec un malin plaisir, les sottises du
genre humain; qui, malheureusement, regardant par
la fenêtre de son château, quelquefois ne voit pas
d'assez près, auquel échappe beaucoup de la réalité
humaine, qui se tient trop à l'écart de la foule, qui

est trop grand seigneur, si je puis parler ainsi, pour bien comprendre l'histoire; Voltaire prend en pitié tous les temps dans lesquels la civilisation ne fut pas aussi raffinée qu'elle l'est dans le cercle où il aime à vivre; par là il est conduit à ignorer et à méconnaître une grande partie des choses humaines. Heureusement, par moments, il ferme sa fenêtre et il va écrire une scène de *Zaïre* ou la *Défense de Calas*.

Il y a au dix-huitième siècle, sur cette montagne où nous nous promenons, comme je vous l'ai promis, en assez bonne compagnie, de château en château, allant de celui de Montesquieu à celui de Buffon, de celui de Buffon à celui de Voltaire, il y a sur cette montagne un homme qui n'a pas de château : c'est Jean-Jacques Rousseau; un peu perdu dans le dédale de la montagne, il s'égare souvent, prend à gauche, mais tend toujours en haut, malgré ses infirmités (et il en avait, de l'âme comme du corps), malgré le poids de la chaleur et des années, malgré des défaillances et des maladies, il marche toujours, marche au soleil, monte, s'élève, et surtout cherche constamment à s'élever et à monter; quelquefois il s'arrête pour cueillir une fleur, la pervenche qu'il aimait, et un instant après met le pied dans un marécage, mais il continue son chemin, marche toujours, monte toujours, et finit par atteindre le sommet de la montagne qu'il a immortalisée, et sur laquelle il a placé, en présence du spectacle des Alpes qui commencent à s'éclairer des premiers feux du soleil, un prêtre prononçant cette magnifique profession de foi du christianisme naturel, qui s'appelle la profession de foi du *Vicaire savoyard.*

Messieurs, cette grande montagne du dix-huitième siècle, un peu, il faut le dire, par la faute de ceux qui l'habitaient, et qui en la cultivant l'ont souvent ébranlée, elle est tombée sur eux, et eux et elle se sont engloutis dans un abîme : cet abîme, c'est la Révolution, qui sépare le dix-huitième siècle du dix-neuvième.

Le dix-neuvième siècle, en France, me paraît avoir droit déjà de prendre sa place parmi les sommets qui s'élèvent et qui dominent la plaine; déjà un grand nombre de noms illustres sont gravés à plusieurs hauteurs. Notre effort à nous tous, hommes du dix-neuvième siècle, doit être de gravir ce sommet qui est devant nous, d'arriver au plus haut possible, et de tâcher, si cela nous est donné, d'aller graver notre nom dans quelque coin de la montagne.

Jusqu'où irons-nous ainsi? La cime de notre montagne est encore dans les nuages ; vers cette cime, bien qu'on soit exposé à être foudroyé de temps en temps par les révolutions et les contre-révolutions, il faut monter, il faut marcher, comme les soldats marchent à l'assaut sous la mitraille. A quelle élévation nous sera-t-il donné d'atteindre? Nous ne pou-

vons le savoir. Nous entrons dans la cinquante-cin-
quième année du dix-neuvième siècle; nous ne
sommes donc guère qu'à la moitié du chemin, et je
ne puis croire que notre siècle ait dit son dernier
mot.

RAPPORT

A L'ACADÉMIE FRANÇAISE

DE CE QUI S'EST PASSÉ LE 18 ET 19 JUILLET 1848, AUX FUNÉRAILLES
DE M. DE CHATEAUBRIAND

Messieurs,

Avant de me rendre à Saint-Malo, j'écrivis à M. le
Secrétaire perpétuel que j'allais dans cette ville, mû
par un sentiment personnel de piété envers la mémoire de M. de Chateaubriand, assister à la cérémonie
funèbre préparée par la reconnaissance et l'admiration de ses compatriotes. J'ajoutais que si l'Académie
voulait bien m'y autoriser, comme ayant l'honneur
d'être son chancelier et comme ayant eu le bonheur
d'être admis durant de longues années, dans l'intimité du grand homme auquel la ville de Saint-Malo

se proposait d'adresser un si éclatant hommage, je serais fier d'élever la voix au nom de l'Académie dans cette mémorable cérémonie, qui était en même temps pour moi un deuil de cœur. A Saint-Malo, je trouvai une lettre de M. le Secrétaire perpétuel, que, malgré l'extrême bienveillance des expressions, je crois devoir reproduire, parce qu'elle constitue mon titre à l'honneur douloureux de vous représenter dans cette triste solennité, et parce qu'elle exprime, avec une rare élévation, les sentiments de l'Académie pour la mémoire de M. de Chateaubriand.

Paris, le 15 juillet 1848

LE SECRÉTAIRE PERPÉTUEL DE L'ACADÉMIE A M. AMPÈRE

Monsieur et cher Confrère,

L'Académie ne s'est pas étonnée que vous ayez prévenu sa désignation pour le pieux devoir qu'il vous appartient de remplir ; elle ne peut, dans le dernier honneur funèbre consacré aux restes mortels de l'homme illustre qu'elle a perdu, être mieux représentée que par vous. Elle vous charge de parler en son nom, et comme son chancelier et comme un de ses plus dignes organes, et comme ayant obtenu l'amitié du grand écrivain dont elle s'est tant honorée. Dans tout ce que vous direz de la gloire immortelle de M. de Chateaubriand et de cette âme généreuse qui vous était si bien connue, notre admiration et nos cœurs sont avec vous.

Agréez, Monsieur et cher confrère, tous mes sentiments de haute considération et d'attachement,

VILLEMAIN.

Ayant reçu cette lettre le 17 juillet, j'en donnai communication à M. le maire de Saint-Malo et à la commission qui, sous sa présidence, s'occupait des apprêts de la cérémonie funèbre.

La commission accueillit avec empressement celui qui se trouvait ainsi chargé de vous représenter. Il fut décidé que dans la journée du lendemain, consacrée à la réception des restes mortels de M. de Chateaubriand, votre chancelier irait avec M. le maire et les autorités de la ville au-devant du cercueil ; que dans la journée suivante, destinée à l'inhumation solennelle, votre chancelier porterait un des cordons du char, et prononcerait, au nom de l'Académie française, un discours immédiatement après que M. Cunat, adjoint, aurait parlé au nom de la ville de Saint-Malo. M. Théry, recteur de l'Académie de Rennes, devait prendre ensuite la parole.

Le 18, à dix heures du matin, le cortége partit de l'hôtel de ville, et alla attendre l'arrivée du char mortuaire sur le *Sillon* : c'est le nom d'une chaussée par

laquelle Saint-Malo tient à la terre ferme. Le profond
attendrissement qui m'a saisi en voyant arriver le
triste convoi était encore augmenté par une circonstance touchante. Dans la première partie de ses
Mémoires, M. de Chateaubriand décrit, avec un grand
charme, les jeux de son enfance sur ce même *Sillon*
qui le revoyait aujourd'hui. Tout près sont encore des
troncs d'arbres plantés dans le sable, et sur lesquels,
avec les compagnons de son âge, il se plaçait pour
voir la lame courir sous ses pieds. Vous compren-
drez, messieurs, ce qu'un tel souvenir et un tel rapprochement offraient de déchirant.

Les restes mortels de M. de Chateaubriand avaient
été conduits, de Paris à Saint-Malo, par son neveu,
M. Louis de Chateaubriand, le curé des Missions-
Étrangères et M. Mandaroux-Vertamy. Un serviteur
dévoué, le fidèle François, les accompagnait. M. le
maire de Saint-Malo a reçu le précieux dépôt, dont
la remise a été suivie de quelques paroles simples et
touchantes du curé des Missions-Étrangères, et d'une
réponse du curé de Saint-Malo. Puis l'on s'est mis en
marche vers la cathédrale, où une chapelle ardente
attendait les restes illustres qui, le jour suivant, devaient être transportés dans leur dernier asile. Le cortége s'avançait entre une haie formée par la garde
nationale et une haie formée par la troupe de ligne,
au milieu d'un saisissement respectueux dont on ne
saurait se faire une idée. Le long des rues et à toutes

les fenêtres se pressait une foule silencieuse et attendrie ; on ne pouvait s'empêcher, à ce spectacle extraordinaire, de se rappeler ces beaux récits de l'antiquité qui nous représentent les cendres d'un grand citoyen, rapportées dans sa patrie au sein du deuil public. Pas une voix, pas le plus léger murmure ne venait troubler la religion de ce silence ; seulement quelques-uns prononçaient le nom de notre vénérable et toujours regretté confrère M. Ballanche, l'harmonieux penseur, dont la douce mémoire sera liée dans l'avenir, comme elle l'est dans nos cœurs, à l'éclatante renommée de l'homme célèbre qui se plaisait à l'appeler son compagnon de route et son vieil ami.

Le cortége arrivé à l'église, la cérémonie de l'absoute s'est accomplie au milieu du même recueillement, et l'on s'est séparé jusqu'au lendemain, jour où les derniers honneurs devaient être rendus au grand homme, sur le rocher que lui-même a choisi pour y placer son tombeau.

Ce rocher, nommé le Grand-Bey, est situé en avant de la ville de Saint-Malo. A la marée haute, il forme une île ; à la marée basse, on peut s'y rendre en marchant sur la plage que les flots viennent d'abandonner. A l'extrémité qui regarde la pleine mer, selon la volonté de l'illustre mort, on a creusé son tombeau dans le granit. Au-dessus du tombeau s'élève une croix massive également en granit. A l'entour on ne voit rien que la mer et le ciel. C'est là qu'ont été déposés, le 19 juillet, les restes de M. de Chateaubriand, au milieu d'un immense concours de spectateurs et avec une pompe que je vais essayer de vous décrire.

Après la messe, pendant laquelle, par une inspiration touchante, on a fait entendre la mélodie sur laquelle M. de Chateaubriand a composé ces paroles si connues :

> Combien j'ai douce souvenance
> Du joli lieu de ma naissance ;

après la messe, le char funéraire, traîné par six chevaux caparaçonnés de noir, a traversé lentement une partie des rues de la ville. C'était le même silence et le même attendrissement que la veille. C'était la même douleur dans les âmes de ceux qui, admis auprès du grand homme, avaient eu le bonheur de l'aimer. Mais quand on est arrivé sur la plage, et qu'on s'est acheminé entre les remparts et la mer vers le rocher funèbre, la magnificence de ce deuil sans pareil et l'incroyable poésie du spectacle, ont un moment voilé la tristesse de la mort sous les pompes de la gloire, et les funérailles ont pris le caractère d'une apothéose chrétienne. Deux longues files de prêtres en surplis serpentaient sur la grève. Les bannières des gardes nationales venues des diverses villes de la Bretagne flottaient aux vents ; les casques resplendissaient au soleil. Le canon tonnait par intervalles. Une foule innombrable couvrait les remparts de Saint-Malo, qui s'élèvent si formidables au-dessus des rochers à pic et de la mer. Tous les récifs, tous les écueils étaient chargés de figures humaines. Des bateaux étaient encombrés de spectateurs, et cette foule immense était dominée par le sentiment commun d'un respect intime pour le génie et pour la gloire : on comprenait que cinquante mille âmes étaient pénétrées d'une même tristesse et comme frappées d'un même coup; que tous les fronts de cette multitude se courbaient sous une impression unanime d'admiration et de douleur. Au pied du Grand-Bey, le cercueil a été enlevé par des marins et porté au sommet à travers un coup de vent qui ressemblait à une tempête. Arrivés à l'extrémité de l'îlot, au lieu de la sépulture impérissable, nous nous sommes trouvés tout à coup dans un grand calme. Là le cercueil a été pieusement déposé dans le roc qui doit le garder à jamais. Les suprêmes prières de l'Église ont été récitées, l'eau bénite a été répandue sur la bière, et s'y est mêlée à nos larmes; puis les trois discours que j'ai indiqués plus haut ont été prononcés au milieu d'une religieuse émotion.

Une réflexion se présentait naturellement à l'esprit pendant cette douloureuse et imposante solennité : c'est que le génie du peintre incomparable y était empreint; que sa puissante imagination avait inspiré la sublimité de ses funérailles, et qu'à lui seul peut-être parmi les hommes, il avait été donné d'ajouter, après sa mort, une page splendide au poëme immortel de sa vie.

DISCOURS DE M. AMPÈRE SUR LA TOMBE DE CHATEAUBRIAND

Messieurs,

L'Académie française ne pouvait être absente de ce deuil solennel, de cet hommage extraordinaire que vous décernez si justement à celui qui fut sa plus grande gloire. Le seul titre qui ait pu me valoir l'honneur d'être désigné par elle pour la représenter parmi vous, quand elle eût pu l'être par des voix plus éloquentes et des noms plus célèbres, c'est la constante affection dont m'a honoré le grand homme que nous pleurons, et le privilége que j'ai eu long-temps d'être admis dans une intimité dont le souvenir, aujourd'hui bien douloureux, sera l'orgueil de ma vie. Depuis vingt années, presque chaque jour, j'ai passé plusieurs heures auprès de M. de Chateaubriand. Sous les auspices d'une amitié qui a le droit d'être rappelée ici, car elle a été fidèle jusqu'à la dernière heure, j'ai eu le bonheur d'admirer de près celui dont la renommée remplissait le monde, et en l'admirant de l'aimer. C'est donc l'homme surtout dans le grand homme que mon humble et pieux hommage ira chercher. On ne saurait d'ailleurs les séparer ; et il me suffira de rappeler brièvement les rares qualités de l'âme et du caractère de M. de Chateaubriand, pour retracer à vos esprits les principaux

traits de son génie, tel qu'il s'est manifesté dans
d'immortels ouvrages ; car ces ouvrages n'étaient que
le splendide reflet de lui-même. Pour les plus grands
écrivains comme pour tous les hommes, les facultés
morales sont le principe et la raison de leurs œuvres.

M. de Chateaubriand adorait, après Dieu, trois choses : l'honneur, la liberté et la France.

La religion revendique la première part dans la
gloire littéraire de M. de Chateaubriand. Est-il besoin
de dire que l'auteur du *Génie du Christianisme*, des
Martyrs, de l'*Itinéraire*, était chrétien et catholique,
catholique sincère? Encore plus convaincu par le
cœur que par le raisonnement, il avait *cru parce qu'il
avait pleuré*. Je crois, disait-il, les yeux fermés. La foi
de ce beau génie, c'était la foi naïve de son enfance
et de sa mère. Le grand apologiste du christianisme
disait encore, je l'ai entendu de sa bouche, qu'il eût
été martyr avec joie.

On n'en saurait douter ; car nul ne fut plus disposé
à s'immoler lui-même pour demeurer fidèle à un principe; nul ne fut plus prompt à signer ses discours
d'un acte ou d'un péril.

J'en atteste les nombreux sacrifices qu'il a faits au
second culte de sa vie, l'honneur, cet honneur qui
était l'essence de son être moral, et dont la tradition
se conserve dans une famille où il fut toujours héré-
ditaire. Quand il faut prendre un parti, disait M. de
Chateaubriand, *un mouvement d'honneur me pousse*.

Ce fut ce mouvement généreux qui le poussa du sein des forêts américaines dans les camps, qui lui fit répondre par une démission hardie au meurtre du duc d'Enghien ; et, plus tard, par une autre démission à la nomination d'un ministère funeste. Après les journées de 1830, pendant lesquelles les vainqueurs l'avaient porté en triomphe, ce fut encore l'honneur qui lui fit une loi de renoncer à tout, dignités, fortune, influence politique. Enchaîné par le respect du serment bien plus que séduit par les illusions de l'espérance, isolé dans son indépendance et sa fidélité, il conserva le respect unanime des partis qui connaissent si peu le respect. Il put, privilége non moins rare, se respecter lui-même jusqu'au bout ; et quand les années pesèrent sur sa tête, les années seules inclinèrent ce front sans tache et sans peur, qui ne s'était baissé devant aucune tyrannie.

C'est que la liberté n'était pas seulement pour lui une théorie approuvée par sa raison, c'était un instinct de sa noble nature, ennemie de la contrainte et incompatible avec la servitude. Soutenu par cet énergique instinct dans les temps les plus difficiles, le royaliste de 1814 consacra la plume la plus puissante de son siècle à défendre la liberté de la presse ; il fit plus, ministre il la respecta. Le royaliste de 1830, en se sacrifiant au principe qu'une dynastie représentait, eut le droit de flétrir ceux qui l'avaient perdue malgré ses conseils. J'étais auprès de lui à

Dieppe quand il apprit la publication des criminelles ordonnances de juillet. J'entends encore l'accent indigné de ses paroles foudroyantes ; je le vois, sublime de colère, en face de cette mer qui nous écoute, tandis qu'un magnifique soleil couchant, qu'il ne pouvait même dans ce moment s'empêcher de contempler en poëte, illuminait sa noble figure et resplendissait comme une auréole autour de son front irrité.

La France, qui dans ses annales compte peu d'enfants dont elle soit aussi fière, n'en eut jamais de plus dévoués. En parlant de la France, la voix de M. de Chateaubriand prenait un accent tout particulier, plein d'émotion et de fierté. Il révérait toutes les grandeurs de notre histoire. L'ancien drapeau était son drapeau. Mais il reconnaissait avec admiration la vieille vaillance française rajeunie sous l'étendard tricolore. Tout ce qui a donné de l'éclat à notre pays, attirait sa sympathie ou obtenait sa justice. Dans les *Mémoires* qui sont datés et qui semblent écrits d'*outre-tombe*, ouvrage prodigieux que la mort va publier, on verra que si Napoléon, puissant et absolu, eut dans M. de Chateaubriand un ennemi courageux, un ennemi passionné quand la lutte durait encore, l'ardent adversaire de l'empire, apaisé par le temps et surtout désarmé par le malheur, a trouvé des paroles d'un magnifique attendrissement sur le grand vaincu de Waterloo et le grand captif de Sainte-Hélène.

Il ne serait pas difficile de signaler dans les com-

positions littéraires de M. de Chateaubriand l'empreinte des sentiments de religion, d'honneur, de
liberté, de patriotisme que sa vie vient de nous
montrer; mais ce n'est ici ni le temps ni le lieu de
se livrer à de semblables rapprochements. J'ajouterai
seulement qu'à côté des rapports par lesquels l'homme
tenait à l'écrivain, il existait entre eux un contraste,
et ce contraste était plein de charme.

M. de Chateaubriand n'apportait dans la vie habituelle rien de la solennité de son style et du caractère
souvent sombre de ses écrits. Le génie rêveur du
chantre des ruines faisait place à un esprit net, lu-
cide, très-sensé et même assez positif, doué en un
mot des meilleures qualités de l'esprit français. Son
langage qui, comme ses manières, était d'une extrême
élégance, était aussi d'une extrême simplicité. La mélancolie de *René* demeurait reléguée dans les hautes
régions de sa fantaisie, peut-être se cachait-elle dans
les secrètes profondeurs de son âme, mais elle ne
troublait jamais l'agrément de son commerce. Ceux
qui arrivaient jusqu'à M. de Chateaubriand après avoir
traversé ses ouvrages et franchi pour ainsi dire, son
éblouissante renommée, étaient émerveillés de trouver chez lui une gaieté douce, une facilité charmante,
une aimable sérénité. Celle-ci était de la force, car elle
n'a été troublée ni par les atteintes de la douleur ni
par les approches de la mort.

Elle est venue, hélas! cette mort qu'il avait sou-

vent bravée, et dont la pensée toujours familière, était
pour lui comme un rêve de prédilection. La respec-
table compagne de sa vie, en le devançant, avait semblé lui présager une fin prochaine. Sa vigoureuse
vieillesse s'est brisée par degrés. A mesure qu'il approchait du terme fatal, il a paru se recueillir et se
retirer en lui-même, dans la triste majesté d'un silence qui semblait une anticipation du silence de la
tombe ; il était loin de demeurer étranger à ce qui
se passait autour de lui. Je l'ai vu sortir tout à coup
de ce silence pour s'indigner d'une apologie de *la
Terreur* qu'on avait osé faire devant lui. Tout ce qui
était religion, dévouement, vaillance l'émouvait. Dans
les derniers jours de sa vie il a versé des larmes, ses
dernières larmes, en apprenant la mort héroïque de
l'archevêque de Paris, et en entendant raconter les
exploits d'un jeune courage [1]. Ces émotions faisaient
vibrer son âme muette, pardonnez-moi ce souvenir
celtique en parlant du dernier barde breton, comme
les brises qui venaient du champ de bataille faisaient
vibrer la harpe silencieuse d'Ossian, suspendue dans
les salles abandonnées de Témora.

Un mot que je viens de prononcer me rappelle ce
qui ne saurait être oublié ici. Si M. de Chateaubriand
réunissait la foi du chrétien, l'honneur du chevalier,
le patriotisme du citoyen, s'il eut toujours le cœur

---

[1] La belle conduite de M. Jules de Noailles pendant les journées de
juin.

français, il fut aussi le type achevé du Breton, loyal,
sincère, indépendant, un peu sauvage. Aussi la Bretagne lui demeura constamment chère. Elle était liée
aux souvenirs de son enfance, aux rêveries de sa jeunesse, aux créations de sa muse. Dans les bois de
Combourg il vécut de la vie de René; sur les rochers
brumeux de l'Armorique lui apparut le gracieux fantôme de Velléda. Enfin, preuve suprême de son attachement pour la Bretagne, et en particulier pour
votre ville, pour cette énergique cité, dans laquelle,
à son aspect plein d'une poésie sévère, sur ces rochers au milieu des flots, on reconnaîtrait tout d'a-
bord le berceau de Chateaubriand, il vous a légué son
tombeau.

Qu'il dorme donc, le glorieux mort, dans l'asile
qu'il s'est choisi vivant, sous la croix qu'il a relevée,
au bruit des vagues natales et de la mer qu'il aimait,
aux accents de la voix de ses compatriotes, sur le
rocher malouin, qui dans l'avenir s'appellera l'*îlot de
Chateaubriand*. Ce rocher de granit existait avant les
derniers bouleversements qui ont détourné le cours
de nos fleuves, élevé les cimes de nos montagnes,
changé la forme de nos continents. Quand des révolutions d'un autre ordre auront changé le cours de
nos idées, fait surgir des sociétés nouvelles, modifié
les formes de la pensée humaine, ce rocher, contemporain des plus anciens âges du monde, subsistera
sans doute et conservera son précieux dépôt; mais ce

dont je suis encore mieux assuré, le nom de Chateaubriand, plus indestructible que le granit de vos rivages, s'élèvera au-dessus de cette grande marée de siècles qui monte incessamment derrière nous, et qui, sous son niveau toujours croissant, engloutit chaque jour un nouveau sommet du passé dans le déluge de l'oubli. Nous pouvons le dire hardiment, et c'est la seule consolation terrestre que notre douleur puisse accepter, cette vie des grands hommes dans laquelle M. de Chateaubriand vient d'entrer après une des carrières les plus belles, les plus complètes et les plus pures ; cette vie de gloire qui commence pour lui en même temps qu'une autre immortalité saluée d'ici-bas par nos hommages, nos prières et nos larmes, elle ne finira point avant que notre planète même soit brisée, ou que les derniers pas de l'homme soient effacés de la terre.

PORT-ROYAL

PAR M. SAINTE-BEUVE — (1842)

Le succès du dernier ouvrage de M. Sainte-Beuve
est désormais établi et assuré. Il ne s'agit plus d'an-
noncer au public un livre que le public a goûté. Les
deux volumes qui ont paru garantissent ce qu'on doit
espérer des deux [1] que l'on attend. La critique n'a plus
qu'à traiter, dans son propre intérêt, avec l'attention
dont il est digne, un ouvrage qui restera.

L'un des grands charmes de cet ouvrage naît du
charme que le sujet a exercé sur l'auteur. M. Sainte-
Beuve aime Port-Royal et le fait aimer. Il tient ce qu'il
a promis dès les premières lignes en disant : « On se
mettra du cloître, on se fera de la famille Arnaud. »

[1] L'ouvrage complet est en cinq volumes.

En effet, il est du cloître, il appelle Philippe de Champaigne *notre peintre ordinaire*. Comme il a vécu, senti, conversé avec ses personnages! De quel cœur il souffre avec eux, et de quel air il triomphe! La journée du guichet a été une des rudes journées de sa vie. Il semble avoir prié et pleuré avec ferveur au convoi de M. de Saint-Cyran et à la prise d'habit de mademoiselle Lancelot.

De cette sympathie passionnée pour son sujet résulte une connaissance intime, profonde, des saints hommes et des pieuses femmes parmi lesquels il nous fait vivre avec lui. « On ne comprend que ce qu'on aime, » a-t-il dit; oui, il fallait aimer autant Port-Royal pour le comprendre si bien.

Aussi, comme tous les personnages de ce drame sévère, qui a le cloître pour théâtre, et qui laisse voir au fond de la scène le grand siècle en perspective; comme tous ces personnages, directeurs, abbesses, simples religieuses, obscurs solitaires, jusqu'aux plus humbles serviteurs, sont dessinés d'un crayon fidèle! comme tous ces portraits sont vivants et respirent! quelles nuances délicates les distinguent! quelles oppositions senties les séparent!

Mais la sympathie ne suffit pas, il faut encore la science; c'est par une étude minutieuse de son sujet, par une investigation patiente et sérieuse, unie à une imagination merveilleusement flexible, et à l'un des esprits les plus vifs et les plus ingénieux de ce temps, que M. Sainte-Beuve est parvenu à recueillir et à ranimer toutes ces individualités si diverses. Il dit avec beaucoup de raison : « C'est toujours du plus près possible qu'il faut regarder les hommes et les choses. Rien n'existe définitivement qu'en soi. Ce qu'on voit de loin et en gros, en grand même, si l'on veut, peut être bien saisi, mais peut l'être mal. On n'est très-sûr que de ce qu'on voit de très-près. » Aussi ne reste-t-il jamais dans ce vague commode aux esprits superficiels et tranchants; il ne se contente pas de caractériser ses personnages par quelques désignations judicieusement appropriées en les ramenant à divers types que chacun représente admirablement; il s'approche d'eux, il porte le flambeau sous leur visage et en dessine exactement tous les traits; ou plutôt, méthode encore plus rare, il les laisse se peindre eux-mêmes; et, grâce à un procédé qui, à quelques égards, ressemble à celui du daguerréotype, on voit ces figures, éclairées par la lumière qu'il fait tomber sur elles, reproduire leur image fidèle sur une planche de fin acier qui miroite un peu. Regardez l'image à la loupe, vous y trouverez toujours de nouveaux traits, de nouveaux détails. M. Sainte-Beuve ne s'en tient pas là, il a devancé l'invention qu'on attend encore : son daguerréotype reproduit avec le trait la couleur.

Mais cette comparaison, même en l'élargissant autant qu'on voudra, sera toujours loin d'exprimer le procédé multiple de M. Sainte-Beuve. Non-seulement il peint, mais il conte, il juge à merveille. Que de récits attendrissants! que d'aperçus qui, à force d'être fins, deviennent profonds, semblables à ces ingénieux instruments qui, par leur ténuité même, plongent bien avant dans le sol, et vont chercher les sources jaillissantes! Ici c'est la biographie attachante d'un personnage presque ignoré; là c'est la spirituelle analyse d'un livre que vous n'auriez pas lu. Des anecdotes qu'on retient, de la théologie que l'on comprend, de la morale qu'on écoute parce qu'elle est sincère, de la critique littéraire à la fois sérieuse et animée, voilà ce qu'on trouve à chaque page dans ce livre solide et charmant.

Et ce n'est pas seulement un livre plein de fine érudition et d'appréciations délicates; c'est un livre de bonne foi. L'auteur cherche sincèrement la vérité, la vérité historique d'abord, puis la vérité morale. Il a des sympathies, mais ces sympathies sont éclairées. Il n'a pas de ces partis pris qui rebutent. Peut-être il aime trop Port-Royal, et surtout il déteste, je crois, trop ses ennemis. Mais comment vivre longtemps avec ces hommes *aux haines vigoureuses* sans partager un peu leurs inimitiés? Du moins, tout passionné qu'il est, il s'efforce sans cesse d'être juste.

Bien qu'il se soit fait de la famille Arnauld, il n'en est pas jusqu'à ne point démêler avec une sagacité très-impartiale les petits artifices mondains dont elle usa en diverses rencontres, notamment quand M. Arnauld le père se permit de faire passer à Rome la jeune abbesse de Port-Royal, qui devait être un jour la glorieuse mère Angélique, pour âgée de quinze ans, tandis qu'en réalité elle avait cinq ans et demi. — Sa tendre adoration pour le bon évêque de Genève ne l'a pas empêché de relever l'intolérance de ses trop politiques et trop peu charitables conseils au duc de Savoie dans l'affaire de la conversion du Chablais. — D'autre part, après avoir sévèrement mis en relief l'épicurisme négatif de Montaigne, dans une note, il fait en partie à l'aimable sceptique une réparation gracieuse. Il ne veut pas être le champion d'une thèse ou d'un parti : il veut rester dans le juste et dans le vrai. J'honore cette équité consciencieuse, si rare aujourd'hui.

Avec son imagination sympathique jusqu'à l'émotion, M. Sainte-Beuve eût pu facilement se persuader qu'il était tout à fait de Port-Royal, et descendre de l'indépendance de l'histoire à la servitude du plaidoyer. Je lui sais gré de ne l'avoir point fait.

Si quelqu'un trouvait que la composition manque un peu de sévérité, de régularité, de juste proportion, j'ajournerais toute critique définitive jusqu'à l'entier achèvement de l'œuvre, et, en attendant, je dirais que M. Sainte-Beuve n'a pas intitulé son livre *Histoire de Port-Royal*, mais *Port-Royal*. Ce n'est pas une chronique de monastère, enregistrant année par année les obits des recluses et des solitaires ; c'est plutôt comme un voyage, comme un séjour dans ce cloître pieux et savant, humble et célèbre. L'auteur, en cela semblable

à quelques gens du monde, à quelques beaux esprits
du dix-septième siècle, y va faire des retraites ; il est
édifié, touché ; l'esprit du lieu le pénètre et l'atten-
drit ; mais il ne s'est pas engagé par les vœux redoutables. Il admire, mais il réfléchit ; il discute, il est
du siècle. Quelquefois même il ouvre la fenêtre de sa
cellule, et regarde du côté de la cour, de la ville, du
théâtre. Il voit passer de loin Corneille, Rotrou, Balzac, Montaigne, mademoiselle Hamilton, que sais-je ?
Alors ce n'est plus seulement la fenêtre qu'il ouvre,
c'est la porte, et le voilà parti. Il reviendra faire pénitence à Port-Royal avec les in-folios de Jansénius, mais
pas tout de suite ; il faut qu'il cause un peu à loisir
avec ces poëtes, ces beaux esprits, ces belles dames.
Sous prétexte d'y retrouver *la journée du guichet*, il
ira entendre *Polyeucte*. *Polyeucte* l'entraînera à *Saint-
Genest*. L'auteur des *Essais*, qui aime l'esprit, gardera
longtemps dans son château de Montaigne un pareil
hôte. L'hôte s'y oubliera un peu. Patience, nous le retrouverons recueillant avec respect les paroles de M. de
Saint-Cyran, ou agenouillé au lit de mort de M. de
Sacy. M. Arnauld, qui n'est pas coulant sur l'article de
la pénitence, froncera le sourcil avant de lui accorder
l'absolution. Mais parmi tous *ces messieurs*, si jansé-
nistes qu'ils soient, personne n'aura le courage de le
damner.

Pour ma part, je regretterais fort ces digressions
motivées, car elles forment une des parties les plus

intéressantes de l'ouvrage. A-t-on jamais mieux apprécié que ne le fait M. Sainte-Beuve Balzac, l'homme-
phrase, comme Malherbe fut l'homme-vers : Balzac,
chez lequel on ne peut jamais surprendre une convic-
tion sérieuse, une émotion vraie ; qui écrit pour écrire,
et ne se sert de l'idée que pour porter l'échafaudage
de ses paroles ; pour qui la religion, la morale, la politique, sont des occasions de bien dire, et, si l'on me
passe l'expression, comme des mannequins sur lesquels il essaye la draperie savante et la broderie cu-
rieusement travaillée du langage ? Peut-on mieux
peindre l'empire de la métaphore sur un esprit et
l'idolâtrie de la figure de rhétorique que par cette précieuse anecdote, si bien racontée chez M. Sainte-
Beuve ?

« Un jour, comme, en présence de Balzac, M. de Saint-
Cyran vint à toucher certaines vérités et à les développer avec force, Balzac, attentif à tirer de là quelque
belle parole pour l'enchâsser plus tard dans ses pages,
ne put s'empêcher de s'écrier : « Cela est merveilleux ! » se contentant d'admirer sans rien s'appliquer. M. de Saint-Cyran, un peu impatienté, lui dit
très-ingénieusement : « M. de Balzac est comme un
homme qui serait devant un beau miroir (je remarque que l'épithète manquait un peu de modestie) d'où
il verrait une tache sur son visage, et qui se conten-
terait d'admirer la beauté du miroir sans ôter la tache
qu'il lui aurait fait voir. » Mais là-dessus Balzac, plus

émerveillé que jamais, et oubliant derechef la leçon
pour ne voir que la façon, s'écria encore plus fort :
« Ah ! voilà qui est plus merveilleux que tout le reste. »
Sur quoi M. de Saint-Cyran, malgré lui, se prit à
rire. »

On voit que les excursions littéraires de M. Sainte-
Beuve ne l'écartent pas tellement de son sujet principal qu'il n'y rentre heureusement. La solidité de M. de
Saint-Cyran rend plus sensible ce qu'il y a de creux
dans le talent de Balzac, comme on apprécie mieux la
légèreté d'une vessie remplie de vent si on la voit tomber à côté d'une masse de plomb.

Il en est de même de Montaigne. Il fallait peut-être
se placer une fois à ce point de vue extrême dans lequel la nature humaine est haïssable, pour sentir vivement et faire sentir que Montaigne est, comme le dit
M. Sainte-Beuve, non pas un système de philosophie,
non pas même avant tout un sceptique, un pyrrhonien,
mais tout simplement la nature, *la nature au complet
sans la grâce.* Je ne connais rien de plus ingénieux
que ce long morceau sur Montaigne jeté là comme un
contraste au milieu de l'histoire de Port-Royal. On eût
pu croire qu'il restait peu à dire sur Montaigne; s'il
se fût agi de tracer son éloge, cet éloge était fait de
main de maître : M. Villemain y avait merveilleusement réussi dans un écrit de sa première jeunesse,
qui annonçait déjà la haute portée d'esprit manifestée
depuis tant de fois et avec tant d'éclat. M. V. Leclerc,

cet érudit qui est aussi un écrivain, avait dignement apprécié les mérites du philosophe gascon dans une analyse approfondie; il restait à faire non plus l'éloge de Montaigne, mais son procès; cette tâche appartenait de droit à l'historien de Port-Royal : M. Sainte-Beuve l'a parfaitement remplie.

En l'absolvant de ces écarts apparents, je reprocherai à M. Sainte-Beuve quelques rapprochements un peu forcés et inopportuns. La mère Angélique disant aux dragons qui venaient l'enlever de l'abbaye de Maubuisson, qu'elle ne sortirait point si on ne la faisait sortir de force, et qu'en ce cas seulement elle pouvait être excusée devant Dieu, ne rappelle guère la protestation foudroyante de Mirabeau. Quelques personnes n'ont pas goûté le rapprochement de la sœur Anne-Eugénie et de Lélia. Ce nom rappelle un des plus grands talents de notre époque; mais, tombant ainsi au milieu de Port-Royal, il fait un bruit pareil à celui d'une explosion soudaine et terrible; on croit voir les sœurs se boucher les oreilles et s'enfuir avec de grands signes de croix. Un autre nom, un nom dont il faut laisser la superstition aux admirateurs de l'immoralité habile, celui de M. de Talleyrand, vient deux fois sans motif sous la plume généreuse de M. Sainte-Beuve; selon moi, c'est deux fois de trop.

Sans parler de l'exactitude très-contestable de ces rapprochements, tous ont un inconvénient réel, même les plus heureux : c'est de ne pouvoir être bien saisis

que par les contemporains de l'auteur. Si M. Sainte-
Beuve voulait m'en croire, il effacerait ces détails, qui
s'adressent à notre génération, d'un monument fait
pour lui survivre.

Je reprocherai aussi au spirituel écrivain des rapprochements d'un autre genre, et encore plus arbitraires. Qu'importe que le nom de guerre adopté par
Pascal dans les *Lettres à un provincial*, *Montalte*, ressemble à celui de Montesquieu, auteur des *Lettres persanes*, à celui de Montaigne, et à un pseudonyme
adopté par M. de Maistre? C'est jouer avec les mots,
et ce jeu me semble peu digne d'un esprit aussi élevé
et d'un sujet aussi sérieux.

J'en ai fini avec les chicanes de détail. Ce qui suit
n'est point une critique, c'est la discussion de quelques
idées que m'a suggérées l'étude de Port-Royal et de
M. de Saint-Cyran en particulier, et que je soumets
à M. Sainte-Beuve. L'honneur lui en est dû; il a si bien
ressuscité ses pieux héros, qu'après l'avoir lu, on croit
les avoir connus. Je lui demande donc la permission
d'en causer avec lui comme d'amis communs dont
nous examinerions la physionomie morale, le caractère, en nous promenant sous les marronniers du
Luxembourg ou sous les ombrages d'Aulnay.

La réforme de l'abbaye de Port-Royal, si heureusement accomplie par la jeune mère Angélique, et
l'association des saints solitaires qui se réunirent à
l'ombre de l'abbaye réformée, sont rapportées très-

judicieusement par M. Sainte-Beuve à ce grand et admirable mouvement de régénération religieuse que l'Église catholique produisit partout à la fois dans son propre sein, et qu'elle opposa vaillamment aux terribles atteintes de la régénération protestante. En effet, la même inspiration qui a suscité Ignace de Loyola et sainte Thérèse en Espagne, saint Philippe de Néri et saint Charles Borromée en Italie; en France, Bérulle, fondateur de l'Oratoire; Ollier et Bourdoise, fondateurs des séminaires; saint Vincent de Paul, fondateur de la congrégation des Missions et des sœurs de Charité, a enfanté Port-Royal. Port-Royal a été animé en toutes choses d'un esprit de renouvellement; retour à la simplicité du christianisme primitif dans la pratique, à la pureté du dogme fondamental de la grâce tel qu'il croyait le lire dans saint Paul et saint Augustin : tel a été le but de ses efforts et de ses combats. Il recommence dans la vallée de Chevreuse les scènes de la Thébaïde; il a son saint Augustin dans l'abbé de Saint-Cyran, son Athanase dans Arnauld; il a ses persécutions et presque ses martyrs; comme le christianisme des premiers siècles, il étonne le monde par la foi, la science et l'austérité.

Tout homme équitable doit rendre à Port-Royal cette justice que M. Sainte-Beuve lui a rendue. Mais, en même temps que Port-Royal a été pénétré de ce pur esprit de christianisme qui animait pareillement les réformes et les fondations dont j'ai nommé tout à l'heure les principaux auteurs, Port-Royal a eu son caractère propre ; certaines idées particulières l'ont marqué de leur sceau. Port-Royal est une communauté chrétienne réformée, et, sous ce rapport, il rentre dans le mouvement général de réformation catholique, dont il offre un des résultats les plus célèbres ; mais ce qui le distingue et le caractérise, ce qui a fait, en un mot, que Port-Royal a été Port-Royal, c'est le jansénisme. M. Sainte-Beuve répond que Port-Royal et le jansénisme ne sont pas tout à fait ni toujours la même chose. Pas tout à fait et surtout pas toujours, non, sans doute ; car, grâce au ciel, Port-Royal a été enterré sous ses ruines avant de voir les convulsionnaires succédant au grand Arnauld et à Nicole, et le jansénisme tombé de Pascal au diacre Pâris. Mais, depuis le premier jour, Port-Royal a été profondément janséniste dans le sens élevé et sérieux du mot, c'est-à-dire qu'il a été dominé par certaines idées dogmatiques, qu'il a envisagé le christianisme sous un certain aspect auquel on a donné le nom de jansénisme. Or cette religion formidable a exercé la plus grande action sur les hommes de Port-Royal, elle a donné aux pensées de ces hommes leur forme et à leur génie sa couleur ; elle a trempé leurs caractères et raidi leurs âmes ; elle a fait leurs vertus et leurs égarements. Pour moi, le génie, la destinée, tout, jusqu'au style de Port-Royal, était contenu dans quelques lignes de Jansénius et de Saint-Cyran.

Or, le jansénisme ainsi entendu, le caractère triste
et violent qu'il a communiqué à Port-Royal, c'est là ce
que je ne trouve peut-être pas assez marqué dans le
tableau, du reste si fidèle, que M. Sainte-Beuve nous
a donné. Je le remarque surtout en ce qui concerne
Saint-Cyran.

On peut dire que M. Sainte-Beuve a retrouvé Saint-
Cyran ; il a eu parfaitement raison d'insister sur le
rôle de ce personnage ; je pense comme lui que ce
rôle fut décisif pour Port-Royal. Saint-Cyran, le Ly-
curgue de cette Sparte chrétienne, n'avait pas été
placé à sa véritable hauteur, depuis Richelieu, qui, lui
aussi, avait compris la valeur de cet homme plus redoutable, disait-il, que six armées ; de Richelieu, qui,
ne pouvant le plier à ses fins, lui avait fait l'honneur
de le persécuter parce qu'il le craignait, et lui avait
rendu justice à sa manière en l'envoyant à Vincennes.
Mais plus l'abbé de Saint-Cyran fut un personnage important dans le drame qui se joua à Port-Royal, plus
son caractère a eu d'influence sur les autres caractères et sur la marche générale de l'action, plus il importe de le bien connaître, de le saisir dans son entier,
sans rien retrancher et rien atténuer de ce qui le constitue.

Or, il me semble que M. Sainte-Beuve, distrait quelquefois par sa prédilection, a détourné les yeux de
certains côtés, peu aimables il est vrai, de cette nature, mais qui concourent à la caractériser.

Le dirai-je? M. Sainte-Beuve me paraît avoir un peu trop écouté le bon Lancelot, qui, dans ses mémoires sur M. de Saint-Cyran, le montre tel qu'il le voyait lui-même, sous un jour adouci et pour ainsi dire à travers son âme à lui, sa belle âme toute remplie d'onction et de tendresse. Si nous interrogeons sur M. de Saint-Cyran, non pas son candide et affectueux disciple, mais M. de Saint-Cyran lui-même, tel qu'il se montre dans ses livres et dans ses lettres, il s'échappera de ce cœur impétueux et sincère des accents plus rudes; nous aurons le spectacle de ce contraste qui a dominé Port-Royal, la rigueur du jansénisme se mêlant à la mansuétude chrétienne; car l'âpre esprit du jansénisme remonte à Saint-Cyran : comme on marque les troupeaux avec un fer ardent, le fer ardent de sa parole a marqué son fier troupeau d'une noire empreinte.

En effet, ainsi qu'on le voit très-clairement dans le livre de M. Sainte-Beuve, il n'y a nulle raison d'attribuer la création du jansénisme à Jansénius plutôt qu'à Saint-Cyran. On pourrait appeler tout aussi bien cette doctrine le saint-cyranisme. Elle fut extraite de saint Augustin par les efforts communs des deux amis, pendant les cinq années qu'ils passèrent ensemble à Bayonne, dans la maison de Saint-Cyran. L'ardeur paraît avoir été surtout du côté de celui-ci. Sa fougue méridionale excitait le flegme germanique de ce bon Flamand *qu'il tuerait à force de le faire étudier*, disait madame Du-

vergier de Hauranne la mère. Le Flamand retourna
en Flandre et, sans rien dire, travailla durant vingt-
cinq ans à coordonner toutes les parties du système, à
charger et bourrer lentement ce canon in-folio sur lequel il avait gravé *Augustinus*, et qui devait faire,
après sa mort, une si formidable explosion. A lui le
travail silencieux, patient, la déduction méthodique,
l'enchaînement laborieux des principes et des conséquences; à son ardent ami l'impatience toute française
et toute méridionale de répandre sa doctrine dans les
âmes par des conversations, des lettres, surtout par
ses exhortations spirituelles, en qualité de directeur
des âmes; or, dès 1636, il était celui de Lancelot, de
Lemaistre, d'Arnauld, de la mère Angélique.

Quand le livre de Jansénius parut, depuis sept ans
Saint-Cyran infusait, pour ainsi dire, dans Port-Royal
ce sombre christianisme qui, poussant à ses dernières
limites le dogme de la chute, refuse tout à la volonté
de l'homme pour tout accorder à la grâce de Dieu,
appuie avec complaisance sur tous les points terribles,
le petit nombre des élus, la damnation des enfants
morts sans baptême, l'inutilité des vertus païennes,
foule aux pieds, avec une sorte de fureur, le moi humain et le prosterne épouvanté devant l'impénétrable
volonté de Dieu, qui a prédestiné la grande majorité
des hommes à des tourments éternels, exceptant seulement quelques graciés de l'universel supplice.
Ces opinions, auxquelles Jansénius devait attacher

son nom, avant de le porter, étaient celles de Saint-Cyran et de Port-Royal. Il faut donc s'en bien pénétrer pour comprendre l'un et l'autre, et peut-être ne les sent-on pas toujours chez M. Sainte-Beuve aussi présentes à ces grands et tristes génies qu'elles le furent en effet.

En outre, Saint-Cyran y était comme prédisposé par une humeur âpre et farouche, que l'esprit de l'Évangile, se faisant jour à travers saint Augustin, finit par adoucir ou plutôt amortir, mais qui déborde avec violence dans ses premiers écrits, dans le *Petrus Aurelius* (si toutefois ce livre lui appartient), et surtout dans la réfutation de la *Somme théologique du père Garasse*, réfutation dont il est bien certainement l'auteur.

Ce père Garasse, jésuite, était un théologien grotesque et facétieux; vrai personnage des *Provinciales*. Après avoir débuté par de violentes attaques contre les esprits forts, il avait osé, sans être un saint Thomas, publier une Somme théologique remplie de propositions singulières et d'expressions hétéroclites comme celle-ci : « Dans Jésus-Christ, la personnalité humaine a été *mise à cheval* sur la divinité du Verbe. » Ce pauvre homme, sur lequel, depuis Saint-Cyran jusqu'à Bayle et Voltaire, on a fait pleuvoir le ridicule, et qui le méritait, mourut, il faut le confesser, en saint et en héros. Relégué à Poitiers, dans une peste, dit M. Sainte-Beuve, qui n'est pas suspect en louant un ennemi de Saint-Cyran, il demanda à ses supérieurs la faveur de soigner les malades, et mourut, frappé lui-même, au lit d'honneur.

Une telle mort rachète beaucoup de citations fausses et de méchants arguments. Elle me fait trouver encore plus dure et plus amère la polémique acharnée de Saint-Cyran.

La réfutation de la *Somme théologique du père Garasse* est appelée par Lancelot une des plus belles pièces et des plus savantes qui jusque-là eussent paru dans notre langue[1]. Peut-être le doux néophyte ne l'avait pas lue. Ce qu'il y a de certain, c'est qu'elle ne se recommande ni par la modération du langage ni par la charité des sentiments.

Dans la dédicace qu'il adresse au cardinal de Richelieu, l'auteur de la réfutation caractérise ainsi l'ouvrage qu'il a entrepris de réfuter : « Ce livre n'est qu'un *égout d'erreurs* et une monstrueuse confection, pour le dire ainsi, de conceptions si égarées et extravagantes, qu'elles passent jusqu'à la ruine des principales vérités de la religion. » — Plus loin, Saint-Cyran appelle le livre fort ridicule et fort innocent du père Garasse « un monstre plus épouvantable en fait de livres que les plus énormes qui aient jamais été produits en matière d'animaux aux plus grandes chaleurs de l'été en la Libye. »

Ce qui est pis que ces aménités de la polémique, c'est d'inculper sans cesse les intentions d'un adver-

___
[1] *Mémoires* de Lancelot, t. II, p. 114.

saire étourdi, mais honnête; de lui dire, par exemple :
« Ce n'a pas été par hastiveté ou ignorance que vous
avez perverti le texte d'Origène, mais à dessein et à
escient. »

Il ne faut pas croire qu'après cette première fougue,
M. de Saint-Cyran se calme et se modère en avançant;
car je lis dans le second volume de la réfutation (elle
en a deux et devait en avoir quatre) :

« Garasse est toujours Garasse, c'est-à-dire qu'il est
toujours semblable à lui-même en inepties, en impostures, qui vont tellement en croissant, que les dernières surpassent les premières. »

N'en peut-on pas dire autant de la colère et des injures que lui adresse son pieux adversaire? Celui-ci,
perdant toute retenue, va jusqu'à s'écrier : « J'ai peur
qu'on aura besoin de chaînes pour vous attacher, tant
est grande la furie qui vous prend. »

Vraiment j'en suis bien fâché; mais, s'il y a ici un
furieux, ce n'est pas le pauvre jésuite.

Parce qu'il s'est *trompé de page* en citant saint Thomas, Saint-Cyran s'écriera : « L'extrême passion que
vous avez d'acquérir la réputation d'habile homme
vous faisant entrer en désespoir d'y parvenir par la
droite voie, qui est celle de la vraie science et de la
solide vertu, vous fait quant et quant chercher les
moyens d'en venir à bout par une poltronnerie into-
lérable, en commettant mille impostures et falsifi-
cations sur les auteurs que vous alléguez. »

Enfin le grave, l'austère Saint-Cyran, qui, selon Lancelot, s'était interdit toute raillerie, et dont M. Sainte-Beuve a dit : *jamais moqueur;* Saint-Cyran, si grave, gagné par la bouffonnerie de son adversaire, la dépasse encore dans cette mémorable controverse sur le rhinocéros. — Le père Garasse avait dit avec son bon goût et son bon sens ordinaires : « Aristote a très-sagement remarqué au second livre des Animaux que le plus lourd animal du monde est le plus moqueur, savoir le rhinocéros. Il n'y a pièce sur son corps qui n'apprêtât à faire des farces, tant il est hideux et contrefait, et néanmoins c'est celui-là qui se moque des autres. » Saint-Cyran répond : Dans le second livre des Animaux d'Aristote, il n'y a rien de ce que vous en alléguez; mais, puisque cet exemple du rhinocéros vous a manqué, substituez à sa place celui de François Garasse, qui, étant le plus hideux des écrivains qu'on ait jamais vus, à cause des faussetés innombrables dont ses livres sont remplis, fait le galant, et se moque des autres. »

M. Sainte-Beuve me pardonnera-t-il cette citation? Mais lui qui est un écrivain sincère, qui veut être complet et peindre la nature humaine sous toutes ses faces, qui aime à la contempler, non-seulement par son grand, mais par son petit côté, qui repousse les hommes tout d'une pièce et les types convenus, me permettra d'appliquer ici son propre procédé. Je fais pour Saint-Cyran ce que lui-même a fait pour la famille Arnauld ; tout en démêlant les faiblesses, je m'incline devant les vertus.

Ainsi, j'éprouve un vrai bonheur à citer après ces violentes et grotesques injures des paroles inspirées par un sentiment chrétien, et qui replacent soudain Saint-Cyran à cette hauteur d'où la polémique n'aurait jamais dû le faire descendre.

Le jésuite s'étant échappé à dire : « Quand un gentilhomme donne un soufflet à un villageois, c'est un péché de colère *qui n'entre pas en considération* ; mais, si un villain ou un homme de néant avait la hardiesse de donner un soufflet à un gentilhomme, l'offense ne se peut réparer que par la mort du criminel. »

Saint-Cyran s'écrie, bien inspiré cette fois par sa colère :

« Ce que vous ajoutez en faveur des gentilshommes frappés par des hommes qui ne sont pas de leur condition et qui sont villageois et hommes de néant, comme vous dites, est tellement exorbitant que je confesse n'avoir point de paroles pour vitupérer assez le grand excès que vous avez commis contre la vérité de l'Évangile. »

Je crois qu'il est bon de montrer ces contrastes, pour que cette grande figure de Saint-Cyran, si bien dessinée par M. Sainte-Beuve dans les parties principales, apparaisse sous son véritable jour. C'est un homme bien dur, à ce qu'il semble, celui qui concevait ainsi le regard de Dieu sur les âmes : « L'âme mauvaise est si horrible aux yeux de Dieu, qu'il ne la regarde qu'avec un œil de colère pour la détruire; et, s'il diffère quelque temps à la perdre, c'est pour la perdre avec plus de rigueur si elle ne s'amende. »

Eh bien, cet homme était capable aussi d'éprouver les plus vifs et les plus tendres mouvements de charité. Il écrivait de sa prison : « Il n'y a qu'une chose qui me fait peine, qui est la vue de ce grand nombre de pauvres languissants, je dis tant de ceux qui le sont dans le corps, que de ceux qui le sont dans l'âme; je me cache souvent, je me détourne, je m'enfuis, pour ne pas les voir, n'ayant ni argent ni bien temporel pour les délivrer de leur misère, et me sens un secret désir de me vendre, si je pouvais, pour soulager le moindre d'entre eux. »

Certes, ce sentiment était sincère, les faits l'attestent. Lancelot en rapporte plusieurs qui montrent une délicatesse de procédés charitables bien touchante dans sa naïveté. Je veux me réconcilier avec M. Sainte-Beuve en citant un passage des mémoires de Lancelot, que je lui recommande pour une seconde édition. Il s'agit de M. de Saint-Cyran, prisonnier à Vincennes : « Ayant ouï dire par rencontre qu'il y avait un homme d'honnête condition qui avait été mis au Petit-Châtelet et qui en avait perdu l'esprit d'affliction, et qu'entre autres choses dont il se plaignait il trouvait fort mauvais que ceux qui, par charité, prenaient soin de lui, l'eussent fait habiller de gris, M. de Saint-Cyran ne dit mot alors, mais, dès le lendemain, il se fit chercher un tailleur exprès pour prendre sa mesure et lui faire un habit noir fort honnête et comme il le demandait. »

Cette charité, qui ne tient pas compte seulement des besoins matériels, mais fait l'aumône aux besoins de l'imagination, est d'une qualité rare ; mais M. de Saint-Cyran manifesta mieux encore ce besoin délicat d'approprier le bienfait à la condition de l'obligé.

Il y avait dans le château de Vincennes, où il était renfermé, une dame appelée la baronne de Beausoleil, dont le mari était à la Bastille. « La voyant, dit Lancelot, quelquefois à l'église assez mal en ordre, il écrivit à madame Lemaître de faire acheter des chemises à cette personne. A l'entrée de l'hiver il récrivit qu'il avait appris que cette dame était menacée d'hydropisie, et que le mal la rendait assez sensible au froid. Il pria donc la personne dont j'ai parlé qu'on lui fît faire un habit de ratine toute de la meilleure, et qu'on y mît une dentelle noire, parce qu'il *avait ouï dire que c'était la mode.* » Connaissez-vous rien de plus touchant que ce soin de l'austère captif, commandant que la robe de madame de Beausoleil soit de ratine, *toute de la meilleure, et qu'on y mette une dentelle noire,* parce qu'il a ouï dire que *c'était la mode?* Certes, c'est la seule fois qu'il ait pensé à la mode de sa vie. En lisant ces lignes, il est impossible de retenir un sourire et une larme.

Du reste, sauf ces éclairs, on pourrait dire ces sur-

prises de tendresse, M. de Saint-Cyran est bien le type
du sombre génie de Port-Royal. M. Sainte-Beuve a
cité plusieurs passages de ses lettres qui en font foi.
Ce qu'il voulait surtout, c'était montrer en Saint-
Cyran le grand directeur des âmes; écrivant l'histoire de Port-Royal, il avait raison. Si l'on se proposait spécialement de faire connaître la littérature de
Port-Royal, on devrait ajouter d'autres citations qui
fourniraient peut-être quelques traits de plus à cette
curieuse figure de Saint-Cyran.

Saint-Cyran a l'horreur du monde, car « le monde
porte toujours les marques de la rébellion et de la dé-
sobéissance du premier homme profondément gravées
dans toutes ses parties. » Il le considère comme un
ennemi, il en a peur ; il craint « les tempêtes et les
tourbillons de feu qui enveloppent les plus sages dans
ce monde. » Tout lui est danger dans ce qui plaît aux
sens et sujet d'effroi. Il redoute « jusqu'à la musique
spirituelle et la manière la plus sainte de célébrer les
louanges de Dieu. » Pour lui « la vie du monde est
un vrai hiver ; le printemps et l'été ne commence-
ront pour nous qu'en l'autre vie. » Ce mot est bien
de celui qui n'aimait pas le printemps et lui préférait
les feuilles fanées de l'automne. Saint-Cyran rencontre par moments quelques accents de cette haute mélancolie familière à Pascal, chez lequel on ne serait
pas surpris de rencontrer cette pensée :

« Ceux qui sont toujours à la veille de mourir et

qui ont l'éternité dans le cœur ne sauraient rien voir
d'agréable dans ce monde. »

La plume de Pascal semble avoir laissé tomber
cette ligne lugubre :

« Tout me fait compassion dans le monde. »

Le petit nombre des prédestinés au salut, ce dogme
formidable de Port-Royal, n'a rien inspiré à Pascal de
plus triste et de plus pénétrant que ces paroles, prononcées par Saint-Cyran au sujet d'une personne du
grand monde qui réclamait ses conseils :

« Quand je considère que les chrétiens ne sont
pour ainsi dire qu'une poignée de gens en comparaison des autres hommes répandus dans toutes les nations du monde et dont il se perd un nombre infini
hors l'Église, et que, dans le peu d'hommes qui sont
entrés par une vocation de Dieu dans sa maison pour
faire leur salut, il y en a peu qui se sauvent suivant la
parole de Jésus-Christ dans l'Évangile, et qu'outre
cette prédiction réitérée qui regarde le commun des
chrétiens, il y en a encore une autre effroyable qui
doit faire trembler les riches, je me sens obligé plus
que je ne puis dire à supplier très-humblement cette
personne de prendre un soin très-particulier de son
âme. »

Ces derniers mots sont empreints d'une affection
douloureuse, d'une sorte de charité sombre ; on est
épouvanté et touché tout ensemble, on croit entendre un de ces pèlerins du royaume invisible qui, sui-

vant les légendes du moyen âge, avaient vu le supplice des damnés et revenaient des gouffres éternels pour exhorter les pécheurs à la pénitence.

Voilà bien Saint-Cyran avec ses deux caractères, la charité et la rudesse. On peut dire que tout Saint-Cyran, aussi bien que tout Port-Royal, est dans un triple contraste, ou plutôt dans une triple alliance de qualités qui semblent s'exclure, de tendresse et de dureté, d'humilité et de hauteur, de soumission et de violence. Ce n'est pas à M. Sainte-Beuve qu'on a besoin de le rappeler, mais, surtout en avançant dans son sujet, qu'il ne l'oublie jamais : il vit avec des âmes pures et tendres, mais elles ont une croyance dure et farouche. La sérénité de ces fronts n'en bannit pas entièrement la terreur. Les grâces chrétiennes sont dans ce cloître, et vous nous les montrez dans tous leurs charmes ; prenez garde, les Euménides chrétiennes y sont aussi.

Mais, il faut le reconnaître, pour ne pas tirer des conclusions trop rigoureuses de ce que je viens d'avancer, par une inconséquence qui, heureusement, est dans la nature humaine, les hommes de Port-Royal ne sont pas constamment obsédés de ces sombres idées, de ces croyances terribles qui, ce semble, ne devraient point leur donner de relâche. Pascal seul, le génie rigoureux, géométrique par excellence, ne peut s'en distraire, et encore se déride-t-il dans *les Provinciales*, mais l'abîme est toujours là. Quant aux

esprits moins puissants, moins logiques, oubliant l'a-
bime ouvert à côté d'eux par leur foi, comme d'innocents agneaux, ils paissent et dorment sans crainte
sur ses bords ; confiants par instinct dans cette bonté
divine dont en théorie ils limitent le plus possible l'extension, ils échappent dans la pratique à leur désolant
système. Il n'en est pas moins nécessaire de tenir
compte de l'idée fondamentale et souveraine de Port-
Royal, et c'est l'idée janséniste. Même aux heures les
plus sereines de la sainte congrégation, si l'on prête
l'oreille, à travers les cantiques doucement murmu-
rés, on entendra au loin retentir ce tonnerre de saint
Augustin, qui se prolonge et se multiplie dans les
échos de Jansénius et de Saint-Cyran, qui murmure à
peine aux oreilles de M. de Sacy, mais qui, éclatant
soudain, réveille et foudroie Pascal.

A ce nom, il est impossible de ne pas se rappeler
tout aussitôt, comme le fait M. Sainte-Beuve, ce
sublime passage du *Génie du Christianisme :*

« Il y avait un homme qui, à douze ans, avec des
barres et des *ronds*, avait créé les mathématiques ;
qui, à seize, avait fait le plus savant traité des coni-
ques qu'on eût vu depuis l'antiquité ; qui, à dix-neuf,
réduisit en machine une science qui réside tout entière dans l'entendement ; qui, à vingt-trois, démon-
tra les phénomènes de la pesanteur de l'air, et détrui-
sit une des grandes erreurs de l'ancienne physique ;
qui, à cet âge où les autres hommes commencent à

peine de naître, ayant achevé de parcourir le cercle des sciences humaines, s'aperçut de leur néant, et tourna ses pensées vers la religion ; qui, depuis ce moment jusqu'à sa mort, arrivée dans sa trente-neuvième année, toujours infirme et souffrant, fixa la langue que parlèrent Bossuet et Racine, donna le modèle de la plus parfaite plaisanterie comme du raisonnement le plus fort ; enfin qui, dans les courts intervalles de ses maux, résolut par abstraction un des plus hauts problèmes de la géométrie, et jeta sur le papier des pensées qui tiennent autant du dieu que de l'homme. Cet effrayant génie se nommait Blaise Pascal. »

Qui pourrait lutter avec cette grandeur de style et de pensée ? M. Sainte-Beuve a trop de goût pour l'essayer. Mais, dans son humeur inquisitive et familière, il nous présentera les commencements de Pascal sous un jour nouveau. Ses premières aigreurs contre les jésuites, au sujet du baromètre, sont finement rapprochées des attaques qui viendront plus tard. On aime à voir M. Pascal le père, écrivant au P. Noël, l'avertir que son fils était en état de repousser leurs invectives en *termes capables de leur causer un éternel repentir* ; espèce de cartel signé hardiment par une main paternelle, prophétie remarquable et bientôt justifiée.

Dans une relation de Jacqueline de Sainte-Euphémie, sœur de Pascal, M. Sainte-Beuve a surpris les vicissitudes de cette grande âme longtemps partagée entre le monde et la religion ; là se trouvent des détails extrêmement piquants sur la dissipation du géomètre, déjà touché une fois, mais qui s'est repris aux curiosités de l'esprit, aux conversations mondaines.

Chose bizarre, les premiers rapports de Port-Royal avec celui qui devait en être l'éternel honneur, furent hostiles. Pascal contrariait de son mieux la vocation de sa sœur, qui voulait y prendre le voile, et, quand elle fut résolue à passer outre, il refusa durement, et, par de mauvaises chicanes, à cette sœur le pouvoir de disposer, pour sa dot de religieuse, de sa propre part dans l'héritage paternel. Il faut entendre la mère Angélique, qui fut admirable dans tout ceci, parler en gémissant de ce mondain égaré, et dire avec un pieux dédain à la sœur Euphémie : « Or vous saviez bien que celui qui a le plus d'intérêt à cette affaire est encore trop du monde et même dans la vanité et les amusements pour préférer les aumônes que vous vouliez faire à sa commodité particulière. Cela ne se pouvait faire sans miracle, je dis un miracle de nature et d'affection, *car il n'y avait pas lieu d'attendre un miracle de grâce en une personne comme lui:* » Vous vous trompez, ma mère, la grâce l'attend au pont de Neuilly, où un danger terrible, auquel il échappera comme par un miracle, le ramènera définitivement à Dieu.

Des circonstances de cet accident lui-même, le pénétrant historien tire encore une preuve de la vie dissipée que menait à cette époque celui qui devait être bientôt le sublime pénitent de Port-Royal. Certes il fallait cette attention curieuse avec laquelle M. Sainte-Beuve observe toute chose, pour remarquer que Pascal allait alors à la promenade dans un carrosse à quatre chevaux.

Tout cela est important, car, si Pascal n'eût eu cette existence d'homme du monde, il est à croire qu'il n'eût jamais trouvé l'ironie dégagée des *Provinciales*. La plaisanterie n'avait pas réussi jusque-là aux honnêtes solitaires de Port-Royal ; les enluminures de l'*Almanach des Jésuites*, par M. de Sacy, ne l'attestent que trop. Pour faire des sorties et entamer la phalange compacte qui les assiégeait à coups de décisions sorboniques et de formulaires, il leur fallait des troupes légères, et ils avaient besoin de les recruter à l'étranger. Pascal, se chargeant de ferrailler pour les défendre, nous rappelle ces seigneurs du moyen âge qui mettaient leurs armes laïques au service d'une abbaye. Dans les *Pensées* elles-mêmes on sent le mondain qui a vécu dans le siècle, le *curieux* qui a lu Montaigne ; il combat la philosophie en homme qui l'a pratiquée. Les blessures qu'il a reçues lui enseignent où il faut porter les coups. Dans leur sainte innocence, les pieux solitaires de Port-Royal seraient incapables de lutter contre un ennemi qu'ils ne connaissent pas.

Pascal, et ceci ressort de ce que montre déjà M. Sainte-Beuve dans ces premiers chapitres, Pascal apporte du dehors les armes qu'il consacrera à la défense de la foi, et il ne sera la plus puissante expression des doctrines de Port-Royal que parce que ces doctrines n'ont pas toujours été les siennes.

Mais Pascal nous entraînerait trop loin. Rappelons-nous que les deux volumes publiés jusqu'ici n'embrassent pas toute sa carrière, et s'arrêtent à l'apparition de la quatrième *Provinciale*. Ne devançons pas M. Sainte-Beuve, attendons que la suite de son excellent livre ait paru. Nous ne demandons la parole qu'après lui.

FIN DU PREMIER VOLUME.

TABLE DES MATIÈRES

DU TOME PREMIER

PARIS.   IMP. SIMON ÇON ET COMP., RUE D'ERFURTH, 1.